もっと
収益を伸ばす!

アフィリエイト徹底攻略ガイドブック

鈴木みずほ 著

技術評論社

先輩アフィリエイターインタビュー

鈴木みずほ（すずきみずほ）

私生活の変化がアフィリエイトのきっかけ

▼鈴木さんがアフィリエイトを始めたきっかけは、どんなことですか？

仕事中心の毎日から結婚し、3歳と1歳の子育て中心の生活に変わったことで、稼げない自分に悶々とする日々を過ごしていたころ、TVの情報番組でアフィリエイトを知りました。

「子供のお昼寝中などすき間時間に、家にいながらお小遣い稼ぎができるのではないか？」と思って始めました。

▼アフィリエイトサイトでは、主にどういったテーマを取り扱っていますか？

いくつかのサイトを運営していまして、風水インテリアサイトでは、インテリアや家具、開運グッズを紹介しています。

レビューブログでは、ファッション、キッチン雑貨、インテリア雑貨、コスメなど、ママの立場から使ってよかったもの、気に入ったものを中心に紹介しています。どのサイトでも、基本的によいと思った商品しか紹介しないというスタンスです。

今は1つの会社の給料だけに頼らず、本業と平行して自分のスキルや能力を活かす働き方である「複業・パラレルキャリア」をテーマにしたサイトを作っています。このサイトでは、家にいながらできる仕事の案件や資格スクールを紹介したいなと思っています。

Webの知識があると自分の思い描くサイトが作れる

▼もともとWebサイト制作は得意でしたか？

もともと専業主婦で、ブログのシステムすらわからない状態からアフィリエイトを始めました。しかも、サイトの作り方すらわからないのに、無謀にも無料ブログではなくサイトから作り始め、ホームページビルダーを購入してひたすら解説本とにらめっこの日々を過ごしました。半年以上掛けてサイトが完成したときはとても感動しました。

サイト制作に慣れていないころは、数字とアルファベットのコードを見るだけで発狂しそうになっていましたが、仕事で毎日 WordPress を使ううちに抵抗がなくなりました。「習うより慣れろ！」ですね。

▼HTML や CSS などの勉強はどのようにしましたか？

Google のモバイルフレンドリーアップデートの前後くらいから、運営サイトやブログの検索順位がガクっと下がり、収益もそれに比例するかのように大きく下がってしまいました。当時は HTML サイトを作っていたので、モバイル表示にさせる知識がまったくなかったのです。「このままではサイトがまったく検索されなくなってしまう！」という危機感で、貯金をはたいて半年間 Web スクールに通って勉強をしました。

Web 言語がわかると一度書いたコードをアレンジするだけなので、自分の思い描くサイトが作れるようになりました。

いまや WordPress や無料ブログでも、パソコンとモバイルのどちらの表示にも対応するテンプレートが提供されていますが、Web の知識があったほうがオリジナル性の高いサイトを作れるようになります。

すぐに収益が上がらなくても焦らない

▼初成果が上がるまでにどれくらい掛かりましたか？

サイトを立ち上げてから半年掛かりました。100 円に満たない小さな金額でしたが、「誰かが自分のサイトを見てアクションを起こしてくれたんだ」と思ったら、胸がぐっと熱くなりました。

▼収益が上がり始めたきっかけはありましたか？

ある 1 つの記事がヒットしたのがきっかけです。それから検索上位表示されるようになり、商品リンクを新しく替えるたびにどんどん商品が売れていくという現象が起こりました。

このことを通じて、1 つのテーマについてじっくり向き合うことが大事だと感じました。熱量が高い記事ほどよく見られているというのは数字にも表れます。

▼収益アップのコツは何ですか？

人が物を購入するときは「心が動く瞬間」なのだと思います。その瞬間を作るには、自分が経験したからこそ作れる文章を書くことが大切です。経験がなければ自分で買って、試して、体験するだけで説得力のある記事に仕上がり、収益に結び付けることができます。

あとは、サイトを見に来てくれたユーザーを絶対裏切らないことを心掛けています。

たとえば、衝撃的なキャッチコピーで商品を購入してしまう人が一定数いますが、思った効果が得られないこともしばしばです。商品を購入してがっかりされるよりも、成分表を表示したり、自分で実際に試したことをレポートしたりして、納得して商品を買ってもらうほうが私もユーザーもハッピーになれるし、ずっと自分のサイトで商品を買ってもらえます。

人が知りたいことを先読みしてレポートすることが、収益アップにつながります。

アフィリエイトの成功には努力が必要

▼一日でどれくらいの時間をアフィリエイトに費やしていますか？

新しくサイトを立ち上げているときは、一日6時間、仕事がない日は土曜日以外ずっとサイト制作をしています。

やはり更新頻度が高い時期は売上が上がり、サボっていると売上は下がり気味です。私も更新頻度には波があり、気分が乗っているときは、集中して一気に書き上げますが、何日も書けないというときもあります。

あまり時間が取れない人は、更新ペースが大事な「ブログ」より、完成させてときどき更新する「専門サイト」のほうが合っています。私は完全に後者タイプですね。

▼収益を上げるために努力していることはありますか？

大量の情報から自分のサイトやブログを見付けてもらうには、求められることを探り、時流に乗ることが大事です。

今は、Google などのほかに Twitter や Instagram などの SNS で情報を探す人が増え、さらに Google のアップデートの影響を受けてしまうことで、検索エンジンから自分のサイトを見付けてもらうことが難しくなってきています。

そもそも、今は物が溢れているので、「その物が欲しいか」というより、「誰から買いたいか」が求められています。私は、その流れを受けて、SNS を強化しています。SNS の講座を受けたり、本を購入したりと、SNS をどう上手く使いこなして自分のサイトを知ってもらうかが今の課題です。今後は、動画やライブ配信もやってみたいと考えています。

あとは、ほかのサイトではやっていなくても、人が求めていることをコンテンツ化することで自分のワクワクがユーザーに伝わるといいなと思っています。目論見が外れることのほうが多いですが、トライアンドエラーをくり返すと思わぬヒットが出ることがあります。

収益を上げるには、失敗してもよいから自分が面白そうだと思う施策をやってみましょう。失敗してもアフィリエイトはリスクがほぼないので、やったもん勝ちです。

▼何年もアフィリエイトを続けるコツはありますか？

ASPが開催する勉強会やイベントに参加して仲間を作ることです。何度も挫折しかけましたが、仲間と会って話すとよいアドバイスがもらえたり、仲間のサイトで刺激をもらったりできるので、モチベーションを保てています。

ほかには、とくに私の場合、とても飽きっぽく、1つのサイトをずっと更新すると飽きてしまうので、いろいろなサイトを立ち上げることが続く秘訣になっています。

▼アフィリエイトをやっていて心に残ったエピソードはありますか？

子供用のランドセルラックの記事を書いたときに、コメント欄で商品への質問があったので、実際に採寸をしてサイズ感をお伝えしたら、「購入します！　ファンになりました！」とお返事がきました。

商品リンクをクリック後、広告主サイトで購入してもらうまでがアフィリエイターの役目ですが、商品を買うことで豊かになる「未来の生活」をユーザーに伝えることが大事なのだとそのとき感じました。

▼アフィリエイトの魅力とは何でしょうか？

アフィリエイトは、自宅にいながら稼げ、上手くいけばお金を生み出す資産になります。金銭的な負担が少なく、パソコン1つあれば自分のお店を持てるのも魅力です。紹介する商品やサービスを通して、自分の考えや想いを伝えられる魅力的なビジネスだと感じています。

アフィリエイトは、Web上で商売をすることなので、営業職や販売職をされている方であれば、本業にも活かせるため、挑戦して損はありません！

アフィリエイトは自分の好きな商品やサービスを紹介し、その対価として報酬をもらう成功報酬型広告というれっきとしたビジネスです。世の中の人に怪しいネットビジネスとの違いを知ってもらい、胸を張ってアフィリエイターだといえるよう、くり返し伝えていくことが今後の目標です。

▼これからアフィリエイトを始める人にアドバイスをお願いします

私は、新型コロナウィルスによる緊急事態宣言が発令された自粛期間中にこの本を執筆しました。執筆をしながら、家にいながらできる仕事があるってありがたいなぁと感じました。

副業解禁という社会の流れもあることから、これからアフィリエイトをやりやすい環境が整っていくのではないかと感じています。会社の給料だけにしがみ付かず、複数の収入源を持つことは、自分の生活を守ることにもつながります。アフィリエイトはすぐには稼げません。広告を貼るだけでも稼げません。子供を育てるような長い目で、サイトという資産を育てていきましょう。

Contents

序 章 アフィリエイトを始める前の必須知識 ★★★

第1章 アフィリエイトを始めるためのサイトの準備 ★★★

第2章 アフィリエイトのテーマ・商材決め ★★★

Contents

第3章 収益を上げる記事の書き方

第4章 サイトのレイアウト・デザインのコツ

第5章 ASPとの提携のコツ

Contents

第6章 つまずきやすいNGポイントとその解決策 ★★★

第7章 サイトの運営・ステップアップ ★★★

付録 アフィリエイトに便利なサービス、Webサイト、情報集 ★★★

序章

アフィリエイトを始める前の必須知識

Section 01

アフィリエイトのしくみ

アフィリエイトはパソコンとネット環境さえあれば始められる副業の1つです。ここではアフィリエイトのしくみや報酬発生の流れ、アフィリエイト広告の種類について解説します。

アフィリエイトとは？

アフィリエイトとは訪問者がサイトに掲載された広告をクリックし、商品購入やサービスを利用するなどの成果が生じたときに、その成果に対して報酬が支払われる**「成果報酬型広告」**とも呼ばれるインターネットにおける広告手段です。また、訪問者がサイトに掲載した広告をクリックした時点で報酬が発生する**「クリック報酬型広告」**はアフィリエイトではありません。

アフィリエイターとは、自分のサイトで商品を紹介し、そこから商品が購入されたときに支払われる成果報酬を得ている人のことをいいます。

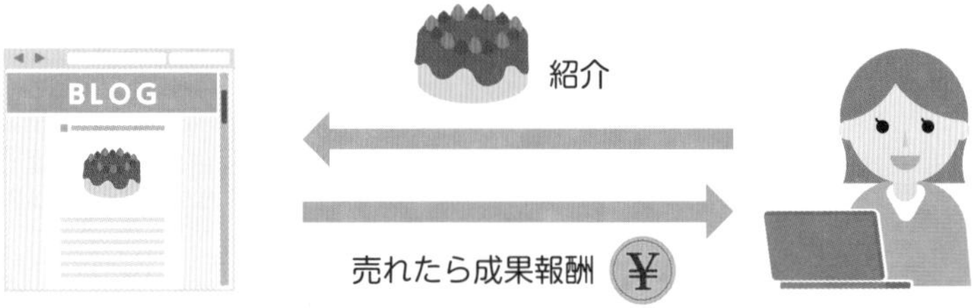

▲ 自分のサイトに広告を掲載する「成果報酬型広告」の場合は訪問者が商品を購入した時点で、「クリック報酬型広告」の場合は訪問者が広告をクリックしたした時点で報酬が発生します。

アフィリエイトのしくみ

アフィリエイトは**アフィリエイター・広告主・ASP**の３つプレイヤーで成り立っています。

ASP（アフィリエイト・サービス・プロバイダー）とは、インターネットを中心に成果報酬型広告を配信する企業のことを指し、アフィリエイターと広告主の仲介をします。ASPにサイトを登録することで紹介する商品を探したり、掲載する広告を選んだりすることができます。

アフィリエイトはこのASPを介した成果報酬型広告を使用するプログラムが一般

的です。広告主にとっても広告費は商品が売れた分のみとなるため、WIN-WIN の関係で成り立つビジネスといえるでしょう。

≫成果報酬型広告の報酬発生の流れ

成果報酬型広告の場合、訪問者があなたのブログやサイトにある広告をクリックしただけでは、成果は発生しません。アフィリエイト報酬の流れは以下の通りです。

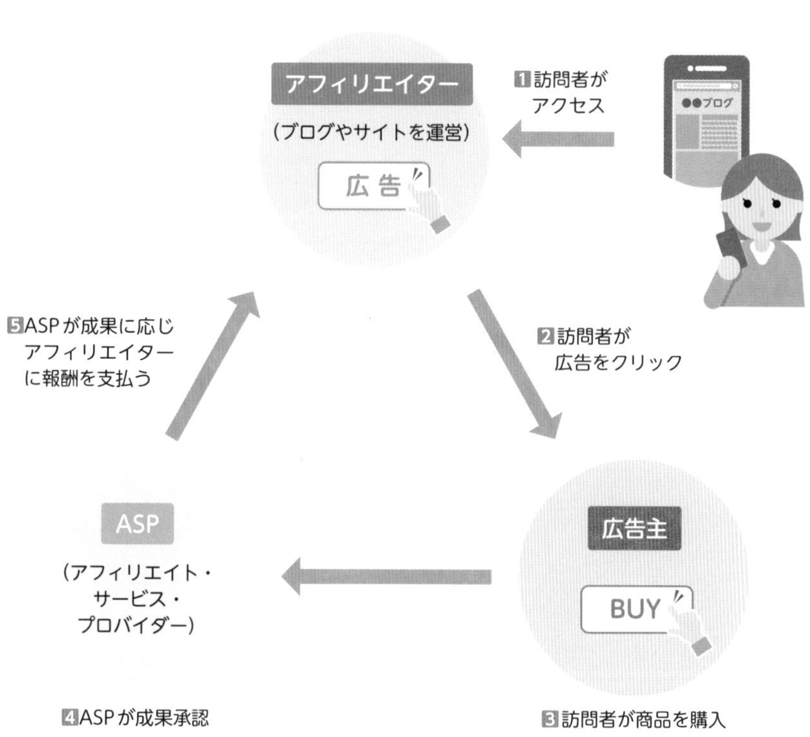

❶ 運営するサイトの記事に商品やサービスの広告を掲載
❷ 訪問者がその広告をクリックして商品購入やサービスの申し込みをする
❸ 成果報酬が発生する

訪問者があなたのサイトにある広告をクリックし、商品を購入した時点で成果承認がされます。成果報酬は広告主によって設定が異なります。

Section 02

アフィリエイトに利用する広告の種類

アフィリエイトに利用する広告は、自分のサイトに合ったものを選ぶことが収益化につながります。アフィリエイトに利用する広告の種類とその広告に合ったサイトのタイプを確認して、自分のサイトに掲載する広告を検討しましょう。

クリック報酬型広告と成果報酬型広告の違いとは？ ★★★

広告収入を得る代表的な手段には「クリック報酬型広告」と「成果報酬型広告」があります。

「クリック報酬型広告」は自分のサイトに広告を貼り付けて、その広告がクリックされた時点で報酬が発生します。もっとも代表的なのは**Google AdSense**（グーグルアドセンス）です。Google AdSenseの広告がクリックされるには、広告レイアウトを検証する必要があります。初期設定だけすれば広告が自動表示されるので、サイト運営に集中できるのがメリットですが、広告表示をコントロールすることはできません。

「成果報酬型広告」は広告がクリックされ商品が購入された時点で報酬が確定します。メリットは、**好きな広告主や広告を選ぶことが可能**なので、応援したい広告主を紹介することができることです。ただし、クリックされても購入に至らないと成果確定にはなりません。収益につなげるにはゴール（購入やサービス申し込み）をしっかり定めて記事を作成することが肝となります。

クリック報酬型広告

特徴
- 広告がクリックされると報酬が発生。

単価
- 数十円〜数百円。
  1クリック30〜40円が一般的。

メリット
- 初期設定をするだけで広告が自動表示される。
- 広告の貼り替えの必要がないため、サイト運営に集中できる。

デメリット
- 広告表示をコントロールできない。
- アクセス数がないと収益化は厳しい。

成果報酬型広告

特徴
- クリックされた広告の商品が購入・申込がされると報酬が確定。

単価
- 数百円〜数千円。ジャンルで単価に開きがある。

メリット
- 好きな広告主や広告を選ぶことができる。
- 広告への誘導が可能。

デメリット
- 購入や申し込みに至らないと報酬が得られない。
- 広告を選ぶ、貼り替えなど手間がかかる。

▲ 2種類の広告の特徴

クリック報酬型広告向きのサイトとは？

「クリック報酬型広告」は、クリックされると報酬が確定するため、報酬を得るにはPV(ページビュー、Webサイト内の特定のページが表示された回数のこと）が多いブログやサイトが有利です。くり返し見にきてもらうことを目的とした情報・お役立ちサイトは、広告を目にする機会を多く獲得できます。

- **情報・お役立ちサイト**
  （浴衣の着付け方法、パソコンのショートカットキー一覧など）
- **書き手の顔が見えるブログ**
- **成果報酬型広告がないジャンル**

成果報酬型広告向きのサイトとは？

「成果報酬型広告（アフィリエイト広告)」は、商品やサービスありきのサイトに向いている広告です。そのため、広告から購入やサービスの申し込みをしてもらうための誘導が可能です。ファッションやコスメ、ゲームなどトレンド性の高い商品、高単価の金融、転職、エステなどは収益化しやすいジャンルといえるでしょう。

- **ジャンル・商品に特化したサイト（金融・転職・エステ・スポーツジムなど）**
- **トレンドや流行を紹介するサイト**
  （ファッション・コスメ・ゲーム・スマートフォン・パソコンなど）

MEMO **クリック報酬型広告を掲載するときの注意点**

1つの記事に同じ商品の2つのタイプの広告を同時に掲載しても問題はありません。ただし、偶然にも同じ広告が表示されてしまった場合は、記事の内容によってどちらか一方を残すようにしましょう。

Section 03

アフィリエイトって本当に稼げるの?

「ブログにリンクを貼るだけでできる」と副業ブームでアフィリエイトを始める人が増えています。しかし、本当に稼げている人はほんの一握りです。稼げるアフィリエイターとはどのような人でしょうか?

アフィリエイト市場は拡大傾向 ★★★

国が働き方改革の一環としてサラリーマンの副業解禁を推し進め、企業もそれに追随している背景もあり、副業の1つであるアフィリエイト市場は年々拡大傾向となっています。矢野経済研究所の調査結果によると、国内アフィリエイト市場規模は、2023年度には4,654億円に達すると予測されています。

国内アフィリエイト市場規模推移と予測

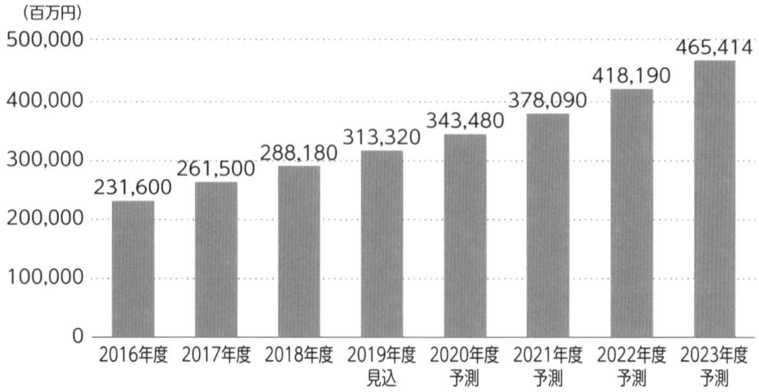

出所:(株)矢野経済研究所「アフィリエイト市場に関する調査(2019年)」2020年2月7日発表

▲ 自社ブランドを持つ大手企業によるインターネット広告出稿の増加と、それによるアフィリエイト広告への評価の高まりなどが市場を大きくしている要因の1つとなっています。

アフィリエイトはかんたんに稼げない ★★★

アフィリエイトは、ブログにリンクを貼るだけなので一見かんたんそうに思えますが、ひと昔前と比べ競合サイトは大幅に増え、企業のアフィリエイト事業参入などで個人が検索上位を目指すことが難しくなってきており、稼げるレベルの人はほんの一握りです。しかし、希望もあります。2019年の個人アフィリエイターの月額収入額の調査では３万円以上が 6.6%、１万円以上が 10%と年々増加傾向にあります。しっかり稼げる人は伸びていき、稼げない人は淘汰されていくという二極化が進んでいますが、その違いは一体何でしょうか？

月額アフィリエイト収入

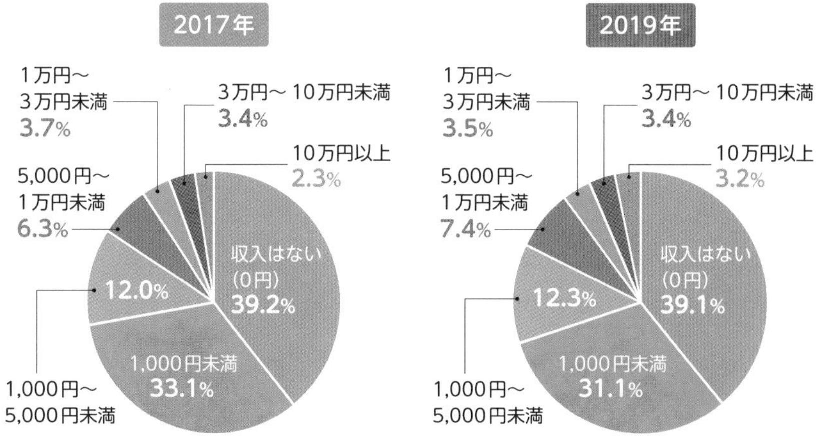

出典：アフィリエイト市場調査2017およびアフィリエイト市場調査2019　日本アフィリエイト協議会

個人の強みを生かしたコンテンツが作れる人は稼げる

稼げる個人アフィリエイターは、**法人がお金をかけてもできないような独自の切り口でファンを獲得**しています。たとえば、商品を使用した感想を書く、サービスの利用体験談を載せることは、個人だからこそ書ける独自コンテンツです。その分手間と時間がかかりますが、初めは検索結果上位に入ることができなくてもサイトを育てることによってあなたから商品を購入したいと思ってくれるファンが付いてきます。

目先の報酬より、画面の向こう側にいる訪問者に役に立つ情報を継続して届けることが、将来的に報酬アップにつながるでしょう。

MEMO　気軽に始められる分根気が必要

アフィリエイトはただリンクを貼るだけでは報酬にはつながりません。サイトを制作するスキル、HTML・CSS といった言語の勉強、画像加工、コンテンツ作成など必要とされるスキルは多岐におよびます。すぐに結果に現れないので根気も必要です。じっくりサイトを育てよう、いいコンテンツを作っていこうという気持ちが大事です。

Section 04

アフィリエイトのメリットとデメリット

アフィリエイトは、リスクが少ない副業として人気があります。手軽に始められる一方、こんなはずではなかった!　ということもよくあります。ここではアフィリエイトのメリットとデメリット、アフィリエイトに向いている人の特徴を紹介します。

アフィリエイトのメリット

❶気軽に始められる

アフィリエイトは、自分のブログとネット環境さえあればすぐに始められます。記事を書いていく中で、どういう心理でこの商品を購入したくなるのだろうと研究するクセが付いてくるのでマーケティングにも詳しくなってきます。まずは発信して気軽に商品を紹介することから始めましょう。

❷時間と場所に縛られない

パソコンがあれば、家でも旅行先でもどこからでも始められます。待ち時間や移動中など、すき間時間でブログを更新することも可能です。記事さえ作成してしまえば、あなたが遊んでいるときや就寝中でもブログが稼いでくれます。

❸金銭的リスクがない

必要経費はネット代と、自分のブログを持つならドメイン代とサーバー代だけしかかかりません。ASPを通せばあらゆる広告主の商品を紹介できるので、在庫を抱えずに自分のショップを持つこともできます。

アフィリエイトのデメリット

❶成果が出るまで時間がかかる

アフィリエイトは手軽に始められる反面、成果が出るまでに時間がかかります。3カ月〜半年はまったく反応がないこともよくある話です。すき間時間で記事の更新などはできますが、報酬を得ようと思うのならば今まで遊んできた時間を作業に充てるなど記事作成のための時間の確保が必要です。

» ❷さまざまなスキルが必要

アフィリエイトは立派なネットビジネスなので、SEO の知識や SNS、マーケティング、画像編集、HTML といった知識の理解も必要に迫られます。

アフィリエイトに向いている人とは？

» ❶根気がある人

アフィリエイトはかんたんには稼げません。始めてすぐ大きな収益が発生するといったものではなく、最低でも３カ月、長くて１年と利益が出るまで時間がかかります。まずは１年間取り組んでみましょう。

» ❷探求心が強い人

訪問者がどんな悩みを抱えているのかを知り、解決するにはどういう答えを出してあげればよいのか、ということを徹底的に調べることが苦にならない人はネタが尽きることがありません。

» ❸文章を書くことが好きな人

そもそも文章が書けないとブログを続けることができません。まずは商品を使ってみた感想を書くことから始めてみると、いろいろな気付きが見付かります。

収入が月 10 万円以上あるアフィリエイターの特徴とは？

- **５年以上のアフィリエイト経験**
- **４～６サイト（ブログ含む）を運営**
- **毎日約 3.8 時間をアフィリエイト活動に費やす**
- **レンタルサーバーや独自ドメイン、商品購入などに毎月１～３万円の経費をかけている**

出典：アフィリエイト市場調査 2019　日本アフィリエイト協議会

▲ アフィリエイトは無料でできるビジネスですが、成果を出すには無料ブログではなく自分のサイトを持つ、実際に商品を購入するなど、経費を投資と捉えられるかが大切です。

MEMO　いちばん大事なのは一喜一憂しない気持ち

アフィリエイトを始めたときに「こんなに作業したのにまったく見られていない」という壁にぶち当たります。大半の人はここで諦めてしまうのですが、まずは１年間と期限を決めて反応を楽しみながら取り組んでみましょう。結果は必ず現れます。

Section 05 アフィリエイトを始めるために必要なもの

アフィリエイトは基本的に始めるのにお金はかかりませんが、最低限用意するものはあります。どういったものがアフィリエイトをするうえで必要になるのか確認し、事前に準備しておくことをおすすめします。

アフィリエイトを始める前に用意するもの

銀行口座

個人用口座ではなく、アフィリエイト専用の口座を開設します。おすすめはネット銀行です。ネット銀行はネット上で残高や入出金が管理できるのが利点です。副業の場合、アフィリエイト収入が年間20万円を超えたら確定申告が必要になるため、専用口座で一括管理ができれば収支の流れが理解でき、確定申告の準備がしやすくなります。

主なネット銀行

- ゆうちょ銀行（ゆうちょダイレクト）
- 住信SBIネット銀行
- 楽天銀行
- ジャパンネット銀行

※2020年7月現在

ブログ

無料ブログサービスもしくはWordPress（ワードプレス）などのCMS※1でサイトを制作します。アフィリエイト利用や商用利用を禁止しているブログサービスは使わないよう注意しましょう。ブログサービスの広告を入れたくない、本格的に収益化できるサイトを作りたいと考えているのであればWordPressがおすすめです。1章で詳しく説明します。

※1　CMS……Contents Management System（コンテンツ・マネジメント・システム）の略。WEBサイトのコンテンツを構成するテキストや画像やデザインなどの情報を一元的に保存管理するコンテンツ管理システムの総称。

主な無料ブログサービス

- Seesaa ブログ
- JUGEM ブログ
- はてなブログ
- ライブドアブログ　etc.

※ 2020 年 7 月現在

» メールアドレス

個人や家族で使うメールアドレスとは別にアフィリエイト専用のメールアドレスを取得しましょう。Gmail は Google アカウントがあれば無料で作ることができるのでおすすめです。なお、携帯電話やプロバイダーが提供するメールアドレス（@ ybb.ne.jp など）は使わないほうがよいでしょう。

» パソコン

スマートフォンだけでは、アフィリエイトは始められません。スペックにこだわらないのであれば、格安パソコンでも問題ないので用意しておきましょう。

» ネット環境

パケットを気にしない常時接続のできるネット環境を整えておきましょう。外出先でブログを書くのであれば、ポケット Wi-Fi を用意するか、Wi-Fi スポットのあるカフェを調べておきましょう。

MEMO　本格的に取り組むならスマートフォンは必須

「平成 30 年度総務省調査」によると、スマートフォンの個人保有率は 10 代～ 40 代で 80% を超えています。もはやスマートフォンでサイトを見ることが当たり前になってきているこの時代、作成したサイトはパソコン表示だけでなくスマートフォン表示したときの見え方をチェックすることは非常に重要です。Sec.09 で詳しく紹介していきます。

Section 06

アフィリエイトを始めるまでの順序

いざアフィリエイトを始めよう!　という前に、しっかりテーマとコンセプトを設定しましょう。アフィリエイトサイトの制作は、実際のお店作りと似ている部分があります。ここでは、サイト立案から運営までの順序を解説します。

コンテンツとサイト制作は同時進行しよう

アフィリエイトサイトを作るうえで大事なのが、「テーマ」と「コンセプト」をしっかり決めることです。成功するか否かはここにかかっているといっても過言ではありません。**「自分のお店を持つ」という意識で作る**と、あなたのお店から買いたい！　と思ってもらえるようなサイトを作ることができます。あなたはどんなお店作って、どんなお客様にきてほしいですか？

» お店を作ってみよう！

実際にお店を構えるときも、お店のテーマ作りとコンセプトの設定は非常に重要になります。どんなお店を作りたいかというテーマを決めたら、物件探しや事業計画書の作成などあらゆる手続きを経てお店をオープンさせます。

お店作りの計画	
❶テーマを決める	●どんなお店にしたい？ ●ニーズ商圏調査 ●扱う商品は？
❷プラン作成	●事業計画書作成 ●コンセプト設定 ●工程・工期を設定 ●客層は？
❸工事着工	●建築
❹工事完了	●完成 ●オープンのお知らせ
❺商品入荷	●商品の仕入れ ●陳列
❻開店・運営	●売上の分析と検証 ●改善

土地や建物の計画	
❶物件探し	●住所（出店場所）を決める ●土地を借りる
❷建築業者と契約	●間取りを決める ●セキュリティ強化
❸内外装の選定	●インテリアコーディネート
❹オプション追加	●お店の運営に必要な備品の購入

» アフィリエイトサイトに置きかえてみよう！

では、これを実際の工程に当てはめてみましょう。本書ではテーマ作成からリライトまでの工程に沿って紹介していきます。下の表の「①テーマを決める」と「②プラン作成」いかんでサイトの今後が決まります。

コンテンツの計画	
❶テーマを決める	●テーマを決める ●商材の有無を調査 ●競合調査 ●商材を設定
❷プラン作成	●コンセプト設定 ●ターゲット設定 ●タイトルを決める ●キーワード（H1）設定 ●サイトの内容を決める ●制作スケジュールを設定 ●メニュー・カテゴリー設定
❸記事作成	●キーワードを抽出 ●記事作成 ●記事進行表作成
❹サイト登録	●サイトマップ作成 ● Google Search Console とASPにサイト登録
❺広告掲載	●記事にアフィリエイトリンクを貼る
❻リライトコンテンツ追加	● Google Analytics と Google Search Console でサイト分析 ●記事のリライト修正と改善 ●コンテンツと記事を充実させる

サイト制作の計画	
❶サイトの準備	●ドメイン取得 ●レンタルサーバー契約 ●データベース作成
❷ WordPress 導入	● WordPress をインストール ● https に SSL 化
❸テーマ選定	●有料と無料テーマから選定
❹プラグイン追加	●お問い合わせフォームなど

MEMO　サイトのテーマとコンセプトをしっかり設定しよう

店舗を開業しようとするときに、「何を売るのか？」「どのようなお客様に来てもらいたいのか？」という、軸となる部分をしっかり考えることが大事なように、アフィリエイトサイトも、訪問者がこのサイトから買いたいと思ってもらえるようテーマとコンセプトをしっかり設定することが大事です。

Section 07

アフィリエイトに使える広告素材の種類

ASPでは、定型文タイプから自由に作れるタイプまでさまざまなアフィリエイトリンクを用意しています。アフィリエイトで使える代表的な広告素材の種類とその特徴を理解して、自分のサイトで活用しましょう。

バナー広告

バナー広告とは、画像やアニメーションによって表現する広告です。縦長、横長、正方形など形はさまざまですが規定のサイズは決まっており、広告主によりサイズ展開はさまざまです。筆者がよく使うのは、300 × 250px です。**長方形のバナーは、スマートフォンでもパソコンでも画面にちょうど収まるサイズなのでおすすめです。**最近ではスマートフォン用の広告も用意されています。バナー広告は見た目のインパクトがある一方、デザインによっては成約率が下がることもあるので、いかにコンテンツに自然になじむバナーを選ぶかが大事です。

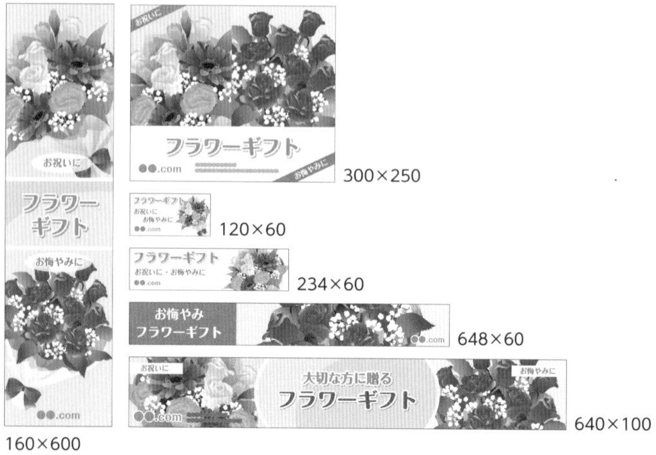

バナー広告例

MEMO

リンクコードの改変には注意

リンクコードを改変することはASPによっては利用規定に抵触します。リンクコードを改変することにより成果が正しく反映されなくなってしまいます。希望のバナーのサイズや商品画像があればASPにリクエストすることをおすすめします。

テキスト広告（固定テキスト）

「固定テキスト」は、あらかじめ広告主によって文言が決まっている文章による広告です。文言の変更をすることはできません。企業名、ブランド名、商品名、キャッチコピーなど文言はさまざまです。

テキスト広告（自由テキスト）

「自由テキスト」はアフィリエイター側で文言を作成できるテキスト広告です。文言を自由に設定でき、記事の内容に合わせたコピーを作ることができるので、成約率は比較的高いでしょう。美容・健康系商材の場合、薬機法（詳細はP.35）に抵触しないよう注意しましょう。

（例） ▶ 詳細はこちら

商品リンク作成ツール

広告主のサイトから商品画像や商品掲載ページのURLを自由に選び、自分で用意した文言で広告を作成できます。商品画像にアフィリエイトリンクを付けるので、商品画像リンクをクリックすると広告商品の詳細ページに飛ばすことができます。自分のサイトや記事になじみやすい画像を自由に選択できるので成果につながりやすくなります。

◀ 商品詳細ページURLと画像URL、テキストを用意してアフィリエイトリンクを作成します。

ASPが提供している商品リンク作成ツール

- バリューコマース ……………… MyLink
- A8net ……………………………… 商品リンク作成
- リンクシェア …………………… リンクビルダー

Section 08

アフィリエイトをするにあたって心掛けること

アフィリエイトは儲けることが目的ですが、商品やサービスの売り文句が強すぎると訪問者に敬遠されてしまいます。訪問者に選ばれるサイトになるにはどうすればよいのでしょうか？

訪問者の悩みを徹底的に考える ★★★

モノを買う、サービスを申し込むときにベースとなるのが「訪問者が抱えている悩み」です。「この悩みを解決するならこの商品」とすすめるようなページを作るのであれば、その悩みを抱える人の置かれている状況や潜在的な欲求を徹底的にリサーチすることです。

しかし、一口で「悩み」といっても人によって悩みの内容や度合い、状況はさまざまですよね？　その悩みに対して１つの答えだけでなく、さまざまな解決策を提示し、訪問者が自分にとって最適な答えを選べるようなサイトが支持される時代がくると感じています。

まず、商品に興味のある人が必要としている情報をしっかり書きましょう。そうした「かゆいところに手が届く」サイトに育て上げることによって、訪問者が「〇〇についてならこのサイト」と認識するようになります。

白髪染めシャンプーを探している人はどういう悩みを抱えているか？

関連キーワード取得ツール（仮名・β版）　URL https://www.related-keywords.com/

▲ 関連キーワード取得ツール（仮名・β版）で「白髪染めシャンプー」を検索した例です。どのようなキーワードといっしょに検索されているかを分析すると、悩みの解決に求められるものを推測することができます。

煽って買わせない ★★★

人は、不安が強くなるほど購買意欲が高くなります。2020 年の新型コロナウィルス騒動のときにトイレットペーパーが一斉に店頭から消えました。メーカーが潤沢な在庫があるといっているにもかかわらずです。これも不安からくる購買意欲です。

アフィリエイトも同様で、不安要素を植え付けることで購買意欲を高めることはよくあります。当然成約率も高く一時的には売れます。しかし、ネガティブな要素でまみれたサイトを再訪問したいとは思う人はどれだけいるでしょうか？　煽って買わせる広告手法はもう時代遅れです。昨今、芸能人や有名人によるステマ（ステルスマーケティング）が問題になったことで、広告とわかるものを避ける傾向にあります。**広告臭のあるサイトは次第に淘汰されていく**でしょう。

人の弱みにつけこむ「一発屋」ではなく、何度も訪問したくなるようなサイトを作っていきましょう。

友達にすすめるよう商品を紹介する ★★★

友達が不眠で悩んでいるとします。そのとき、友達に対して「(使ったこともないのに) この商品はすごくおすすめだよ！　あっという間に寝落ちするよ！　今買えば50%オフ！　10 分以内に購入すればもう 1 本プレゼント！」とすすめますか？

アフィリエイトありきでサイトを作ると、画面の向こうにいる人を想像できなくなります。また、稼ぎたいという欲求が強くなると売り込み感が強くなります。

目の前の友人が困っていて助けを求めていたら、実際に使ってよかった商品だけをすすめますよね？　使用した感想を記事にしたのが「商品レビュー記事」です。筆者も過去長年使っているものをブログで紹介したら商品が売れ続け、ついで買いも発生したことがありました。商品への愛は自然と言葉に表れます。

「良質な記事とコンテンツありきで、アフィリエイトはついで」の気持ちで取り組みましょう。

▲ 自分が実際に使ってみてよかった商品をサイトでも紹介してみましょう。

Section 09

スマートフォンだけでアフィリエイトはできる?

アフィリエイトをするうえで、記事を更新する時間の確保が最大の課題です。パソコンと向き合う時間がなかなか作れない場合、スマートフォンだけを使ってアフィリエイトをすることができるのでしょうか?

スマートフォンでできること

記事作成

サラリーマンや小さいお子さんがいるママにとって、記事作成のための時間を捻出することは難しいですよね？　そんな中でも、無料ブログやWordPress専用のアプリを使えば、電車での移動中や子供のお昼寝中などちょっとしたすき間時間に記事を書くことができます。文字を打つことが面倒……という場合は、**スマートフォンの音声入力を使うことで、文字入力の時間を短縮できます**。筆者は子供の塾のお迎えの車内で音声入力をしています。自然と滑舌がよくなるという副産物もあります。

広告掲載と報酬レポートの閲覧

多くのASPではスマートフォン対応をしているため、アフィリエイトリンクをかんたんにコピー&ペーストできます。A8.netの場合、「素材をコピーする」と書かれたボタンをタップするとかんたんにコピーができます。また、報酬レポートはログインすればかんたんに確認することができます。

SNSでの記事更新の告知

Twitter や Facebook、Instagram はパソコンよりスマートフォン向きといえるSNSでしょう。SNSを使ってブログ記事の更新をお知らせしたり、ためになる情報を共有したり、自身の考えをつぶやいてみたりとファンを作るためには欠かせないツールです。

» かんたんな画像加工

Canva URL https://www.canva.com/ja_jp/

ブログ用の画像を編集するなら、「Canva（キャンバ）」がおすすめです。Canvaは専門知識がなくてもPhotoshopのような画像加工ができます。デザインテンプレートが豊富で、SNSやブログで使うアイキャッチ画像やロゴ、バナー広告がかんたんに作れます。パソコン版もあり無料で利用できます（有料版あり）。

パソコンがあったほうができること ★★★

- オリジナルの商品リンクの作成（バリューコマースのMylinkなど）
- サイトのコード編集
- 資料を閲覧しながらの記事作成

スマートフォンは基本的に1つの画面しか見ることができませんが、パソコンは画面を2分割することができます。**複雑なコード編集や記事全体をチェックするにはパソコンが向いています。**

MEMO スマートフォンは補助的に使う

スマートフォンでできることは、メモ代わりの記事作成やかんたんな画像加工に限られます。移動中などの空き時間にスマートフォンを利用する分には有効ですが、本格的なサイトを作成するのであればパソコンは必要不可欠です。スマートフォンは補助的に利用し、パソコンでの作業をメインに考えましょう。

Section 10

怪しい儲け話には注意!

アフィリエイトを独学で始めてなかなか成果が出ないと、「かんたんに高額報酬」という謳い文句につられがちです。ここでは、詐欺まがいの情報商材や塾の特徴を紹介します。

情報商材トラブルは増加の一途

消費者庁が発表した令和元年版消費者白書によると、お金儲けのノウハウと称してネット上で取引される情報商材に関する相談件数は2018年に約8,800件となり、5年前の約10倍に増加しています。

「情報商材」に関する消費生活相談件数

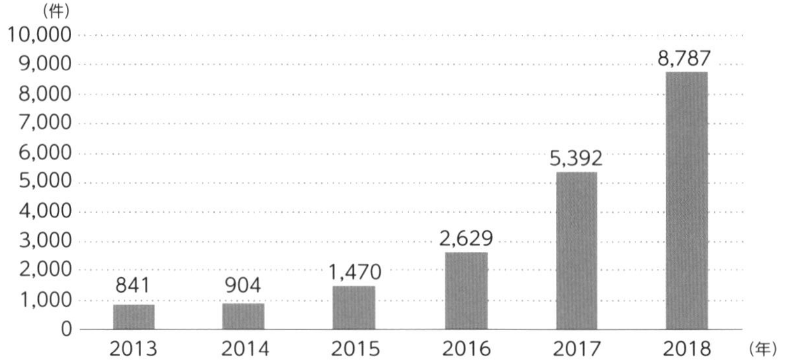

(備考)PIO-NETに登録された消費生活相談情報(2019年3月31日までの登録分)。

出典:令和元年版消費者白書

相談内容の多くは、高額報酬を得る方法を教えると謳う広告から入り、副業や投資で儲けることができるノウハウを教えると高額契約を結んだが、実際は説明と異なり儲からないとのことです。

»情報商材とは?

情報商材とは、情報そのものが商品として販売される形態で、副業や投資、ギャンブルなどで高額収入を得るためのノウハウと称して販売されているものが多くあります。情報商材をきっかけに高額なセミナー、ツールを契約させるケースもあります。

» アフィリエイト塾とは？

インターネット上には情報商材だけでなく、アフィリエイト塾と称されるものもあります。アフィリエイト塾とは、すでに何らかの方法で報酬を得た人が自分のノウハウを教える場をいいます。教える内容で多いものは、適当に書いたブログを量産し、バックリンク用のサイトからリンクをすることでPVを稼ぐという手法などです。しかしこの方法はブログサービス会社によっては規約違反にあたるものも多く、現在はGoogleなどの検索結果圏外に飛ばされて稼げなくなっています。

筆者は情報商材や塾が100%詐欺とは思いませんが、再現性がないものやかんたんに儲かると謳うものは絶対に手を出すべきではないと思っています。なぜなら、本当に儲かっているアフィリエイターならかんたんに自分のノウハウを提供することはないからです。正しいアフィリエイトを学ぶのであれば、ASPや日本アフィリエイト協議会で勉強会を開催しています。多くは無料で利用できます。

こんな誘い文句に気を付けろ！ ★★★

ネット上に溢れる誘い文句で特に怪しいと思われるものは以下の通りです。

儲かる系	「絶対儲かる！」「返金保証で安心」
高額報酬系	「1クリックで100万円」「数か月で月100万円稼げます！」
手軽系	「ほったらかしでも毎月30万円」「片手間で稼げる」「毎月不労所得」

正しい情報を見極めるには、その情報の出どころを探りましょう。これらの謳い文句とともに高級車や別荘、札束などの写真が掲載されていたら要注意です。情報商材業者や塾に搾取される可能性が高いです。最近の傾向としては、SNSを使った副業詐欺も増えています。多くのアフィリエイターは、必死に頭に汗をかきながら日々サイトを作っているのが現実です。ネット副業は決してかんたんに儲かるものではありません。

MEMO　副業詐欺被害はアフィリエイトだけではない

情報商材でよく見掛ける稼げる系のジャンルには、アフィリエイトのほかにせどりや転売、FX、仮想通貨などが挙げられます。それぞれ共通しているのは、相場のように先の見通しが不確定で流動的である点です。つまり、100%確実に稼げる方法はないということです。

Section 11

アフィリエイトを始めるうえでの注意点

悪気がなくても気付かないうちにNG行為をしていることはよくあります。せっかく作った記事がアフィリエイトに使えないともったいないですよね。ここでは、アフィリエイターが押さえておきたいNG行為や法律について紹介します。

アフィリエイトの主なNG行為

国民生活センターに寄せられている相談で多くなっているのが、アフィリエイトサイトが「定期購入」と明記せず化粧品や健康食品を紹介し、消費者が誤認をして定期購入を申し込んでしまうケースです。

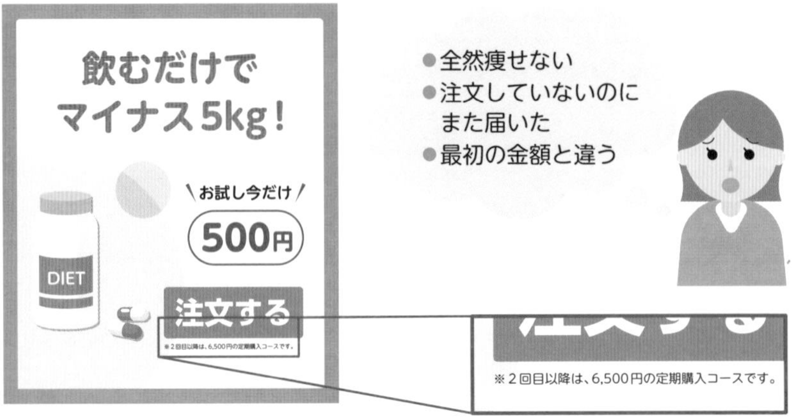

▲ 注意書きが小さすぎるなどで、定期購入であることを明記していないと消費者に誤解を与えてしまいます。

「自分さえ儲かればよい」という私欲でアフィリエイトを始めてしまうと、消費者を欺くだけでなく法律違反になる可能性があります。ほかにも、法律遵守については取り締まりが厳しくなる傾向にあるので、パクリ記事や画像の転載などに関する「**著作権**」と健康・美容商材に関わる「**薬機法**」の知識はぜひ知っておきましょう。

» 著作権侵害

著作者の許可なく画像や文章を転載したり利用したりすることは、「著作権侵害」として違反になります。

著作者の許可なくサイトに掲載する行為

- 他人のブログの画像や記事を使用（コピー＆ペーストはNG）
- 広告主サイトのキャプチャーや商品画像を使用
- 著名人・芸能人の画像を使用

著作権侵害にあたらないようにするには、「参照」「引用」「転載」の違いを知り、正しく使用するように心掛けましょう。基本的に自分の文章より他人の文章の割合が多くなると著作権侵害に抵触します。著作権についての詳細は、文化庁のホームページ（https://www.bunka.go.jp/seisaku/chosakuken/）などでも解説されているので、目を通すようにしましょう。

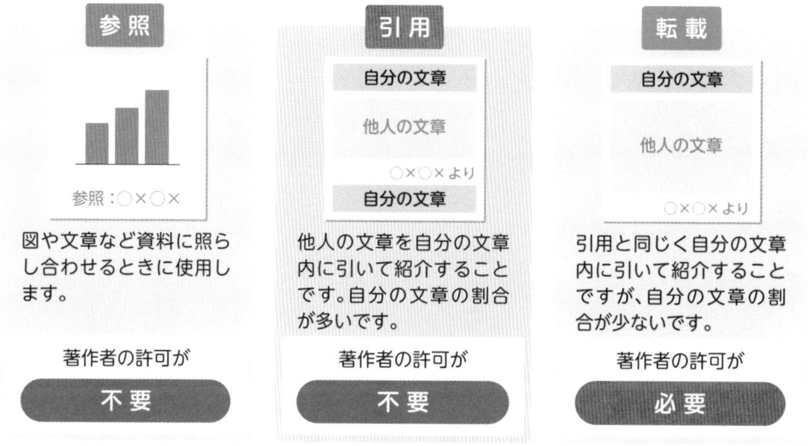

参照
参照：○×○×
図や文章など資料に照らし合わせるときに使用します。
著作者の許可が
不要
引用
自分の文章
他人の文章
○×○×より
自分の文章
他人の文章を自分の文章内に引いて紹介することです。自分の文章の割合が多いです。
著作者の許可が
不要
転載
自分の文章
他人の文章
○×○×より
引用と同じく自分の文章内に引いて紹介することですが、自分の文章の割合が少ないです。
著作者の許可が
必要

» 薬機法違反

薬機法（医薬品、医療機器等の品質、有効性及び安全性の確保等に関する法律）は、医薬品や医療機器の品質や有効性、安全性を確保するため、製造や広告などについて定めた法律です。医薬品・医薬部外品・化粧品・医療機器は薬機法の規制対象になることはもちろん、健康器具やペット用品の商品紹介でも医薬品や医療機器と同様に「効果効能」の表現があると誤認を引き起こすので注意が必要です。

NG表現例

- 「がんに効く」「専門医のお墨付き」「血液サラサラ効果」など

キャッチコピーや文章が法律に抵触しているかどうかは、「逆引き薬機法」が参考になります。

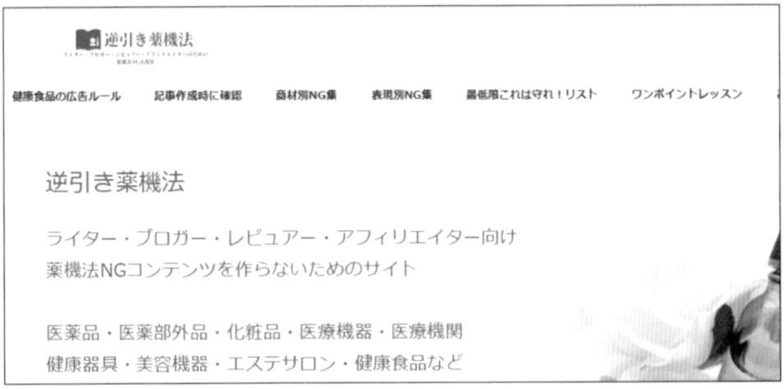

逆引き薬機法
URL https://gyakubiki-yakki.com/

» ステマ行為

広告主や代理店から依頼されたステルスマーケティング（ステマ）行為はNGです。直接取り締まる法律はありませんが、実際に購入していないのに購入したと偽ってブログに掲載する行為は、軽犯罪法に抵触する可能性があります。企業からの依頼の場合は「PR」や「提供」と表記するなど提供された旨を表記しましょう。

» 誇大・虚偽表現

実際より著しくよいものや安いかのような表現は、景品表示法違反に抵触するのでNGです。

NG表現例

- **オージービーフなのにあたかも国産牛であるような表示**
- **あたかも施術を受けることで痩せたようなビフォーアフター写真**

これらの行為は、広告主との提携解除や報酬の取り消しだけでなく、法的責任が問われ、損害賠償や刑事罰に処される場合もあります。絶対に行わないでください。

MEMO 商標を悪用してはいけない

よくあることが、商標（商品名）に関することです。広告主の公式サイトと勘違いさせる内容や商標名でのリスティング広告出稿、会社名や商標を含むドメインでサイト作成をするなどの行為は、商標権侵害に当たります。

第1章

アフィリエイトを始めるためのサイトの準備

Section 12

無料ブログと独自サイトの違いとは?

専門知識がなくてもかんたんにブログが作れる「無料ブログ」と、カスタマイズが可能な「独自サイト」。アフィリエイトを始めるならどちらがよいのか、それぞれの特徴を比較してみましょう。

無料ブログの特徴 ★★★

» 無料ブログは「ショッピングモールのテナント」

アメーバブログやはてなブログに代表される「無料ブログ」は、ブログサービスが用意するサーバー(ネット上の土地)とドメイン(ネット上の住所)を使用して、サイトを運営します。無料ブログは、いわば「ショッピングモールのテナント」です。**利用者が多いため、ブログ開設当初でもアクセスが集まりやすいのが特徴です。**サイトを制作するためのWebの知識が不要で、かんたんに記事を作ることができます。また、セキュリティ対策やメンテナンスの手間がかかりません。ブロガーどうしの交流ができる機能もあり、仲間作りに最適です。

ただし、ブログサービスの多くは、アフィリエイトを禁止しており、せっかくブログを開設してもアフィリエイトができないということもあります。また、突然ブログサービスが終了したり、規約に触れるとブログが削除されたりするリスクもあります。

無料ブログが向いている人

- 趣味として始めたい人
- パソコンが苦手な人
- ブログ内のコミュニティを楽しみたい人
- 書くことに慣れたい人

アフィリエイトOKのおすすめ無料ブログ

»はてなブログ

多くの有名ブロガーが利用する「はてなブログ」はSEO（検索の上位に表示されるようにWebページを最適化させること）に強いといわれています。「はてなブックマーク」との連携機能があり、コミュニティも活発なので、同じユーザーどうしのアクセスが集まりやすいのが特徴です。

»ライブドアブログ

1つのIDで最大10個のブログを作成することができます。LINE読者機能を設置することで、ブログの更新をLINEで読者に通知することができる機能があります。

»JUGEM

デザインのカスタマイズが比較的容易です。広告なしプランが月額300円と安価なため、広告は出したくないけど独自サイトの構築が不安という人におすすめです。

独自サイトの特徴

»独自サイトは「自分のお店」

「独自サイト」は、自分だけのオリジナルサイトです。独自ドメインが持てるので、サイトが資産になる、いわば「自分のお店」です。**自分の好きなようにカスタマイズすることができます。**WordPressを使えば、プラグインを追加してさまざまな機能を使うことができます。

ただし、サイト開設当初はアクセスが集まりにくく、初報酬が3カ月から半年後ということもあります。それでもSEOやSNS対策、良質なコンテンツ作りなどをして地道にサイトを育てることで、人気サイトに成長させることも可能です。

▲ 対策次第で離島から都会の一等地へ成り上がることも「独自サイト」なら可能です。

独自サイトが向いている人

- 本格的にアフィリエイトをしたい人
- 副業としてアフィリエイトを始めたい人
- Web制作のスキルを身に付けたい人

Section 13

WordPressのしくみ

WordPressのいちばんのメリットは、HTMLやCSS、PHPといったWeb言語がわからない人でもサイト制作ができることです。ここでは、WordPressのしくみや優れた点を紹介します。

WordPressとは？

WordPress（ワードプレス）は CMS（コンテンツマネジメントシステム）と呼ばれるシステムの一種です。CMS とは、コンテンツをデータベース上で管理することで、手軽に変更・修正ができ、さまざまな機能を追加することができます。CMS にはほかに、Movable Type（ムーバブルタイプ）といった有料のシステムもありますが、WordPress は無料で利用できます。WordPress は一度サイトを構築してしまえば、**そのあとの情報の更新は HTML や CSS、PHP といった Web 言語を知らなくても更新できるのがメリットです。**

WordPressのしくみ

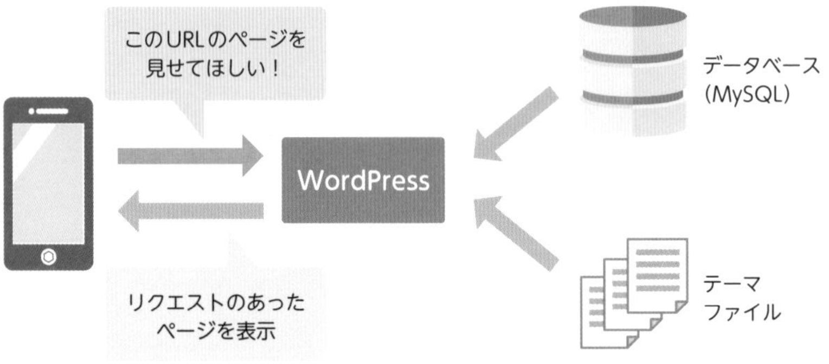

スマートフォンやパソコンからサイトにアクセスがあると、PHP が動きテーマファイルを読み込んで、データベース（MySQL）から情報を引っ張ります。そして、その 2 つの情報を合わせ、ブラウザに表示させます。HTML・CSS などのデザインは「テーマファイル」、テキスト・画像などのコンテンツは「データベース」とデザインとコンテンツを別々で管理できるのも WordPress の特徴の 1 つです。

» WordPressのテンプレート構成

デザインはヘッダー（いちばん上の部分）・サイドバー・フッター（いちばん下の部分）、コンテンツ部分に分かれています。WordPress では、これらをすべて別ファイルで管理しています。たとえば、ヘッダーを変える場合だと、HTML ホームページでは 1 つ修正するにも何百というページを 1 つずつ変更していく必要がありましたが、WordPress はパーツごとにファイルが分かれているので、header.php ファイルの記述のみ修正すれば、手軽に何百とあるページに共通の変更をすることができます。

WordPress でできること ★★★

» 一度サイトを構築すればかんたんに管理することができる

WordPress は、ブログのような感覚でかんたんにページの編集や更新ができるので、難しい操作方法を覚える必要はありません。HTML や CSS を知らなくても基本的な編集が可能です。ただし、より作り込む際にはそれらの知識も必要です。

» 着せ替え感覚でテンプレートを変更できる

「テーマ」と呼ばれる機能によって、洋服を着せ替えするような感覚でサイトデザインや表示形式を変更することができます。無料と有料のテーマがありますが、無料でもたくさんのテーマが用意されています。

» 拡張性の高いサイトを制作できる

WordPress では、「プラグイン」という拡張機能があり、その数も豊富です。プラグインを使用すれば難しいプログラミングを行う必要がないため、お問い合わせフォームやサイトマップも専用のプラグインを追加することで、かんたんに作成することが可能です。

Section 14

無料ブログサービスではなくWordPressを使うメリット

アフィリエイトは、無料ブログからでも始められます。しかし、副業レベルで本格的にアフィリエイトをしようと思うなら、初めからWordPressでサイト作成をしたほうがよいでしょう。

WordPressのメリットは？

①広告が入らない

WordPressは広告が一切入らないので、アフィリエイト広告掲載に支障が出ません。クリック報酬型広告（アドセンス広告）も自由に掲載できます。

◀ 無料ブログのスマートフォン表示だと、目に付く場所に広告が入るため、ユーザーが離れやすいです。

＜無料ブログの場合＞

- 強制的に広告が入る。
- 広告を非表示にするなら有料プランがあるが、WordPressより経費が掛かってしまうことがある。一定期間更新しないとTOP画面が広告で占められることもある。

②商用OK

全世界のECサイトで利用されているWordPressは、断トツのシェア率を誇るCMSです。日本に限るとシェア率は8割を超えます。ECサイトや会員サイトも作成が可能です。商用向けのテーマもあるので、自分が紹介したい商材に合わせてテーマを選ぶとよいでしょう（テーマ選びについてはSec.20で紹介します）。

＜無料ブログの場合＞

- 商用OKが少ない。
- 急な規約変更で制限が出たり、アフィリエイトが禁止になったりすることがある。

≫ ③自分好みのサイトが作れる

WordPressは、Webの知識があまりなくても、テーマを選ぶことによってプロが制作したようなサイトが作れます。プラグインを使えばほしい機能を追加することもできます。

<無料ブログの場合>

- **テンプレートの中から選べるが、カスタマイズの自由度は低い。**
- **ブログサービス特有の機能しか使えない。**

≫ ④サイトが資産になる

WordPressは、独自ドメインで運営します。サイトを運営していく中で蓄積されたコンテンツや外部サイトからのリンクはSEOにおいて大きな資産となります。その資産価値は、独自ドメインの価値そのものです。独自ドメインでサイト運営していくことは、長期的に見てSEOで有利となります。サブドメインを使えば別のサイトを作ることもできます。

<無料ブログの場合>

- **規約違反をするとアカウントが削除され、育てたサイトが一瞬で消えることがある。**
- **あくまでもブログサービスを利用しているだけなので独自の資産にならない。**

WordPressでサイトを作る流れ ★★★

コンテンツの計画		サイト制作の計画	
❶テーマを決める	●テーマを決める ●商材の有無を調査 ●競合調査 ●商材を設定	❶サイトの準備	●ドメイン取得 ●レンタルサーバー契約 ●データベース作成
❷プラン作成	●コンセプト設定 ●ターゲット設定 ●タイトルを決める ●キーワード（H1）設定 ●サイトの内容を決める ●制作スケジュールを設定 ●メニュー・カテゴリー設定	❷WordPress導入	●WordPressをインストール ●httpsにSSL化
❸記事作成	●キーワードを抽出 ●記事作成 ●記事進行表作成	❸テーマ選定	●有料と無料テーマから選定
❹サイト登録	●サイトマップ作成 ●Google Search ConsoleとASPにサイト登録	❹プラグイン追加	●お問い合わせフォームなど

▲ テーマの選定から記事作成までの工程は、2章以降で解説しています。

サイトを作るには、P.25の図の説明にあるように、コンテンツとサイト制作を同時進行させます。Sec.15～Sec.23では、ドメイン取得からプラグイン追加までのサイト制作と、GoogleやASPにサイトを登録するまでの工程を解説します。

Section 15

独自ドメインを取得しよう

ドメインはネット上の住所にあたります。ドメイン名は運営するサイト名に近いものがよいでしょう。ここでは、主に独自ドメインの選び方や取得手順を解説します。

ドメインとは？

ドメインとは、かんたんにいえば「インターネット上の住所」のようなものです。ホームページは、その住所に建てる「家やお店」というイメージです。独自ドメインとは、ユーザーが独自で名前を決められるドメインのことをいいます。好きな文字列を指定して取得することができます。独自ドメインは「一戸建て」のようなものなので、世界中にあるそのほかのドメインと重複することはありません。また、**サイト運営期間が長いほど検索エンジンの評価が高くなる**というメリットがあります。

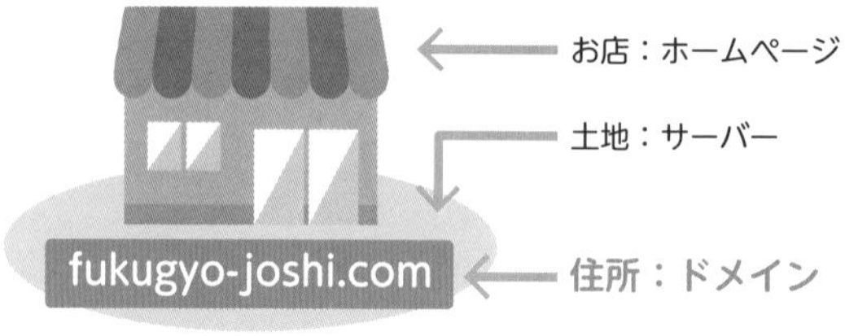

お店にたとえると、ドメインはお店の「住所」にあたります。

» ドメインはどこで取得すればよい？

独自ドメインは世界で1つだけの住所なので、同じドメインを複数のドメインサービスで取得することはできません。初めてドメインを取得するのであれば、同じ運営会社のサーバーサービスと連携できるドメインサービスを選ぶと、手続きがスムーズです。

主なドメインサービス	特徴
お名前.com	国内最大級で知名度が高い。580種類ものドメインの種類がある。
ムームードメイン	取り扱いドメイン数は400種類以上。ロリポップ！と連携できる。
バリュードメイン	ドメインとレンタルサーバーがセットのプランがある。

» ドメインの種類

主なドメインには「.jp」「.com」「.net」などがありますが、「.biz」や「.info」など、ほかにもさまざまな種類があります。

ドメインの種類	特徴
.jp	日本に在住する個人や団体のみが取得できる。維持コストが高い。
.com	主に企業や商用を表すドメイン。世界でもっとも登録数が多い。
.net	もともとはネットワーク用として使用されていたドメイン。

ムームードメインでドメインを取得しよう ★★★

ここでは、「ムームードメイン」を例に独自ドメインを取得する流れを解説します。

❶ ムームードメイン（https://muumuu-domain.com/）にアクセスして、検索欄に取得したいドメイン名を入力し、＜検索する＞をクリックします。

❷ 検索結果が表示されるので、希望のドメインが空いているかをチェックし、ドメインを選択して＜カートに追加＞をクリックします。

MEMO　ドメインは早い者勝ち

ドメインはブランディングの１つとして考えられているため、人気のドメインはすでに第三者に取得されてしまっていることも多いです。しかし、ハイフンや数字を使うことで希望に近いドメインを取得することもできます。

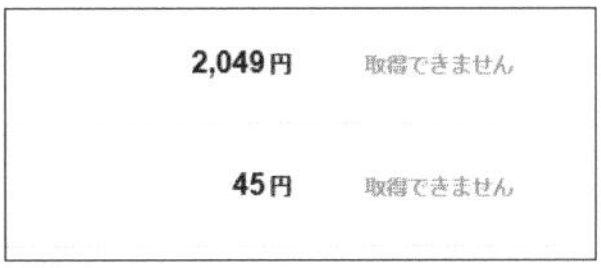

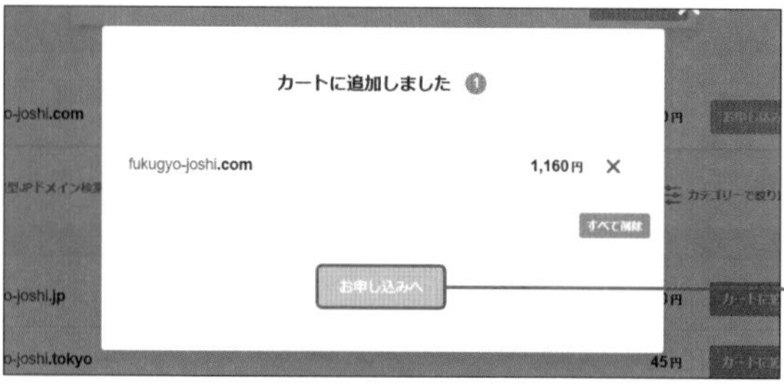

❸カートに追加されたら＜お申し込みへ＞をクリックします。

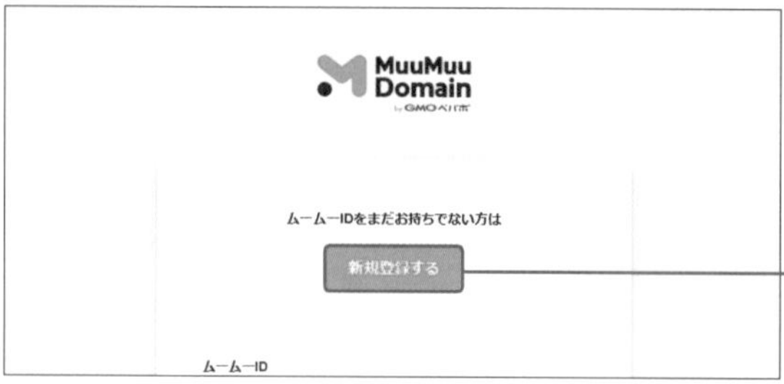

❹ムームー ID を登録します。＜新規登録する＞をクリックします。

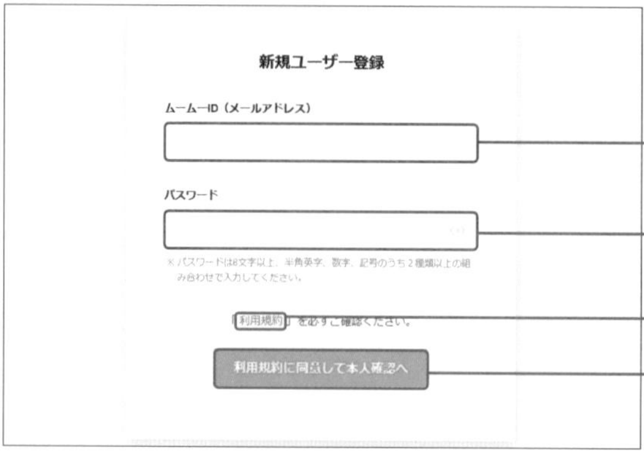

❺メールアドレスと任意のパスワードを入力し、「利用規定」を確認して、＜利用規約に同意して本人確認へ＞をクリックします。

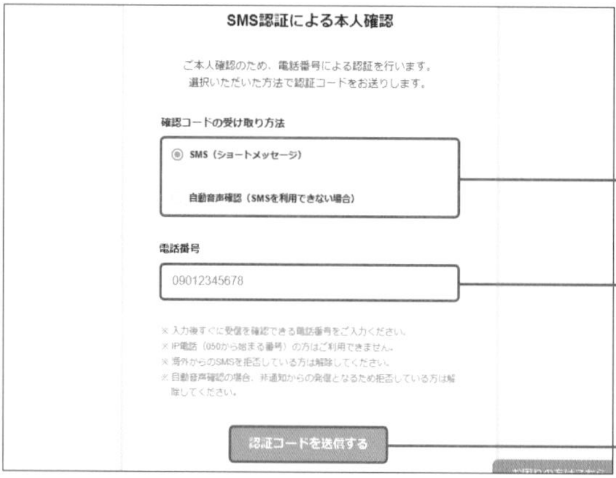

❻「確認コードの受け取り方法」を選択し、電話番号を入力して＜確認コードを送信する＞をクリックします。届いた認証コードを入力します。

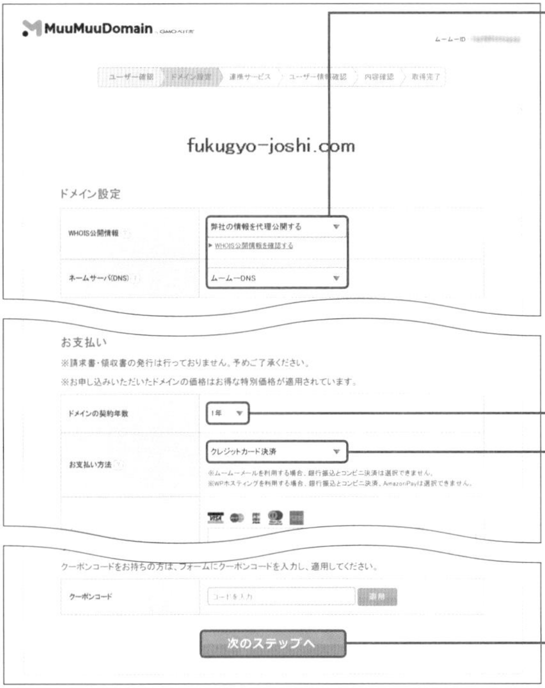

❼「ドメイン設定」を行います。「WHOIS公開情報」は<弊社の情報を代理公開する>を選択し、「ネームサーバ(DNS)」は<ムームー DNS >を選択します（サーバー設定のときに再設定できます）。

❽「お支払い」方法を設定します。「ドメイン契約年数」は、初めてドメインを取得する場合には< 1 年>がおすすめです。「お支払い方法」を選択し、<次のステップへ>をクリックします。

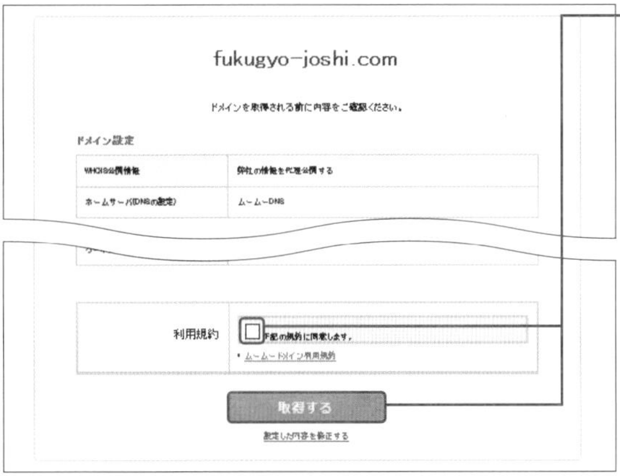

❾内容を確認し、「利用規約」にチェックして、<取得する>をクリックします。

❿登録したメールアドレスにドメイン情報認証のための URL が届くので認証を行います。

MEMO WHOIS 公開情報とは？

ネット上に公開されているドメインの登録情報のことです。ここで「登録情報を公開する」を選ぶとネット上に個人情報が洩れてしまうので、必ず「弊社の情報を代理公開する」を選択しましょう。

Section 16

レンタルサーバーの契約をしよう

独自ドメインを取得したら、レンタルサーバーを契約します。ここでは、ムームードメイン取得後にロリポップ!レンタルサーバーを契約して、紐付けします。

レンタルサーバーとは？

サーバーとは、パソコンやスマートフォンなどから発信された情報のリクエストに対してデータを提供する、処理能力の高いコンピューターのことです。レンタルサーバーは、サーバーを貸し出す（レンタルする）サービスを指します。サーバー構築のための設置場所の確保や管理を業者が行い、ホームページやブログの公開以外にも独自のメールアドレスを提供しています。

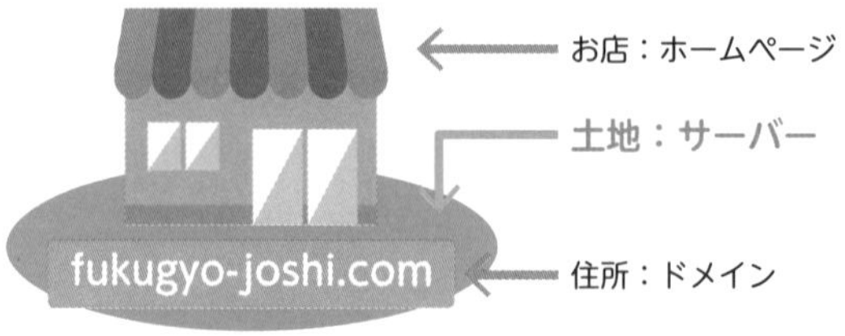

◀ お店にたとえると、サーバーはお店を建てるための「土地」です。

レンタルサーバーを契約しよう

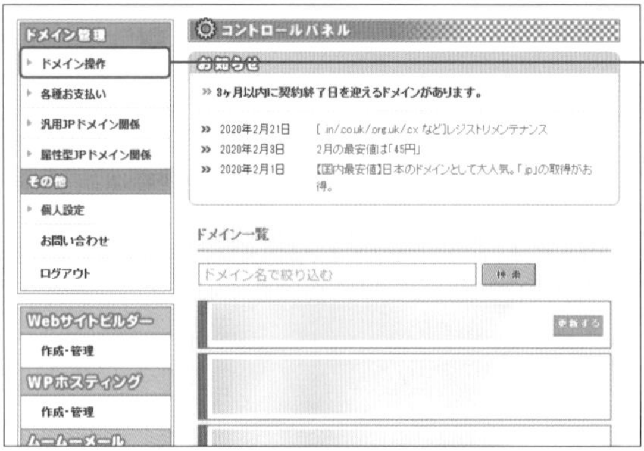

❶ ムームードメインにログインし、「ドメイン管理」から<ドメイン操作>をクリックします。

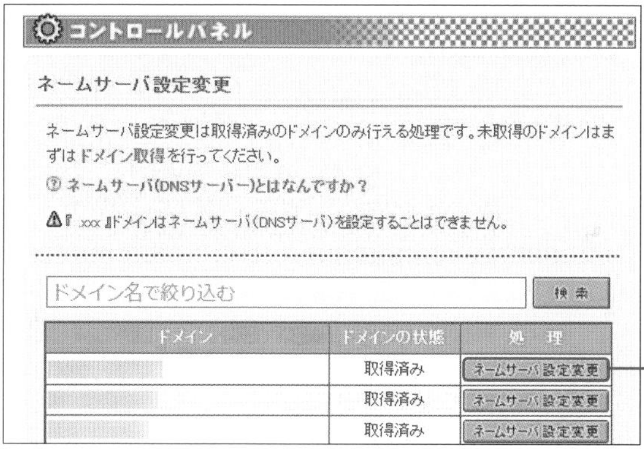

❷ <ネームサーバ設定変更>をクリックし、レンタルサーバーを契約するドメインの<ネームサーバ設定変更>をクリックします。

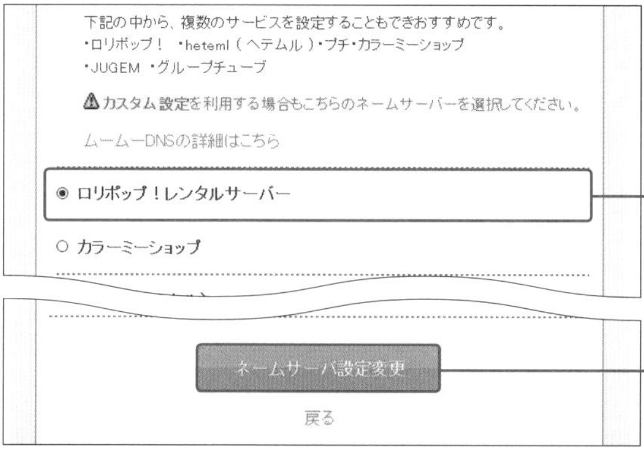

❸ ここでは、ロリポップ!のサーバーサービスを利用します。<ロリポップ!レンタルサーバー>にチェックし、<ネームサーバ設定変更>をクリックします。

❹ ロリポップ!のトップページを表示します。<まずは無料の10日間ではじめよう>もしくは<10日間無料でお試し>をクリックします。

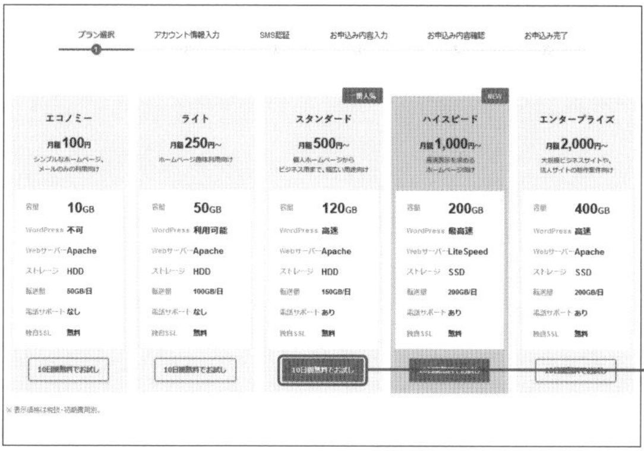

❺ プランが表示されるので、希望のプラン（ここでは、「スタンダード」）の<10日間無料でお試し>をクリックします。

❻ロリポップ!で使用するアカウント情報を入力します。「ロリポップ!のドメイン(初期ドメイン)」(アカウント名)には、自動生成されたURLが表示されますが、好きなワードを設定できます。「利用規約」と「プライバシーポリシー」を確認し、<規約に同意して本人確認へ>をクリックします。

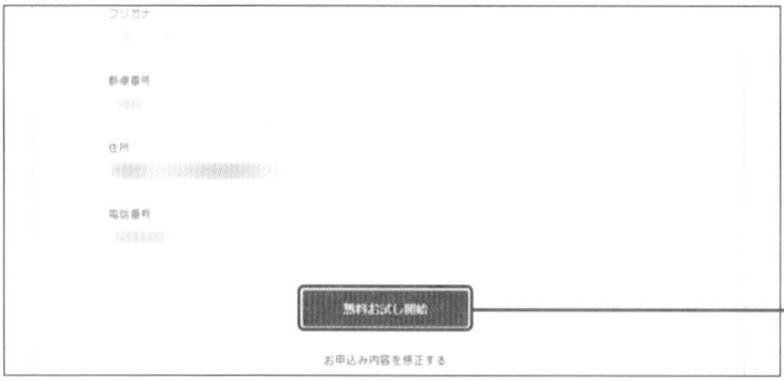

❼画面の表示に従ってSMS認証を行い、名前や住所、電話番号などを入力して確認画面の<無料お試し開始>をクリックします。

サーバーサービスで独自ドメインを設定しよう ★★★

❶ロリポップ!のユーザー専用ページで<独自ドメインを設定する>(もしくは<サーバーの管理・設定>→<独自ドメイン>)をクリックします。

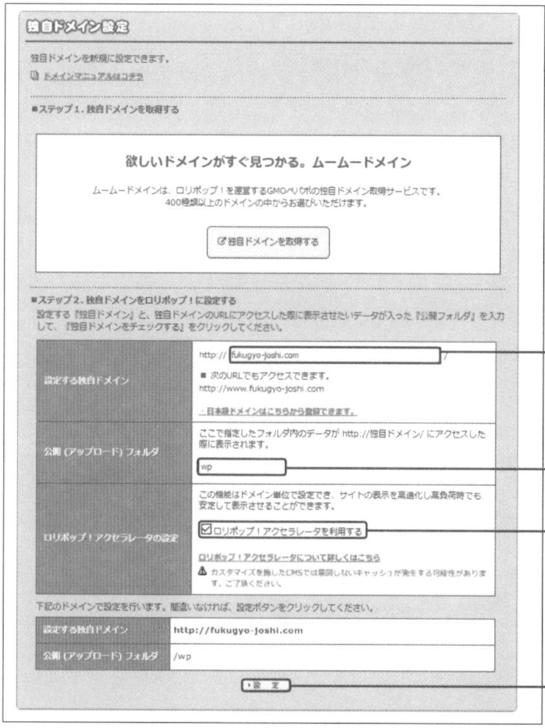
独自ドメイン設定
独自ドメインを新規に設定できます。
ドメインマニュアルはコチラ
■ステップ1. 独自ドメインを取得する
欲しいドメインがすぐ見つかる。ムームードメイン
ムームードメインは、ロリポップ！を運営するGMOペパボの独自ドメイン取得サービスです。
400種類以上のドメインの中からお選びいただけます。
独自ドメインを取得する
■ステップ2. 独自ドメインをロリポップ！に設定する
設定する『独自ドメイン』と、独自ドメインのURLにアクセスした際に表示させたいデータが入った『公開フォルダ』を入力して、『独自ドメインをチェックする』をクリックしてください。
設定する独自ドメイン
http:// fukugyo-joshi.com /
■ 次のURLでもアクセスできます。
http://www.fukugyo-joshi.com
・日本語ドメインはこちらから登録できます。
公開（アップロード）フォルダ
ここで指定したフォルダ内のデータが http://独自ドメイン/ にアクセスした際に表示されます。
wp
ロリポップ！アクセラレータの設定
この機能はドメイン単位で設定でき、サイトの表示を高速化し高負荷時でも安定して表示させることができます。
ロリポップ！アクセラレータを利用する
ロリポップ！アクセラレータについて詳しくはこちら
カスタマイズを施したCMSでは意図しないキャッシュが発生する可能性があります。ご了承ください。
下記のドメインで設定を行います。間違いなければ、設定ボタンをクリックしてください。
設定する独自ドメイン
http://fukugyo-joshi.com
公開（アップロード）フォルダ
/wp
設 定

❷「ステップ2.独自ドメインをロリポップ!に設定する」で「設定する独自ドメイン」に Sec.15 で取得した独自ドメイン名を入力します。
「公開（アップロード）フォルダ」に任意の名前（ここでは「wp」）を入力し、「ロリポップ!アクセラレータの設定を利用する」にチェックします。
＜独自ドメインをチェックする＞をクリックすると、確認が表示されるので＜設定＞をクリックします。

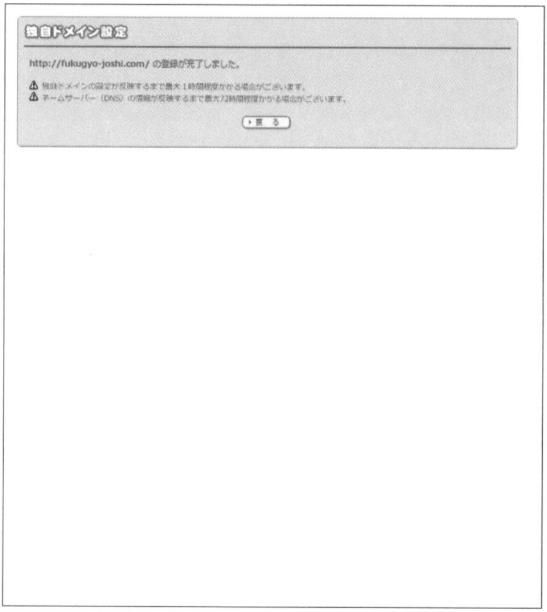
独自ドメイン設定
http://fukugyo-joshi.com/ の登録が完了しました。
独自ドメインの設定が反映するまで最大1時間程度かかる場合がございます。
ネームサーバー（DNS）の情報が反映するまで最大72時間程度かかる場合がございます。
戻 る

❸サーバーに独自ドメインが登録されました。

Section 17

WordPressを導入しよう

各レンタルサーバーでは、かんたんにWordPressがインストールできるようツールが提供されています。ここではロリポップ!の管理画面からWordPressをインストールする方法を解説します。

WordPress をインストールしよう

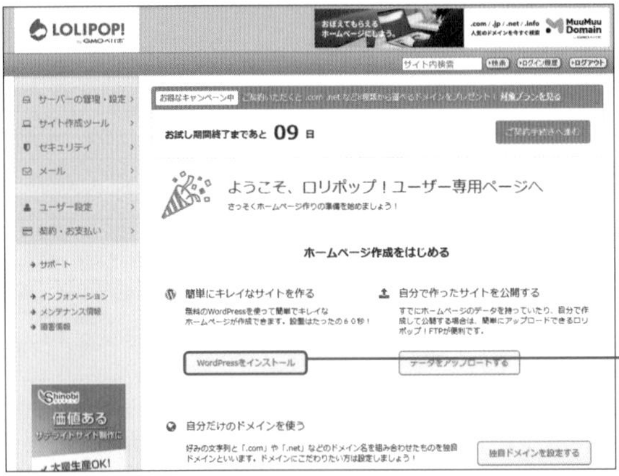

❶ロリポップ!のユーザー専用ページにログインしたら、＜WordPressをインストール＞（もしくは＜サイト制作ツール＞→＜WordPress簡単インストール＞）をクリックします。

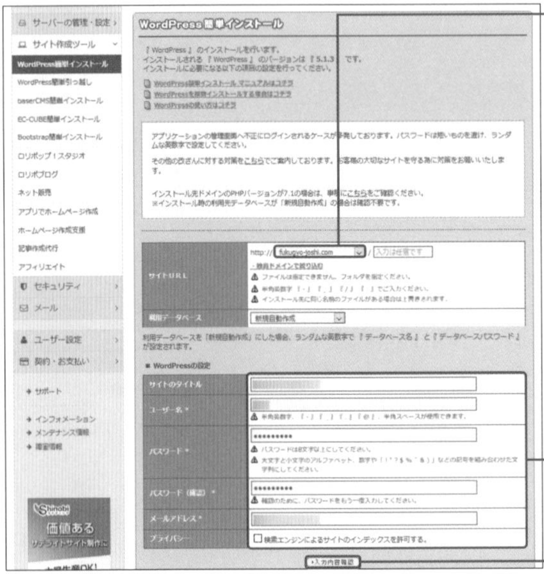

❷「サイトURL」にSec.15で取得したドメインを設定します。「WordPressの設定」でサイトのタイトル、WordPressで使用するユーザー名とパスワード、メールアドレスを入力し、「検索エンジンによるインデックスを許可する」のチェックを外したら、＜入力内容確認＞をクリックします。

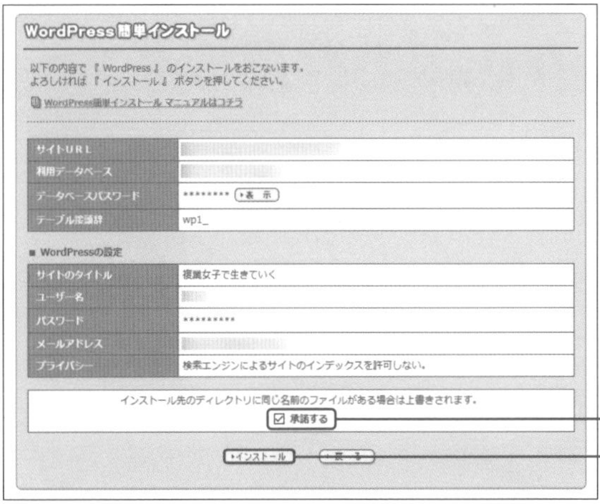
WordPress簡単インストール
以下の内容で『WordPress』のインストールをおこないます。
よろしければ『インストール』ボタンを押してください。
WordPress簡単インストール マニュアルはコチラ
サイトURL
利用データベース
データベースパスワード ******** 表示
テーブル接頭辞 wp1_
■ WordPressの設定
サイトのタイトル 複業女子で生きていく
ユーザー名
パスワード *********
メールアドレス
プライバシー 検索エンジンによるサイトのインデックスを許可しない。
インストール先のディレクトリに同じ名前のファイルがある場合は上書きされます。
承諾する
インストール
戻る

❸ 入力した内容を確認し、「承認する」にチェックして、<インストール>をクリックします。

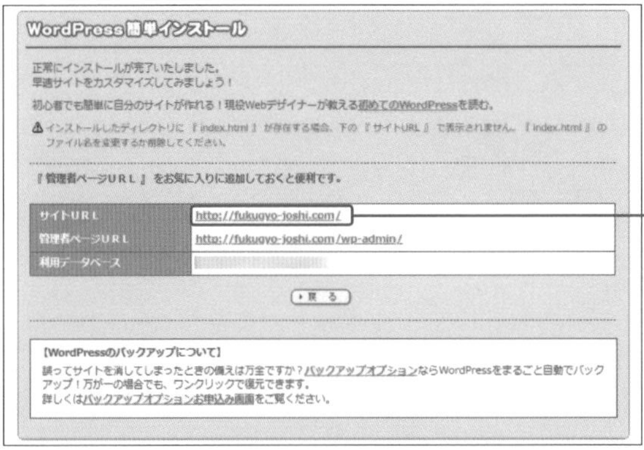
WordPress簡単インストール
正常にインストールが完了いたしました。
早速サイトをカスタマイズしてみましょう！
初心者でも簡単に自分のサイトが作れる！現役Webデザイナーが教える初めてのWordPressを読む。
インストールしたディレクトリに『index.html』が存在する場合、下の『サイトURL』で表示されません。『index.html』のファイル名を変更するか削除してください。
『管理者ページURL』をお気に入りに追加しておくと便利です。
サイトURL http://fukugyo-joshi.com/
管理者ページURL http://fukugyo-joshi.com/wp-admin/
利用データベース
戻る
【WordPressのバックアップについて】
誤ってサイトを消してしまったときの備えは万全ですか？バックアップオプションならWordPressをまるごと自動でバックアップ！万が一の場合でも、ワンクリックで復元できます。
詳しくはバックアップオプションお申込み画面をご覧ください。

❹「管理者ページ URL」をクリックすると、WordPress のログイン画面にアクセスできます。「サイト URL」のアドレスをクリックします。

カスタマイズ 6 0 新規
複業女子で生きていく — Just another WordPress site
Hello world!
WordPress へようこそ。こちらは最初の投稿です。編集または削除し、コンテンツ作成を始めてください。
2020年2月25日 未分類 1件のコメント 編集
検索 …

❺ 左図のようにサイトのタイトルが表示されれば、WordPress が問題なくインストールされたと確認できます。

Section 18

WordPressの画面の見方

WordPressをインストールしたら、さっそく管理画面にログインしてみましょう。あらかじめ画面の見方を確認しておけば、記事の作成や各種設定をスムーズに進められます。

管理画面にログインしよう

❶ WordPressを導入したサイトのURLの後ろに「/wp-login.php」を入力し、WordPressの管理画面にアクセスします。

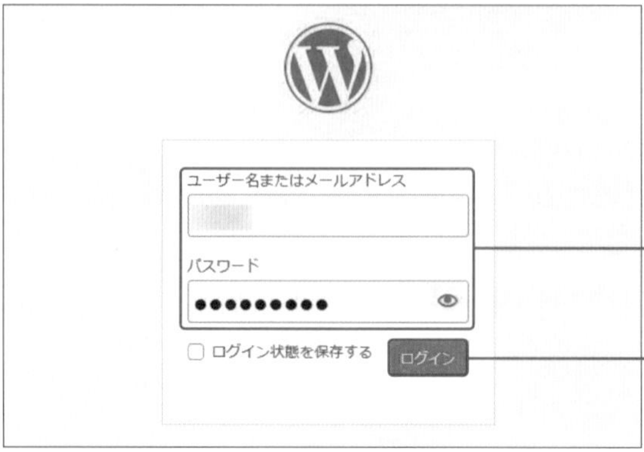

❷ Sec.17で設定したWordPressのユーザー名（またはメールアドレス）とパスワードを入力し、＜ログイン＞をクリックします。

管理画面をログアウトしよう

❶ WordPressの管理画面で右上の「こんにちは、○○（ユーザー名）さん」にマウスポインターを合わせ、＜ログアウト＞をクリックします。

WordPressの管理画面

サイト名
マウスポインターを合わせ、<サイトを表示>をクリックすると自分のサイトが表示されます。

ユーザー情報
ログアウトやプロフィールの編集などができます。

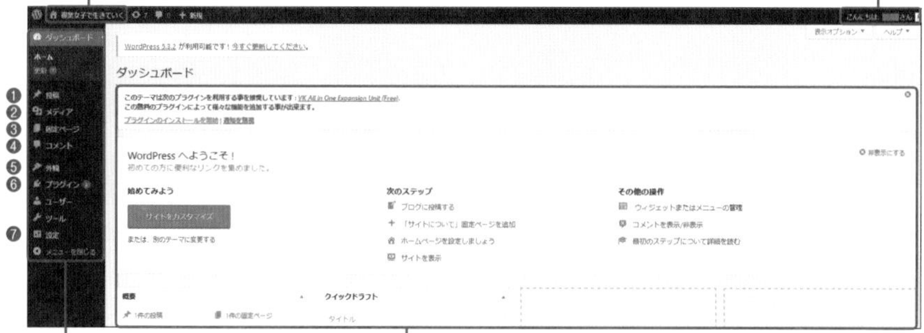

ダッシュボード
サイトの更新状況や WordPress からのお知らせなどが表示されます。

ナビゲーションメニュー

❶投稿	記事の投稿や編集をします。「新規追加」で新しい投稿ができます。
❷メディア	画像や音楽、動画などを管理します。サイトで使う画像は「メディアライブラリー」に保存します。
❸固定ページ	時系列に関係なく表示されるお問い合わせページやプロフィールなど、固定的に表示されるページを作成します。
❹コメント	コメントを管理することができます。
❺外観	使用するテーマの切り替えを始め、デザインのカスタマイズやヘッダーロゴ設定、スライドショー、トップページの表示選択、SNS 設定などを行います。
❻プラグイン	プラグイン（WordPress の拡張機能）の新規追加や管理を行います。
❼設定	サイトのタイトルやキャッチフレーズ、1 ページ当たりの投稿数、検索エンジンでの表示の有無など、サイトの基本設定を行います。

MEMO 最新バージョンへの更新を忘れずに

WordPress 本体やプラグインは日々バージョンアップが行われています。悪意のある第三者はバージョンアップされていない脆弱性のあるサイトを常に狙っています。管理画面の「ダッシュボード」やナビゲーションメニューの「更新」から更新を行いましょう。更新前にバックアップを取っておくと安心です。

Section 19

WordPressの初期設定をしよう

WordPressを導入したら、セキュリティを強化するための「SSL化」と「パーマリンク」を設定します。この2つはWordPressを導入した直後に設定しましょう。

SSLを設定しよう ★★★

»SSL化とは？

SSLとは、サイトと閲覧しているユーザー間のデータを暗号化するためのしくみです。インターネット上で送受信されている情報の中で、住所や氏名などの個人情報、ショッピング決済に必要なクレジットカード情報、ログインIDやパスワードは悪意のある第三者に常に狙われています。その対策として、SSL化は、第三者による盗聴や情報の改ざんを防ぐことを目的としています。

»常時SSL化とは？

常時SSL化とは、サイトのログインページやお問い合わせフォームなどのページだけではなく、サイト全体をHTTPS化することを指します。SSL化されたサイトのURLの先頭は「http」から「https」となり、サイトのアドレスバーに鍵マークが表示されます。

▲ SSL化前は警告が出ますが、SSL化すると警告が消えます。

SSLの設定方法

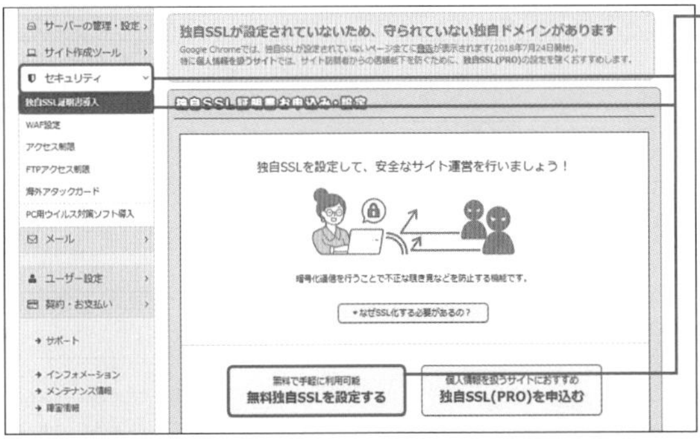

❶ロリポップ!にログインし、＜セキュリティ＞→＜独自SSL証明書導入＞→＜無料独自SSLを設定する＞の順にクリックします。

今回利用する無料の独自SSLは米国のISRG提供のLet's Encryptを使用します。暗号強度は一般的に販売されているSSL証明書と違いはありません。

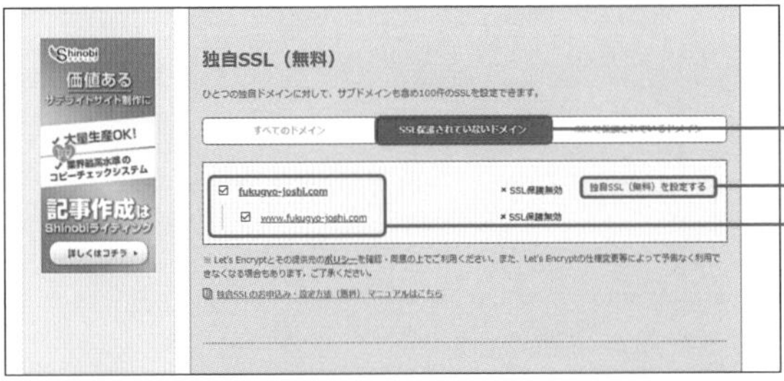

❷＜SSL保護されていないドメイン＞をクリックし、ドメインにチェックして、＜独自SSL（無料）を設定する＞をクリックします。

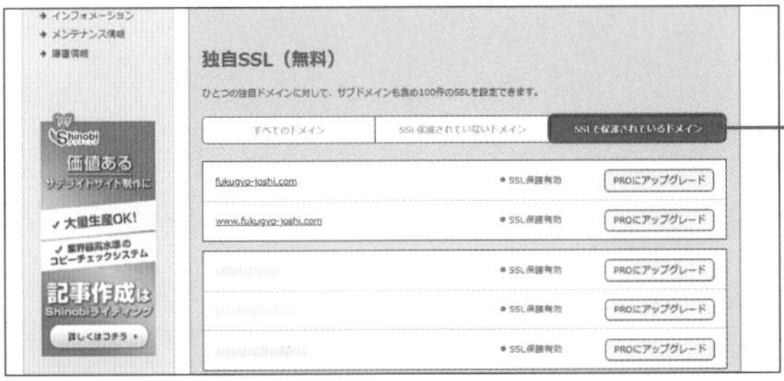

❸5分程度で設定が完了します。＜SSLで保護されているドメイン＞をクリックすると確認できます。

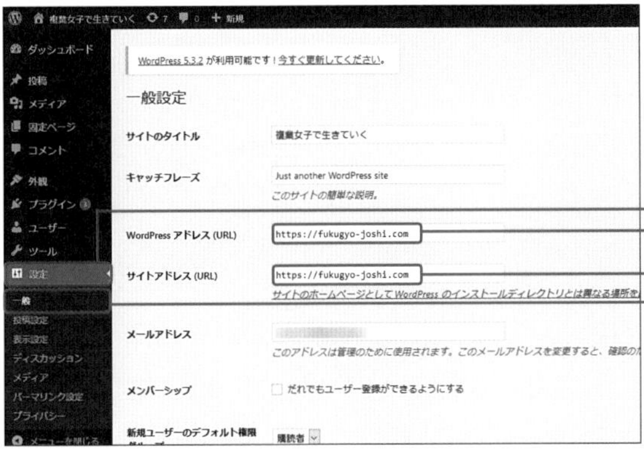

❹WordPressの管理者ページURLにアクセスし、WordPressにログインします。＜設定＞→＜一般＞の順にクリックし、「WordPressアドレス（URL）」と「サイトアドレス（URL）」のURLをhttpからhttpsに修正します。＜変更を保存＞をクリックしたら完了です。次回からはWordPressの管理者ページURLも、「https://～」に変更されます。

パーマリンクを設定しよう ★★★

»パーマリンクとは?

　パーマリンクとは、サイトのページに対して設定するURLのことです。パーマリンクは、必ず最初に設定しておきましょう。あとからパーマリンク設定を変更してしまうと、投稿したページのURLが変わってしまうため、外部からリンクが貼られていた場合、そのリンクを経由してのアクセスができなくなったり、検索エンジンから受けていたSEO評価がリセットされてしまったりします。

◀ このURLでは、「/fusui_dustbox」がパーマリンクです。

パーマリンクの設定方法 ★★★

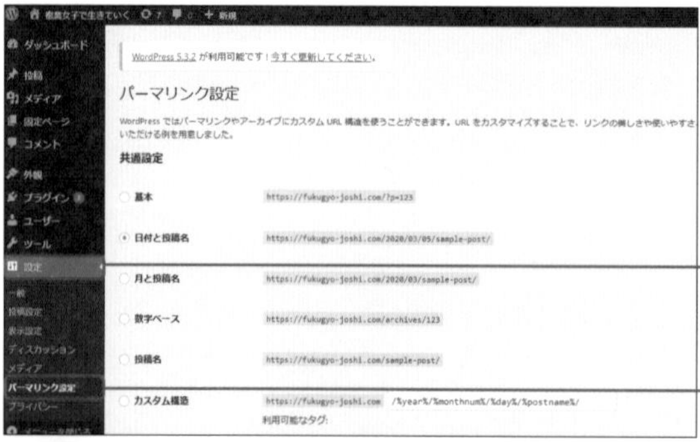

❶ WordPressの管理画面で<設定>→<パーマリンク設定>の順にクリックします。

❷ ラジオボタンをクリックして設定するパーマリンクの形式を選択し、<変更を保存>をクリックします。パーマリンク形式の詳細は右のページで解説しています。

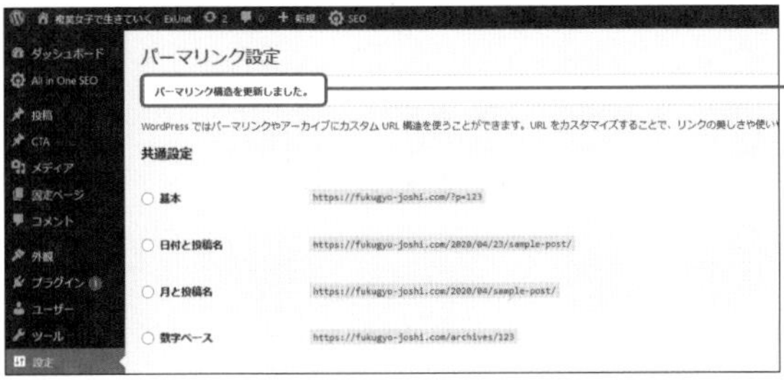

❸「パーマリンク構造を更新しました。」と表示されたら、パーマリンク設定は完了です。

»パーマリンク設定

基本	https:// トップレベルドメイン /?p = [記事 id]
日付と投稿名	https:// トップレベルドメイン /[年]/[月]/[日]/[投稿名] /
月と投稿名	https:// トップレベルドメイン /[年]/[月]/[投稿名]/
数字ベース	https:// トップレベルドメイン /archives/[記事 id]/
投稿名	https:// トップレベルドメイン /[投稿名]/
カスタム構造	https:// トップレベルドメイン /[任意で設定]/

WordPress では、パーマリンク設定を 6 つの形式から選択することができます。これは、作成するサイトの形式によって選ぶと効果的です。

おすすめの設定は、ブログ形式の場合は「日付と投稿名」、サイト形式の場合は「投稿名」です。時系列で表示されるブログはパーマリンク設定を「日付と投稿名」にすることで、いつ投稿しどういった内容かというのが一目でわかります。また、サイト形式の場合、検索結果で上位表示させたいキーワードを「投稿名」にすることで、どんなキーワードをもとに記事を書いたのかが一目でわかります。

日付と投稿名

https:// ○○○ .com/2020/03/05/wordpress_permalink/

▲ 2020 年 3 月 5 日に WordPress のパーマリンクの記事を更新した、ということがわかります。

投稿名

https:// ○○○ .com/wordpress_permalink/

▲ WordPress のパーマリンクの記事を更新した、ということがわかります。

Section 20

WordPressのテーマの選び方

WordPressのテーマを利用することで、プロが作ったようなサイトをかんたんに制作することができます。さらに、テーマ専用プラグインを使うことでアフィリエイト運営に必要な機能を追加することができます。

WordPress テーマとは？

WordPress のテーマとは、サイト全体のテンプレートのことです。海外や国内で作成されたさまざまなテーマがあり、**テーマを変更することで複雑な処理を行うことなくサイトの着せ替えが手軽にできます**。テーマは有料／無料のものがありますが、初めてサイトを作るのであれば、無料テーマで十分です。テーマの選び方次第で、表示内容や見た目が大きく変わります。なお、商材や狙うキーワードがあれば「サイト形式」のテーマを選び、商材に特化しない日記形式であれば「ブログ形式」のテーマを選ぶとよいでしょう。

» アフィリエイトサイトに使えるおすすめテーマ4選

サイト制作の初心者でもプロが作ったようなサイトが作れるデザイン性の高いテーマを紹介します。

Lightning (https://lightning.nagoya/ja/)	無料 （有料版あり）	ホームページ型のサイトが作れます。テーマ専門プラグインがあります。
Cocoon (https://wp-cocoon.com/)	無料	シンプルなブログ形式です。SEO、高速化、モバイルフレンドリーに強みがあります。
SANGO (https://saruwakakun.design/)	有料	柔らかみのあるポップなデザインです。30 種類以上の見出しとボタンがあります。
STORK19 (https://open-cage.com/stork19/)	有料	Web の知識がなくてもデザイン性の高いサイトが作成できます。

Smile 風水生活

URL https://smielfusui.com/

◀ 筆者のサイト「Smile 風水生活」では「STORK19」の旧テーマを使用しています。

テーマを設定しよう ★★★

ここでは、無料テーマの「Lightning」を設定します。

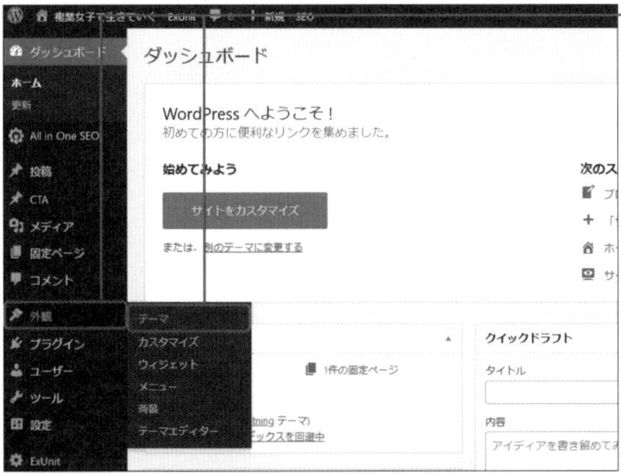

❶管理画面でナビゲーションメニューの<外観>→<テーマ>の順にクリックします。

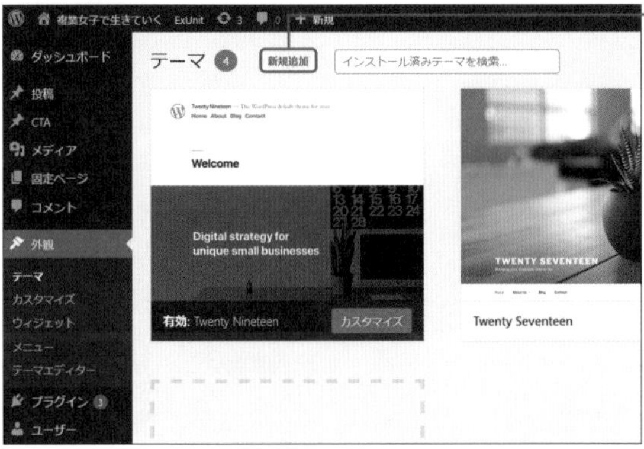

❷<新規追加>をクリックします。

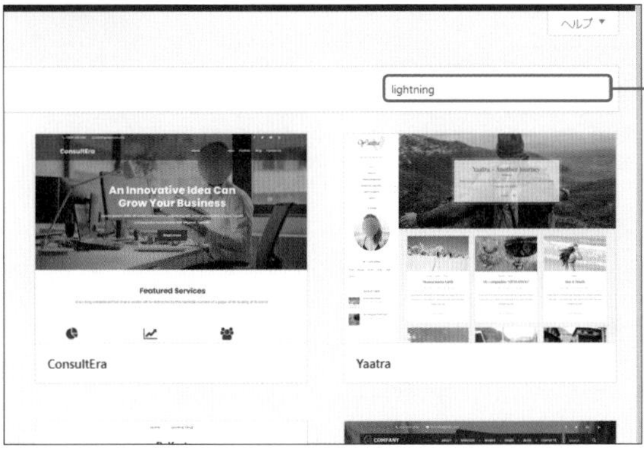

❸右上の「テーマの検索」に使いたいテーマの名称（ここでは、「lightning」）を入力します。

❹「Lightning」が表示されたら＜インストール＞をクリックします。

❺テーマが「インストール済み」になったら＜有効化＞をクリックします。

❻テーマが有効化されたら＜サイトを表示＞をクリックします。

❼サイトにテーマが反映されたことが確認できます。

MEMO **テーマの機能を拡張する「テーマ専用プラグイン」**

今回利用する「Lightning」には、専用のプラグイン「VK All in One Expansion Unit（VK EXUnit）」が存在します。VK EXUnit を利用することで、検索結果の表示設定や SNS シェアボタンなどアフィリエイトサイトに便利な機能をそろえることができます（次ページ参照）。

機能を拡張するプラグインを有効化する ★★★

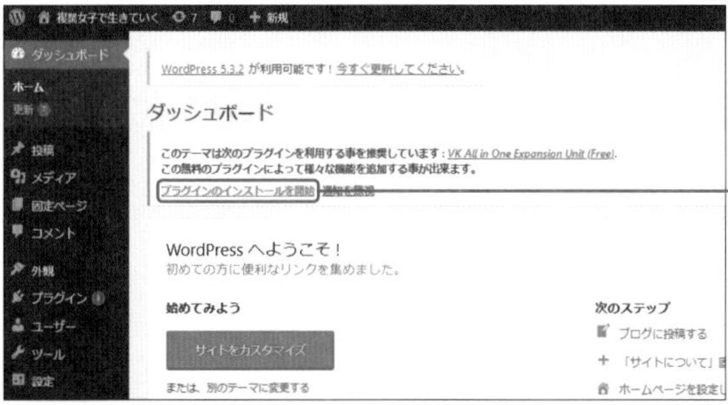

❶「Lightning」を有効化すると、ダッシュボードに「VK All in One Expansion Unit（Free）」の使用を推奨する案内が表示されます。＜プラグインのインストールを開始＞をクリックします。

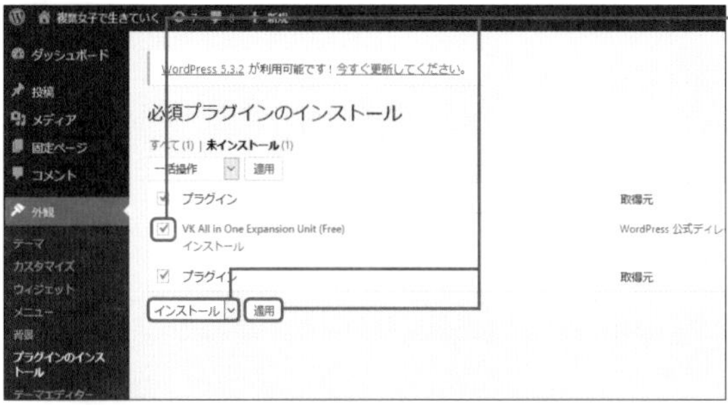

❷「VK All in One Expansion Unit（Free）」にチェックし、「インストール」を選択して、＜適用＞をクリックします。

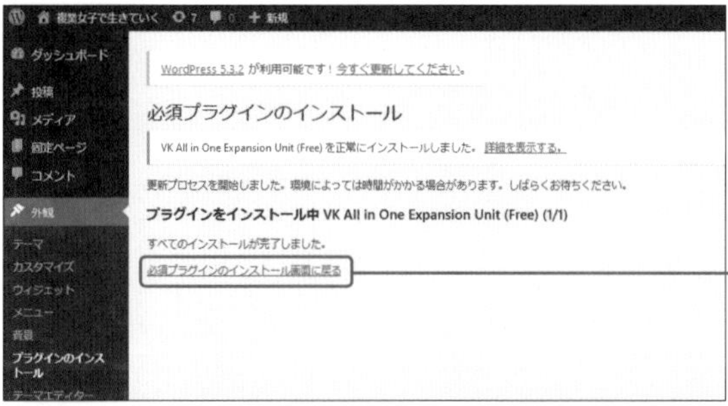

❸インストールされたら＜必須プラグインのインストール画面に戻る＞をクリックします。

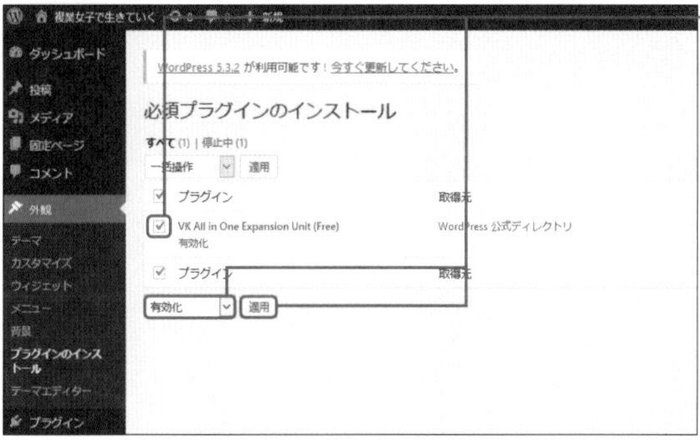

❹「VK All in One Expansion Unit（Free）」にチェックし、「有効化」を選択して、＜適用＞をクリックします。

Section 21

WordPressで記事を投稿しよう

商品やサービスの紹介記事を作成する際に必ず使う機能は、新規記事投稿です。ここでは、2020年7月時点での記事の作成から記事を公開するまでの流れを説明します。

ブロック単位で記事を作成する

WordPress 5.0のリリースで導入された新エディター「Gutenberg（ブロックエディター）」の最大の特徴は、見出しや段落、画像などを「ブロック」単位で挿入できる点です。複数のブロックを組み合わせて1つのページを完成させることができます。選択するブロックに応じて設定する表示が変化していくので、効率的に編集することが可能です。

≫ブロックエディターの画面構成

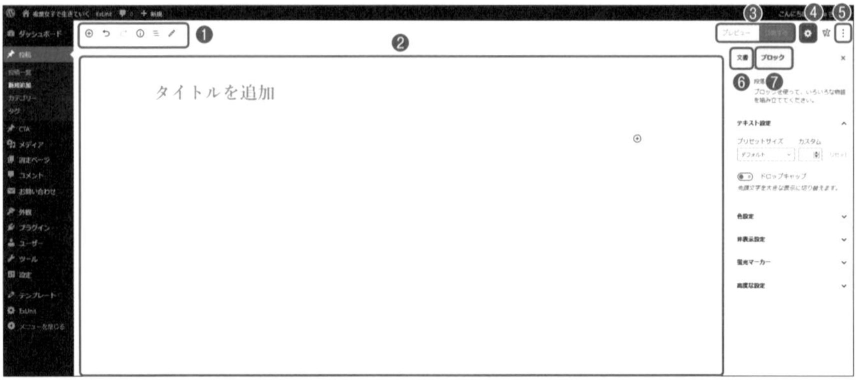

❶	ブロックの追加や、操作のやり直し、取り消しを行います。
❷	コンテンツ編集エリアです。タイトルや文章の入力を行います。コンテンツの数だけブロックを追加します。
❸	保存／公開／プレビューを行います。
❹	文章／ブロックパネルの表示・非表示を行います。
❺	表示モードやエディターの切り替えなどを行います。
❻	文章パネルです。公開状態の切り替えやカテゴリー、パーマリンク、タグなどの設定を行います。
❼	ブロックパネルです。選択したブロックの文字サイズ／文字色や、ブロックの背景色の設定などを行います。各ブロックに応じて表示が変化します。

記事を投稿しよう

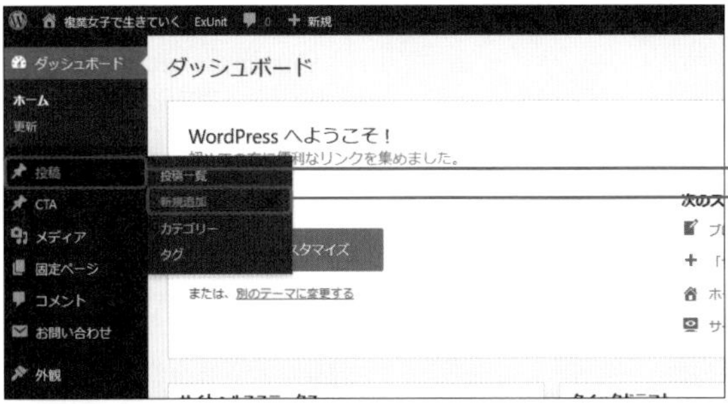

❶ 新規で記事作成をする場合、ナビゲーションメニューで＜投稿＞→＜新規追加＞の順にクリックします。

❷「タイトルを追加」欄に投稿タイトルを入力します。

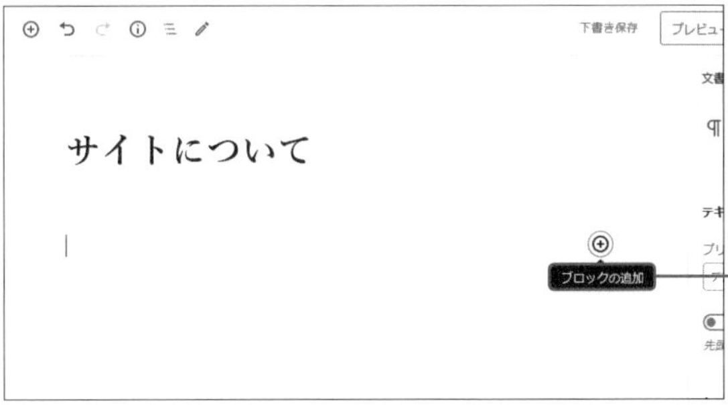

❸ 新規ブロックを追加します。⊕にマウスポインターを合わせ、表示される＜ブロックの追加＞をクリックします。

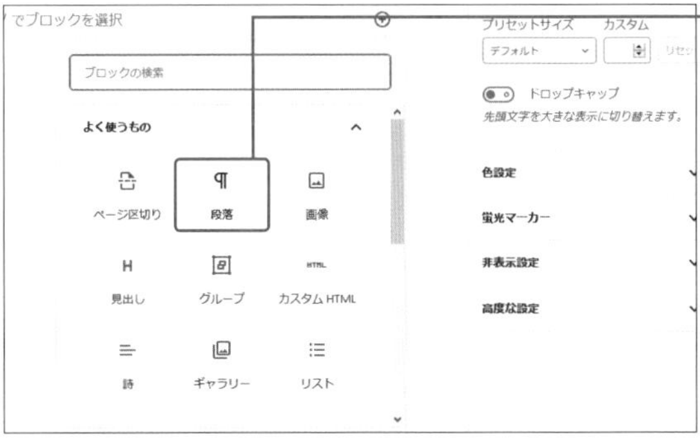

❹ ＜段落＞をクリックします。

❺段落ブロック内に文章を入力し、段落ブロック外のスペースをクリックします。 Enter キーを押すと自動的にブロックが追加されてしまうので注意しましょう。改行する場合は Enter キーと Shift キーを押します。

❻<下書き保存>をクリックします。一度保存をすることで、パーマリンクを設定できるようになります。

❼<文章>をクリックし、文章パネルから<パーマリンク>をクリックして、「URL スラッグ」に入力されている投稿タイトル名を英語名に変更します。

パーマリンクを日本語 URL にすると、WordPress のバージョンによってはエラーになったり、外部サービスに URL をコピペしたときにエンコードされ、長い URL になってしまったりします。そこで、「URL スラッグ」で英語名に変更します。

❽<公開する>をクリックします。

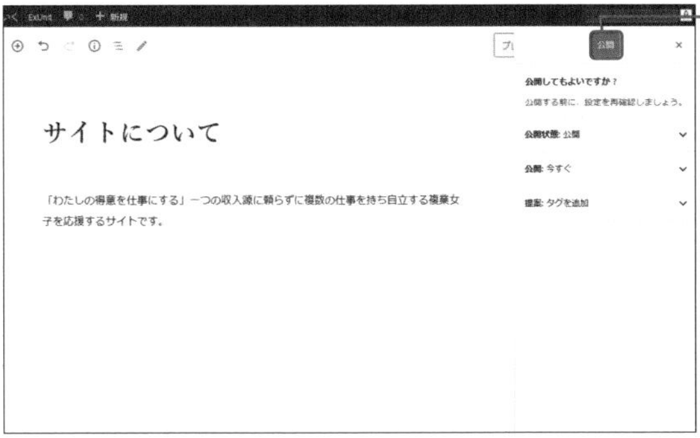

❾「公開してもよいですか?」というメッセージが表示されたら、再度確認し＜公開＞をクリックします。

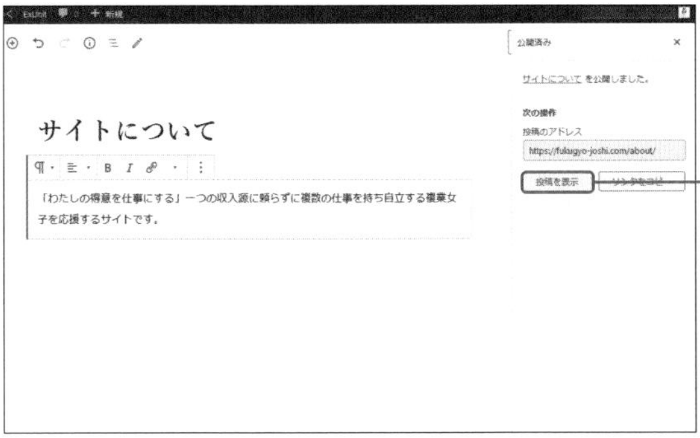

❿ 投稿ページが公開されました。＜投稿を表示＞をクリックします。

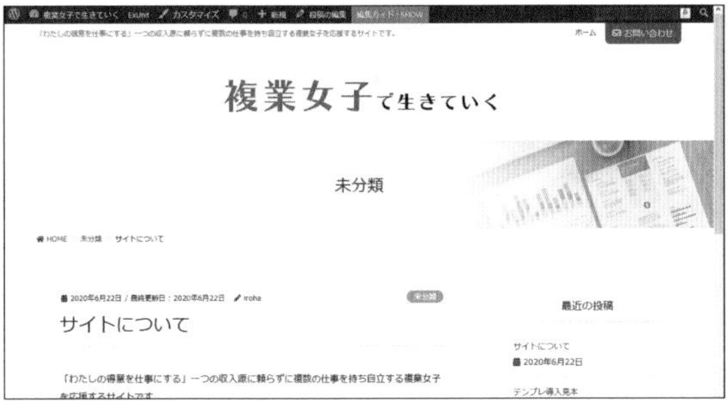

⓫ 作成したページが公開されました。

MEMO 予約投稿するには？

WordPressには、希望時間に投稿ができる「予約投稿」機能があります。手順❾の画面で「公開：今すぐ」の⌄をクリックするとカレンダーが出てくるので、公開したい日付をクリックします。＜予約投稿＞をクリックすると予約が完了します。

Section 22

最初に導入しておきたいWordPressのプラグイン

WordPressの基本機能だけでもアフィリエイトサイトは作成できますが、プラグインを利用すると、いろいろな機能を追加することができます。ここでは、おすすめのプラグインと追加方法について解説します。

プラグインとは？ ★★★

プラグインとは、WordPressの機能を拡張するためのツールです。オプションのような役割で、スマートフォンにたとえればアプリです。プラグインを使えば、Webの知識がなくてもさまざまな機能を追加することができます。

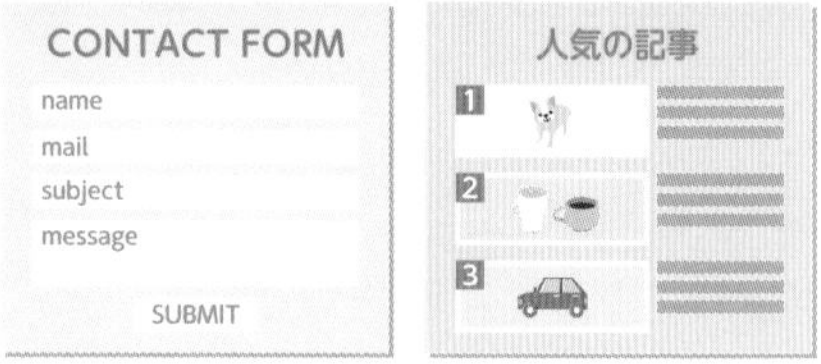

▲ プラグインを追加すると、お問い合わせページの作成や人気記事を表示することができます。

導入しておきたいWordPressプラグイン6選 ★★★

All in One SEO Pack	Googleにサイト更新を知らせるサイトマップの作成など、SEOを強化するための機能がそろっています。
AKismet	サイトをコメントスパムから守ってくれるデフォルトプラグインです。
TinyMCETemplates	定型文や案内文などをテンプレート化できるプラグインです。記事投稿の時間短縮が可能になります（Sec.47参照）。
Contact Form 7	お問い合わせフォームが作成できるプラグインです。
WordPress Popular Posts	人気記事一覧を表示させることができるプラグインです。
Table of Contents Plus	記事中に目次を作成するプラグインです。

MEMO プラグインの入れ過ぎに注意

WordPressは、アクセスするごとにデータを呼び出して表示するため、プラグインが多く入っていると表示速度が遅くなります。プラグインどうしで干渉し合うことで動かなくなる可能性もあるので、プラグインの入れ過ぎには注意しましょう。

プラグインを追加しよう ★★★

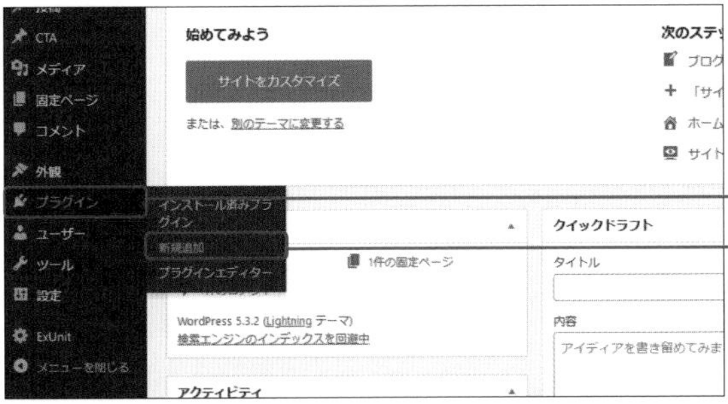

❶ナビゲーションメニューで<プラグイン>→<新規追加>の順にクリックします。

❷画面右上の「キーワード」の「プラグインの検索」欄に取り込みたいプラグイン名（ここでは、「All in one SEO pack」）を入力します。

❸<今すぐインストール>→<有効化>の順にクリックします。

「使用中の WordPress バージョンで未検証」とあるプラグインは有効化しないようにしましょう。

❹プラグインが有効化されました。

Section 23

GoogleとASPにサイト登録をしよう

ドメインとサーバーを契約し、WordPressのインストールをしただけではアフィリエイトを開始できません。未完成サイトのままだとASPの審査に落ちてしまうので、まずは10記事作成してからサイト登録をしましょう。

未完成の状態でGoogleとASPへのサイト登録をしてはダメ ★★★

検索エンジンは、「クローラー」と呼ばれるプログラムにWeb内を巡回させて、サイトの情報を収集し、検索したユーザーに情報を提供します。未完成のサイトがインデックスされると、検索して訪れたユーザーを失望させてしまいます。離脱率が高いと当然Googleのサイト評価も低くなります。また、ASPへサイト登録するときには審査があります。まずは、**お問い合わせページを含めて10記事作成を目指し**、記事がそろったらGoogleとASPにサイト登録をしましょう。

検索エンジンでサイトがインデックスされるように設定しよう ★★★

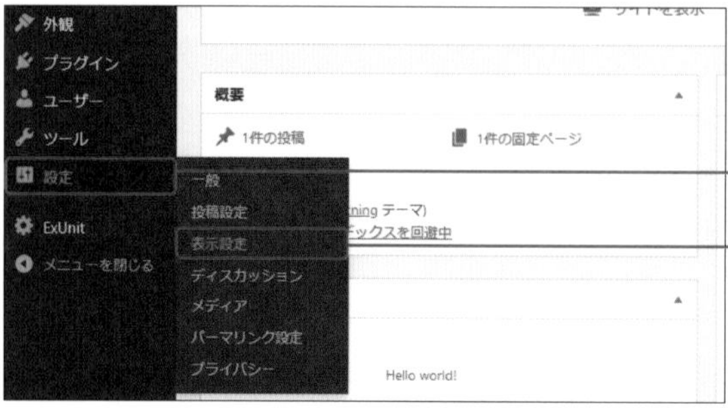

❶ナビゲーションメニューで<設定>→<表示設定>の順にクリックします。

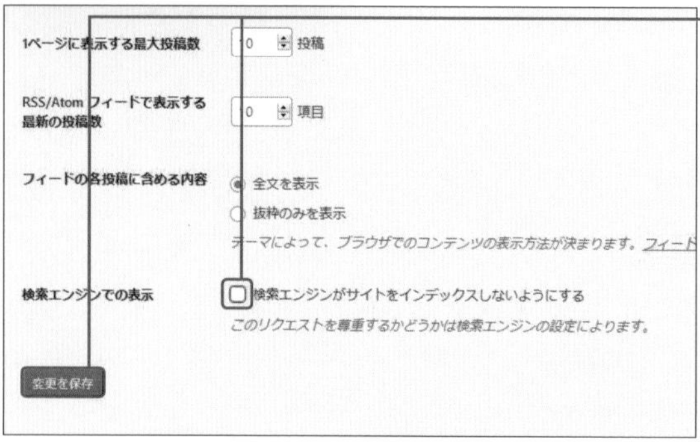

❷「検索エンジンでの表示」の「検索エンジンがサイトをインデックスしないようにする」のチェックを外し、<変更を保存>をクリックします。

サイトマップを作成しよう ★★★

サイトマップとは、サイト内のページ構成を一覧のようにまとめたページのことをいいます。今回作成する「XML サイトマップ」は、検索エンジンに「このサイトのページ構成はこんな感じですよ」とお知らせするためのものです。サイトの内容を検索エンジンに認識してもらうために必要な設定です。

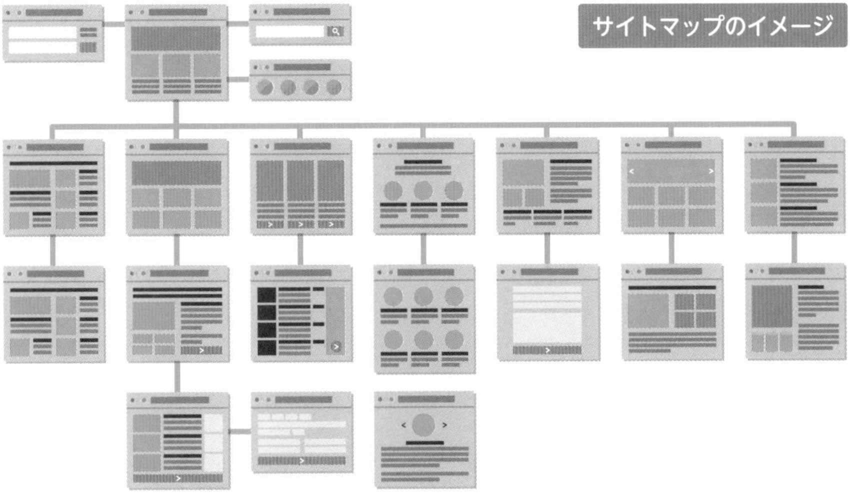
サイトマップのイメージ

ここでは、「Google XML Sitemaps」というプラグインを使ってサイトマップを作成します。このプラグインは、記事の公開や更新のたびにサイトマップを自動更新し、検索エンジンに認識してほしいページを指定できるというメリットがあります。

» Google XML Sitemapsを設定しよう

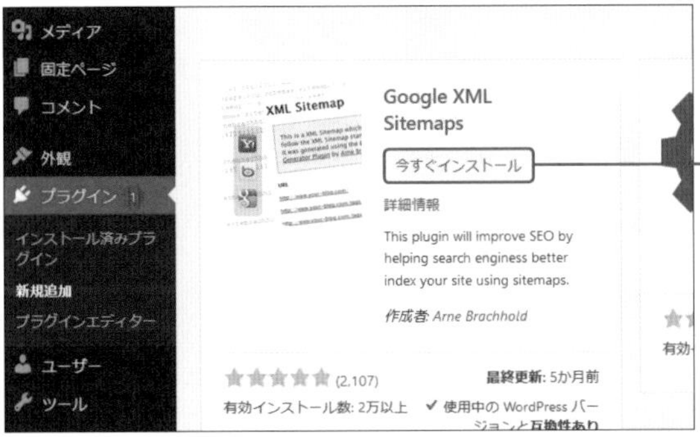

❶ P.69を参考に「Google XML Sitemaps」を検索し、<今すぐインストール>→<有効化>の順にクリックします。

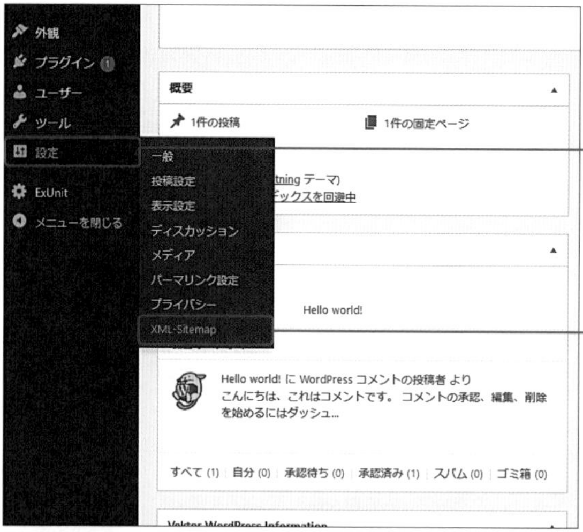

❷ナビゲーションメニューで＜設定＞→＜XML-Sitemap＞の順にクリックします。

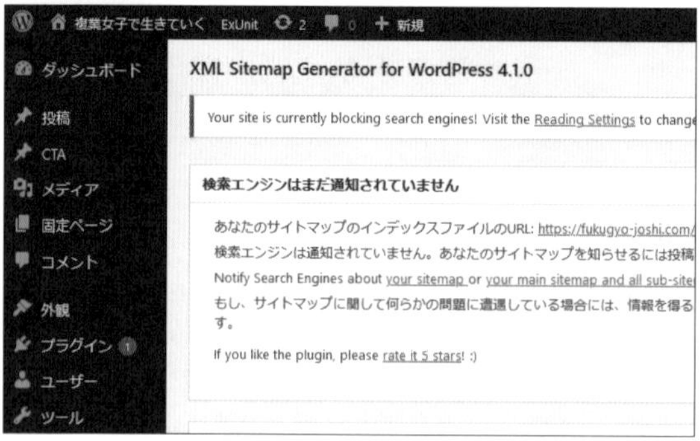

❸「XML Sitemap Generator」の設定画面が表示されます。

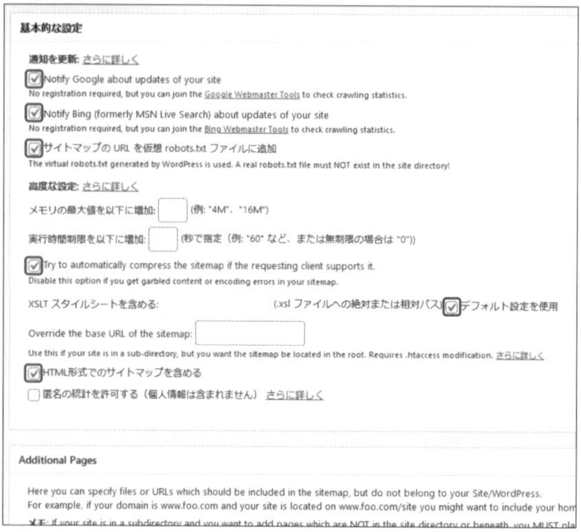

❹「基本的な設定」は「匿名の統計を許可する」以外にチェックされていることを確認します。「Additional Pages」は設定不要です。

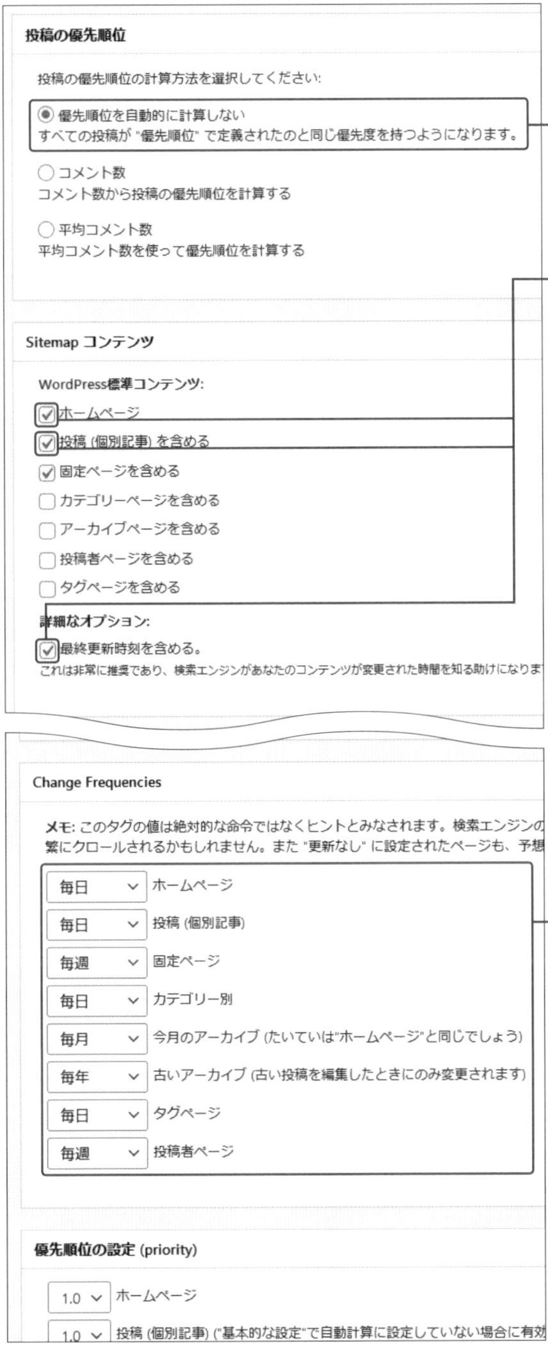

❺「投稿の優先順位」を設定すると、優先的に巡回（クロール）してほしいページを検索エンジンに伝えることができます。ここでは「優先順位を自動的に計算しない」にチェックします。

❻「Sitemap コンテンツ」では、検索エンジンにインデックスしてほしいページを指定します。「ホームページ」「投稿（個別記事）を含める」「最終更新時刻を含める。」にチェックします。「固定ページを含める」はコンテンツの重要度によって、「カテゴリーページを含める」は任意でチェックします。

❼「Excluded Items」では、インデックスされたくないページを指定します。基本的に設定は不要です。

❽「Change Frequencies」では、検索エンジンに更新頻度の目安を伝えることができます。この数値を目安に検索エンジンのクローラーが回ります。左図のように設定します。

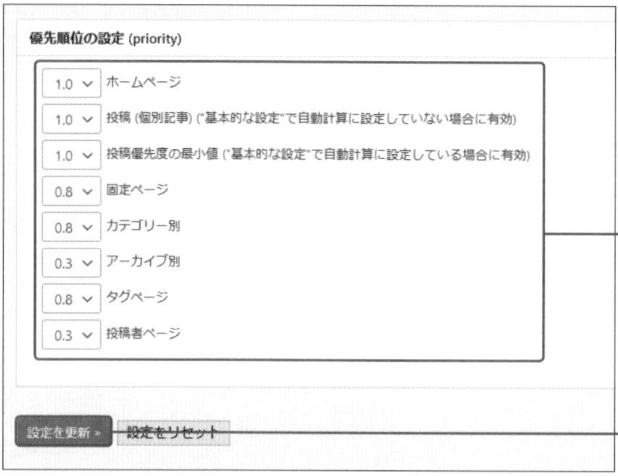

❾「優先順位の設定」でサイト内のページの優先度を指定します。優先順位は1.0(非常に重要)から0.1(ほどんど重要ではない)の範囲で指定します。左図のように設定したら、<設定を更新>をクリックします。

Google Search Consoleにサイトを登録しよう ★★★

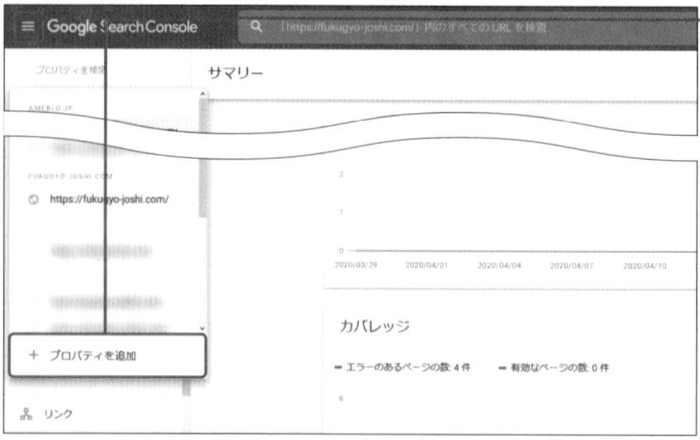

❶事前にGoogle アカウントを取得し、Google Search Console にアクセスして、▤→<プロパティを追加>の順にクリックします。

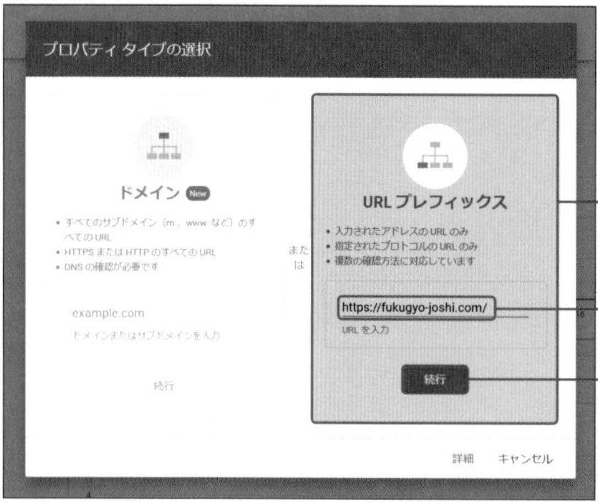

❷<URL プレフィックス>をクリックし、サイトURLを入力したら、<続行>をクリックします。

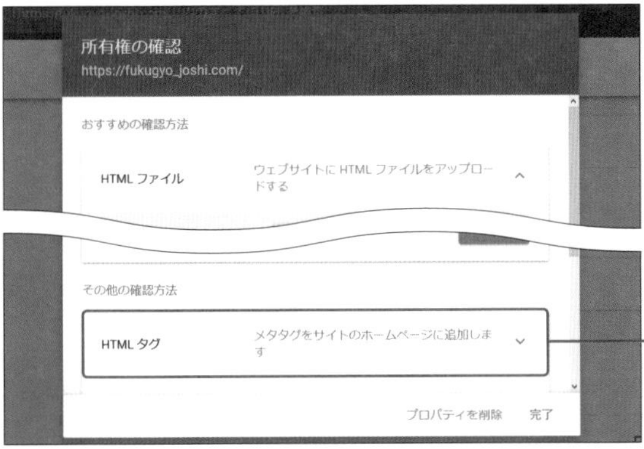

❸「所有権の確認」では、本当に登録するサイトがあなたのサイトなのかという確認が行われます。ここでは、HTML タグを使う方法を解説します。「その他の確認方法」の＜ HTML タグ＞をクリックします。

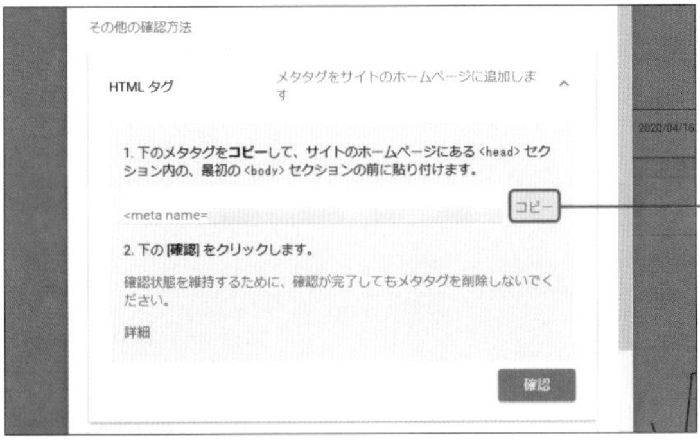

❹＜コピー＞をクリックして表示されるメタタグをコピーします。

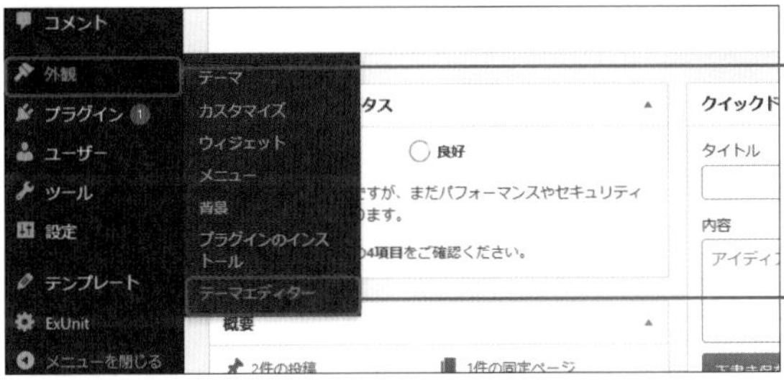

❺ WordPress の管理画面のナビゲーションメニューで＜外観＞→＜テーマエディター＞の順にクリックします。

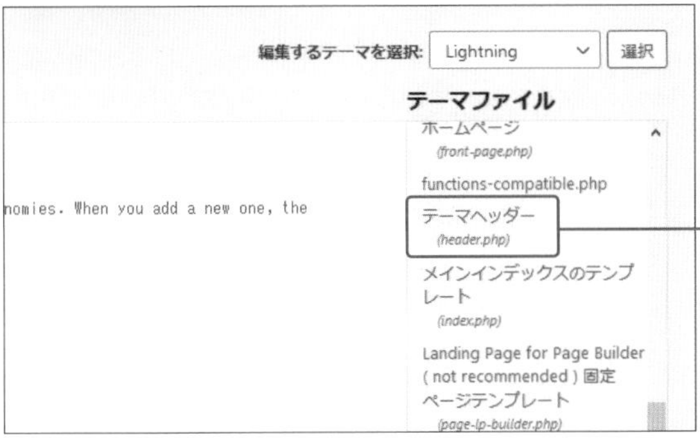

❻画面右の「テーマファイル」で＜テーマヘッダー＞をクリックします。

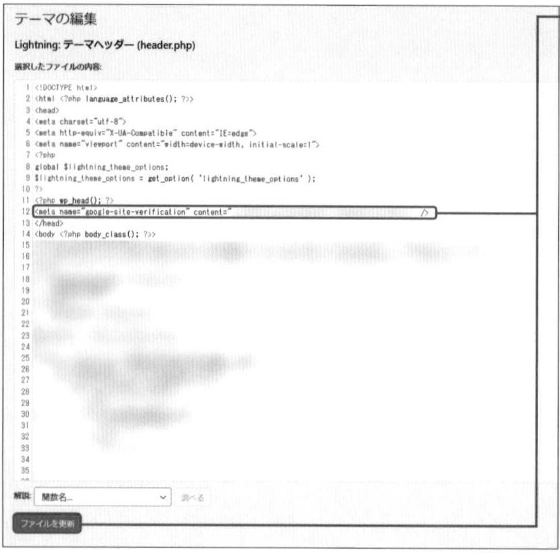
テーマの編集
Lightning: テーマヘッダー (header.php)
選択したファイルの内容:
<!DOCTYPE html>
<html <?php language_attributes(); ?>>
<head>
<meta charset="utf-8">
<meta http-equiv="X-UA-Compatible" content="IE=edge">
<meta name="viewport" content="width=device-width, initial-scale=1">
<?php
global $lightning_theme_options;
$lightning_theme_options = get_option('lightning_theme_options');
?>
<?php wp_head(); ?>
<meta name="google-site-verification" content=" />
</head>
<body <?php body_class(); ?>>
解説: 関数名...
調べる
ファイルを更新

❼＜ /head ＞の直前に手順❹でコピーしたメタタグを貼り付け、＜ファイルを更新＞をクリックします。

HTML タグを記述する際は、念のため、もとの HTML タグを全文コピーしてメモ帳などのテキストファイルにバックアップをしておきましょう。

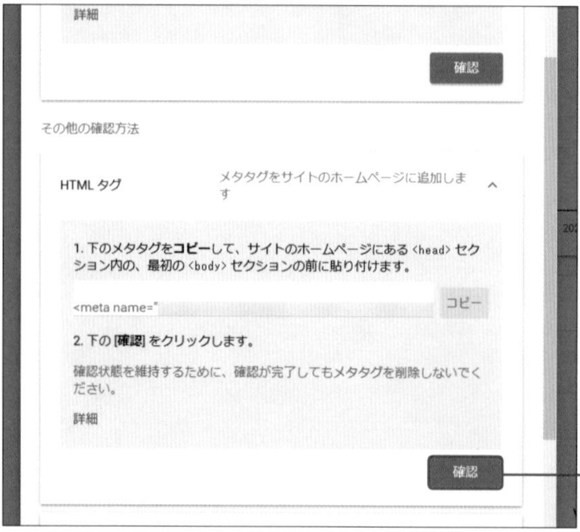
詳細
確認
その他の確認方法
HTML タグ
メタタグをサイトのホームページに追加します
1. 下のメタタグをコピーして、サイトのホームページにある <head> セクション内の、最初の <body> セクションの前に貼り付けます。
<meta name="
コピー
2. 下の [確認] をクリックします。
確認状態を維持するために、確認が完了してもメタタグを削除しないでください。
詳細
確認

❽手順❹の画面に戻り、「HTMLタグ」の＜確認＞をクリックします。

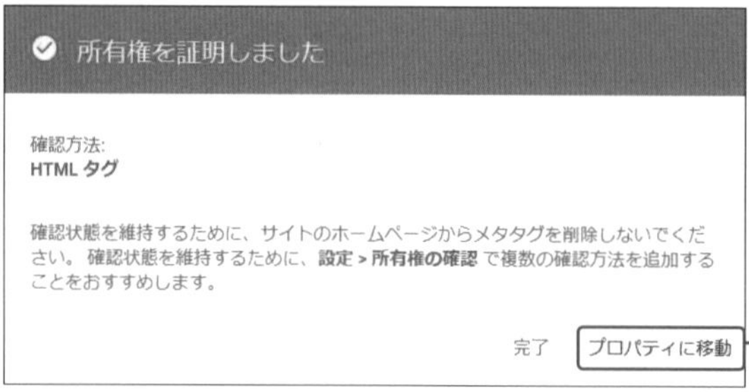
所有権を証明しました
確認方法:
HTML タグ
確認状態を維持するために、サイトのホームページからメタタグを削除しないでください。 確認状態を維持するために、設定 > 所有権の確認 で複数の確認方法を追加することをおすすめします。
完了
プロパティに移動

❾「所有権を証明しました」と表示されたら、＜プロパティに移動＞をクリックします。

Google Search Console へサイトマップを登録しよう ★★★

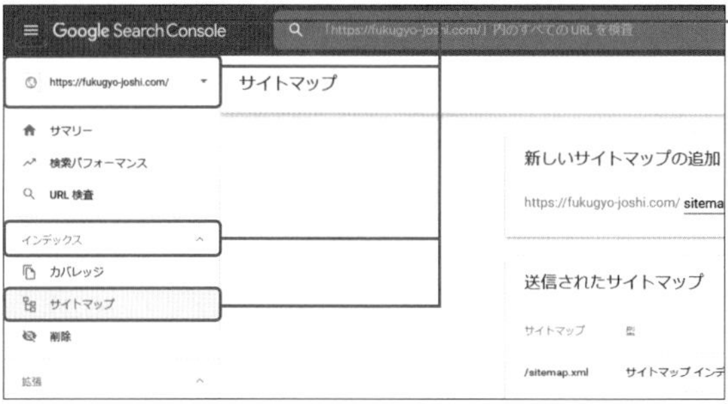

❶ Google Search Console で≡→登録したサイトの URL →<インデックス>→<サイトマップ>の順にクリックします。

❷「新しいサイトマップの追加」に「sitemap.xml」と入力し、<送信>をクリックします。

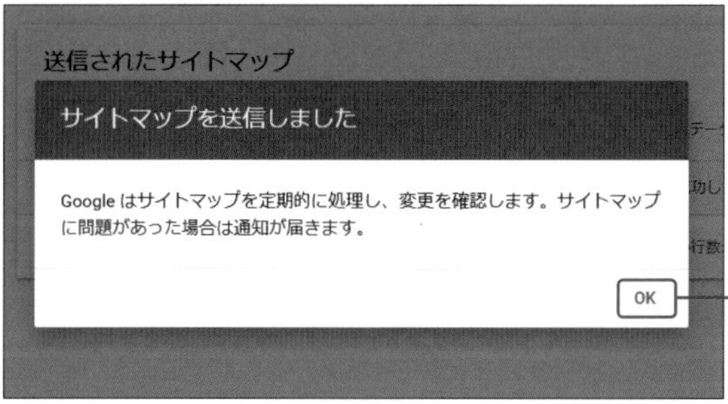

❸「サイトマップを送信しました」と表示されたら< OK >をクリックします。

❹「送信されたサイトマップ」のステータスが「成功しました」になります。設定直後は「取得できませんでした」と表示されることが多いですが、そういった場合は時間をおいて再度 Google Search Console のサイトマップページを確認しましょう。

ASPにサイト登録をしよう

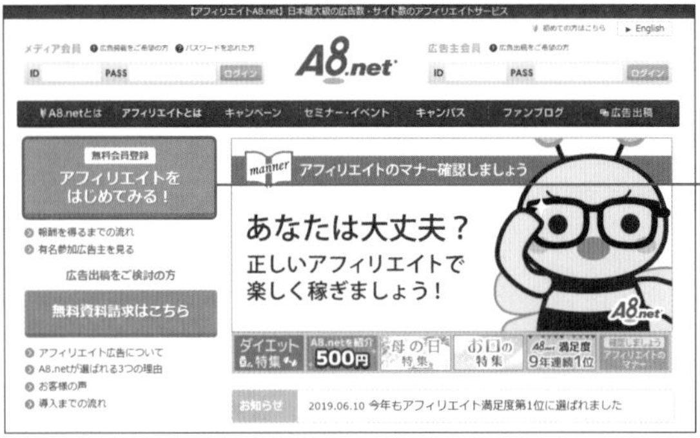

❶ここでは、A8.netにサイトを登録します。A8.net（https://www.a8.net/）にアクセスし、＜アフィリエイトをはじめてみる!＞をクリックします。

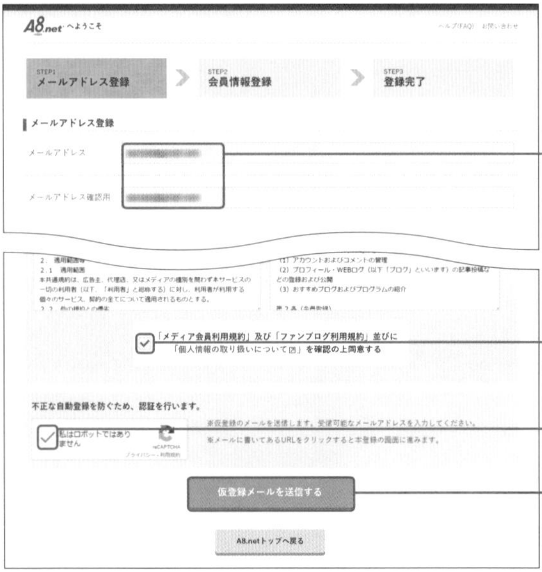

❷メールアドレスを2か所入力し、利用規約と不正な自動登録防止の認証にチェックして、＜仮登録メールを送信する＞をクリックします。

❸メールアドレスに届いた＜登録用URL＞をクリックし、A8.netで使用するログインIDやパスワード、サイト情報、銀行口座情報などを画面に従って登録します。＜メディア会員登録する＞をクリックすると登録が完了します。

第2章

アフィリエイトのテーマ・商材決め

初心者が取り組みやすいジャンルは?

アフィリエイトを始める人は、高単価の商材に惹かれることでしょう。しかし、高単価商材は、強力なライバルがひしめき合う激戦区です。まずは、自分が書けそうなジャンルから始めることが鉄則です。

初心者が取り組みやすいジャンルは?

アフィリエイトの初心者にとって、総合通販やファッション、旅行、子育てなどの**物販系アフィリエイト**が取り組みやすいジャンルといわれています。一方で、資料請求や事前予約などが必要な申し込み系アフィリエイトは、取り組みにくいジャンルと考えられています。なお、取り組みやすさと報酬単価は反比例しており、比較的物販系アフィリエイトは低単価で、申し込み系アフィリエイトは高単価となっています。

取り組みやすいジャンル

- 総合通販
- ファッション
- 旅行
- 子育て
- パソコン／家電
- 書籍

取り組みにくいジャンル

- クレジットカード／キャッシング／FX
- 医療系／IT系転職
- 脱毛エステ

報酬単価
低

報酬単価
高

ここでは、初心者におすすめのジャンルの特徴と、内容の例を紹介します。

》総合通販

「5,000円以上購入で送料無料」となっている通販会社の商品を紹介すると、紹介した商品以外の商品も買う「**ついで買い**」が発生しやすくなります。

≫ファッション

実際に自分で着用したコーディネートを紹介してみましょう。コーディネートに合う靴やアクセサリーも併せて紹介して、売上アップを狙いましょう。

≫旅行

観光名所や旅行記と併せてパックツアーを紹介できます。赤ちゃん連れでも楽しめるツアーなど、ターゲットを限定するのもよいでしょう。

≫子育て

子供が小さいうちは外出もままならないため、インターネット通販を利用する人が多い傾向にあります。自分の体験として子育て中に使ってよかったグッズがあれば紹介しましょう。

≫パソコン／家電

スペックなどの数字や機能、具体的な事例を載せます。加えて、「この家電を使うとあなたの生活はこう変わる」という価値を伝えましょう。

≫書籍

初心者でもとくに取り組みやすいのが**書評**です。本は読む人の価値観で印象が変わるので、自分のキャラクターや価値観を交えて紹介するとよいでしょう。

初心者に難しいジャンルは？ ★★★

高単価な申し込み系アフィリエイトは、強力な競合がひしめいています。企業や組織で取り組んでいることも多く、外注ライターに記事を発注するなど資金力もあります。初心者アフィリエイターがこのジャンルから始めてしまうと、思うような結果が得られずに挫折してしまうかもしれません。加えて、高単価な申し込み系アフィリエイトは、一時期あるキーワードで検索結果の上位にサイトが表示されていたとしても、Googleのアップデートの影響で検索圏外に飛ばされるということもよくあります。

初めは取り組みやすく自分が書けそうなジャンルを選び、記事を書くことに慣れていきましょう。コツがつかめたら高単価な申し込み系アフィリエイトにチャレンジするのもアリです。

Section 25

流行りや単価ではなく「自分の得意分野」でテーマを決めよう

旬の話題やテーマは短期間で稼ぐことができますが、常にトレンドを追い続けなければなりません。自分の「好き」より「得意」を優先し、無理なく運営できるテーマを選ぶことがおすすめです。

流行りものは「一過性」、高単価は「激戦区」

巷で話題になっているトレンド性の強い商材は、検索されやすいキーワードで記事を書けば短期間に爆発的な売上を見込めます。ただし、旬の時期を過ぎてしまうと検索されなくなるので、安定した収入は見込めません。話題の時事ネタをブログに書き、Google AdSenseなどのクリック報酬型広告で稼ぐ「トレンドブログ」は、常に記事を書いていないと収益が下がるのでおすすめしません。芸能人のゴシップネタや犯罪事件について、自分で取材をすることなくネット上で拾ってきた記事を転載して貼り付ける行為や、無実の人を犯人とするデマ情報の拡散問題など、肖像権や著作権を侵害してるコンテンツが多いのが実情です。

また、高単価な申し込み系アフィリエイトには、1件申し込みにつき3万円の報酬が得られるというのもあり、とても魅力的です。しかし、高単価な申し込み系アフィリエイトは、**長年サイトを運営してきたノウハウのある猛者たちが競い合う激戦区**となっています。その中に初心者アフィリエイターが立ち入る隙はほとんどありません。彼らが拾いきれない原石のようなキーワードをひたすら探すことになるでしょう。

「好きなこと」より「得意なこと」をサイトにしよう

初心者アフィリエイターが初めて自分のサイトを運営する場合、自分の得意分野をテーマにしたサイトを作ることがおすすめです。自分の好きな商材やサービスを紹介するのもよいのですが、好きなものより得意なものを紹介するほうがサイトとして今後運営していきやすい傾向があります。「好き」より「得意」を優先することをすすめる理由は、「好き・嫌い」は感情に左右されることがあるからです。好きなことを仕事にしたものの、実際に働いてみると自分には合わず嫌いになってしまった経験がある人や、そのような話を聞いたことがある人もいるのではないでしょうか？

「得意」なことは、覚えることも実践することも自然とできてしまうものです。自分の得意なことをサイトで紹介するほうが、抵抗なく記事を書き続けられ、サイトを長く運営することができます。さらに**「得意かつ好き」なテーマを選ぶことができれ**

第2章 アフィリエイトのテーマ・商材決め

ば、アイデアが湧き出して、誰にも真似できない専門サイトを作ることが可能です。その分野の専門家の域になれば、マスコミから取材依頼が来ることも夢ではありません。もちろん収入も上がります。専門家が運営するサイトだと認められれば権威性が高くなり、検索結果の上位をとることが可能です。なお、少し冒険にはなるかもしれませんが、「得意だけど好きではない」テーマもおすすめです。そこまで乗り気がなく書いた記事が思いのほか評判がよく、SNS でたくさんの「いいね」がもらえて「バズる」こともよくある話です。多くの人から認められれば、このテーマを深堀りして書いてみようという気持ちになるでしょう。

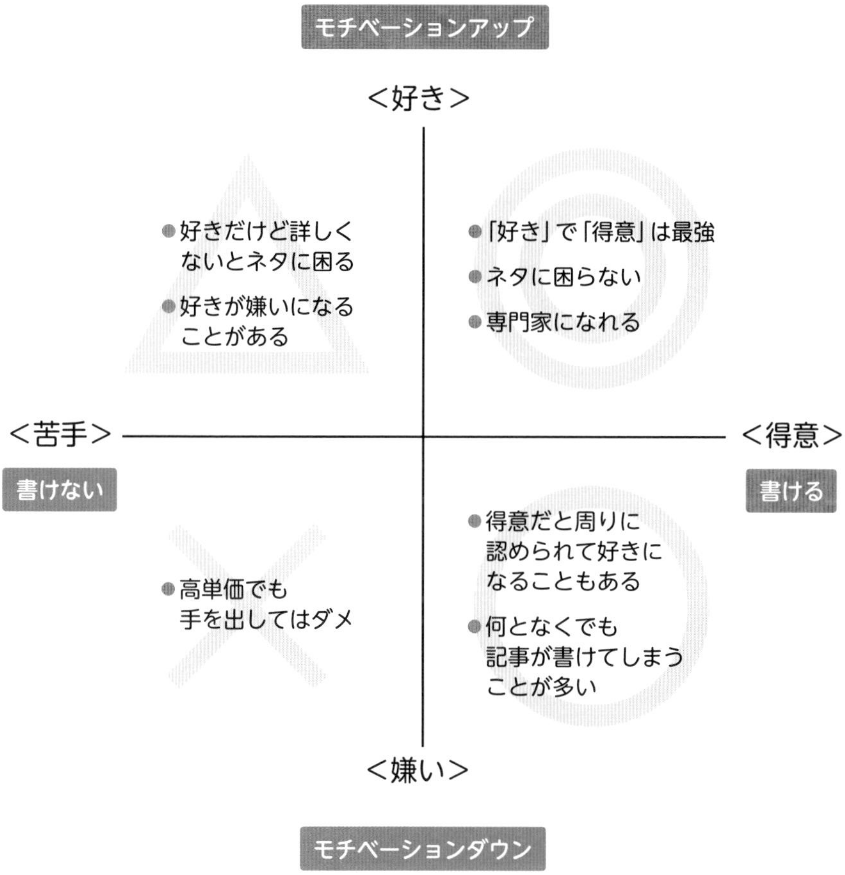

▲ 得意だけど好きではない（嫌い）なテーマは、アクセス数や「いいね」の数などの外的要因で好きになれることもあります。

Section 26

趣味や過去の経験からネタを探そう

長年続けている趣味やコンプレックスを克服した経験があれば、「自信を持って書けるテーマが見付からない」という人でもテーマを決めることができるでしょう。あなたの経験から発信される情報を必要としている人は必ずいます。

ネタが見付からない場合のテーマの見付け方

自分の得意なことがよくわからないという人にとっては、アフィリエイトサイトのテーマ選定はとても難しく感じるかもしれません。そんなときは、次のような事柄に当てはまるものがないか考えてみましょう。

≫ ①趣味から広げたネタ

趣味をアフィリエイトに結び付けることは、アフィリエイト初心者の方でも容易にテーマを決めることができておすすめです。キャンプが好きならキャンプグッズの紹介や、おすすめのキャンプ地、最近流行の穴場グランピングスポットなど、キャンプというキーワードからさまざまなネタを提供することができます。

≫ ②話し出すと止まらないこと

お酒の席でつい話し過ぎてしまった話や、親しい友達に語ってしまうことなどが当てはまります。それは立派な得意分野といえるでしょう。筆者の場合、アフィリエイト論になるとついつい熱くなってしまいます。ただし、**持論を語ることだけに記事が終始してしまうことはNG**です。記事を書くときは、どんな人が検索し、どんな答えを欲しているのかを意識して考えましょう。

≫ ③人からすごいと褒められること

自分にとっては朝飯前のことが、ほかの人にとっては難しいということがよくあります。たとえば、カラオケで高音域の曲を原曲キーで歌えるという人は、自然と喉を労わってる習慣があるかもしれません。 それを「50代の私がこっそり教える　カラオケでハイトーン楽曲を原曲キーで歌うためにやっていること」としてみると記事のネタになります。

≫④自分の経験を棚卸しできるテーマ

あなたがお金や時間をかけて取り組んできた経験や経歴などをコンテンツにしてみましょう。

ほかにも、**現在の立ち位置をそのままコンテンツにすることができます。**自分がニートであるという立場から情報を発信するのであれば、「30代ニートがついに就活？！　使ってよかったニート向け転職エージェント5選」という記事を書くことができます。筆者の場合は、“病気に罹った経験”からブログとサイトを立ち上げたことがあります。2016年に初期の乳がんが見付かったとき、がん治療の情報収集のために片っ端から闘病ブログを見ていましたが、ほとんどのブログが苦しい胸の内を吐露することだけに終始し、肝心のがん手術の詳細については語られていませんでした。そこで、乳がん発覚から手術、退院後の定期検査までを時系列にコンテンツ化したブログ「乳がん再建LOG」と、がんは自覚症状が出たころには進行がんへステージが進んでいることを世の中の人に知ってほしいという想いから、「はじめてのがん検診ガイド」というサイトを立ち上げました。

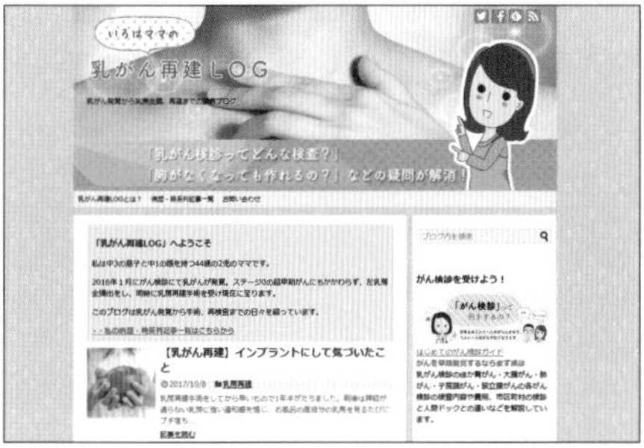
いろはママの
乳がん再建LOG
「乳がん検診ってどんな検査？」
「胸がなくなっても作れるの？」などの疑問が解消！
「乳がん再建LOG」へようこそ
このブログは乳がん発覚から手術、再検査までの日々を綴っています。
【乳がん再建】インプラントにして気づいたこと
がん検診を受けよう！

乳がん再建LOG
URL https://blog.gan-kenshin.com/

がん検診ガイド
「がん検診」って
何をするの？
不安…
怖いかなぁ？
日本人の２人に一人ががんにかかり、
３人に一人はがんで亡くなります
いざがん検診を受けようと思ってもわからないことって多いですよね？
がんは早期発見すれば、治せる可能性は非常に高く治療も軽くすみます。
ここでは、がん検診がきっかけで早期乳がんが発見できた経験から胃・大腸・肺・乳・子宮・前立腺のがん検診の検査内容や費用をわかりやすくご案内しています。
Facebookもチェック！
Category

はじめてのがん検診ガイド
URL https://gan-kenshin.com/

このように、得意分野以外にも趣味や経験を通じて商品やサービスを紹介することができるのもアフィリエイトの魅力です。

Section 27

競合の多い大きなテーマはさらに絞り込もう

設定するテーマが大き過ぎると、官公庁や企業といった強力なライバルがいるうえに、本当に訪問してほしいユーザーにリーチできません。商品購入につなげるには、アフィリエイト商材の有無をチェックし、テーマを絞り込む必要があります。

テーマを絞り込もう

設定したいテーマが大き過ぎるときは、もっと内容を絞り込んでテーマを絞り込みましょう。テーマを絞り込むには、以下のようにしてみるとよいでしょう。

≫ ①テーマをおおまかに考える

アフィリエイトサイトで書きたいテーマをおおまかに考えます。まずは自分が好きで得意なテーマ、もしくは、P.80 の「初心者が取り組みやすいジャンル」の中から 1 つ選びましょう。

≫ ②アフィリエイト商材を調査する

テーマを選んだら、アフィリエイト商材を調査します。ASP の管理画面からプログラムを検索します。どんな商材があるのか調査し紙に書き出してみましょう。ここでは、例として、A8.net ではどのような商材があるかチェックします。

❶ A8.net（https://www.a8.net/）にアクセスし、「メディア会員」に P.78 で登録したログイン ID とパスワードを入力して、＜ログイン＞をクリックします。

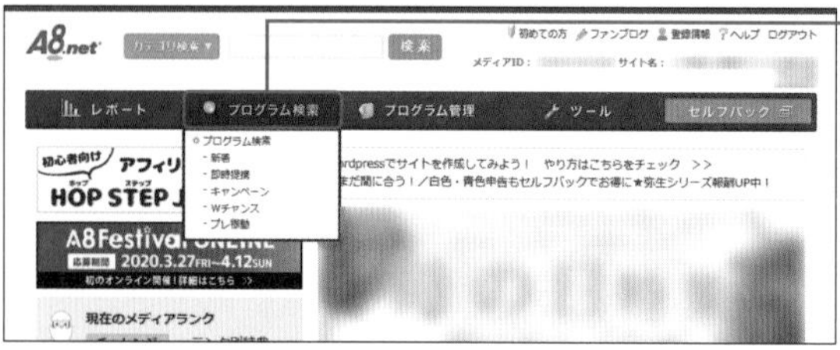

❷ ＜プログラム検索＞をクリックします。

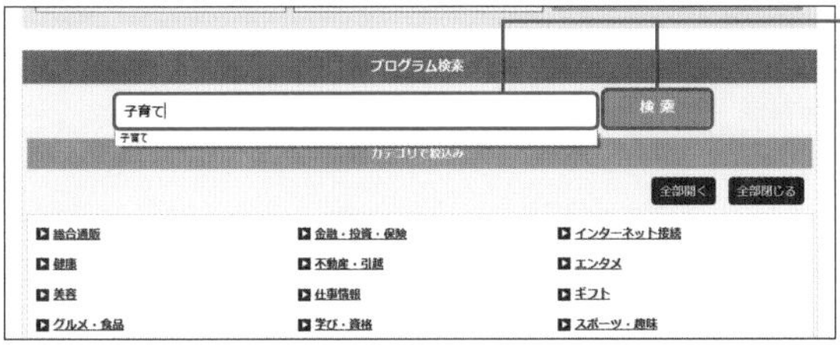

❸ 調べたいテーマを入力し、<検索>をクリックします。

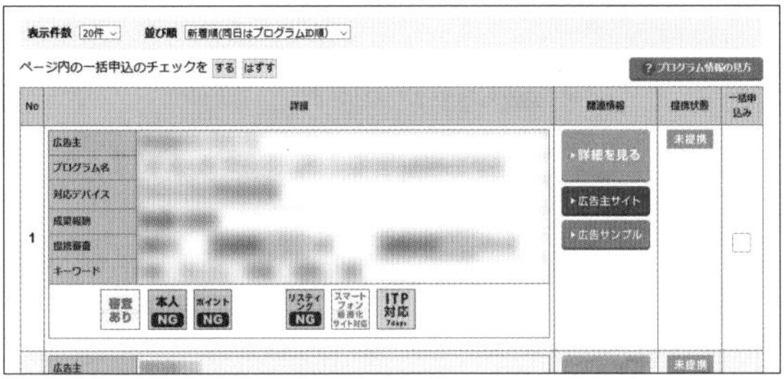

❹ 検索したテーマに関連したプログラム（商材）が表示されます。

≫③商材をカテゴリ分けする

有形・無形問わず商材をピックアップしたら、おおまかにカテゴリ分けをします。「子育て」で商材を探すと、妊娠期・出産期・育児期で必要な商材で、カテゴリ分けができます。この中で使用経験のある商材、もしくは興味のある商材に印を付けます。印がいちばん多いカテゴリをテーマにしたサイトを作ることで、テーマを絞っても無理なく記事が書けます。

大テーマ	カテゴリ	アフィリエイト商材
子育て	妊娠	・妊娠線クリーム　・妊活サプリ　・マタニティウェア ・たんぽぽ茶　・羊水検査
	出産	・出産祝い　・骨盤ケア　・産後クリーム ・オーガニックブランド　・授乳ブラ　・出産内祝い
	育児	・ベビー服　・母乳パッド　・紙おむつ ・お名前シール　・ベビーゲート

→授乳期のママのためのお役立ちサイト

MEMO　サイト制作前に商材の有無をチェックしよう

書きたいテーマを選定しても商材がない場合は、アフィリエイトサイトとして成立しません。サイト制作をする前に商材の有無はチェックしておきましょう。商材がない場合は、Google AdSense を代表とするクリック報酬型広告を掲載することもできます。

Section 28

サイトで狙う「キーワード」の決め方

軸となるメインキーワードはサイトの要です。キーワードの設定前に必ず競合調査を実施したうえで、あなたが得意とする「勝てる」キーワードを設定することが重要です。

キーワードは「強さ」より「濃さ」が大事

キーワードとは、サイトや記事の題材のことです。キーワードに沿ってコンテンツや記事を書き、検索結果の上位に表示させることを目的としています。まずは、サイトの軸となるメインキーワードを設定します。思い付くままにキーワードを挙げてみましょう。その中からキーワードを設定しますが、メインキーワードを決定する前に必ずやっておきたいことがあります。それは**「競合調査」**です。ピックアップしたキーワードを実際に検索エンジンで検索してみましょう。

キーワードには、「ビッグキーワード」、「ミディアムキーワード」、「スモールキーワード」があります（月間検索数の調べ方はSec.30で解説します）。企業や権威のあるサイトが上位表示されている「ビッグキーワード」をメインキーワードにした場合、今後自分のサイトを検索上位に表示させたいときには、とても厳しい戦いになるでしょう。それよりも、**検索数が少なくてもユーザーの目的を達成させる助けとなる「濃いキーワード」を設定すると**、ほかにはない情報が集まるサイトとしてファン獲得につながります。

種類	特徴	キーワード例
ビッグキーワード	1語もしくは月間検索数が10,000以上	ダイエット、ダイエットサプリ、ダイエット食事
ミディアムキーワード	2語もしくは月間検索数が1,000～10,000	ダイエット40代、ダイエット運動なし、ダイエットエステ、ダイエット甘いもの、ダイエット置き換え
スモールキーワード	2語以上もしくは月間検索数が100～1,000	ダイエットトレーナー、ダイエット乳酸菌、ダイエット8kg、寝ながらダイエット

▲「ミディアムキーワード」、「スモールキーワード」をメインキーワードに設定し、ニッチなサイトを作りましょう。

ミディアムキーワードをメインキーワードにし、ロングテールを狙う ★★★

Web マーケティングには、**ロングテール戦略**と呼ばれるものがあります。ロングテールとは、あまり売れていないニッチな商品の売上が積み重なることで、売れ筋のメイン商品の売上を上回る現象のことです。ミディアムキーワードやスモールキーワードは、このロングテール戦略で売上も伸ばすことが期待できます。

ロングテールのグラフ

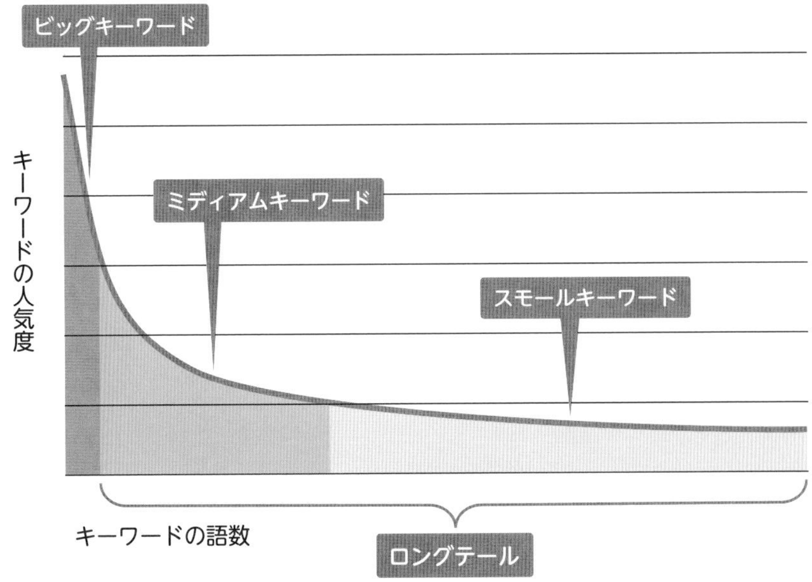

ビッグキーワードは競争が激しい「レッドオーシャン」であるのに対し、スモールキーワードは競合が少なく語数は無限にある「ブルーオーシャン」です。これを先ほどの検索キーワードに当てはめると、「ダイエット　食事」のような競合が強いキーワードよりも、「ダイエット　運動なし」「ダイエット　置き換え」のほうが検索意図が明確かつ、競争が少ない「ブルーオーシャン」状態です。つまり、濃いキーワードをメインとしたサイトは、ほかにはないサイトに仕上がるのです。

そういったサイトにするためにも、ミディアムキーワードを軸とし、そこから派生させた関連キーワードをもとに記事を作成しましょう。「私の知りたい情報はここにしかない」とユーザーに認識されることで、のちに収益につながるサイトに成長することでしょう。

Section 29

身近な「悩み」を解決するコンテンツは需要アリ

商品を購入したり、サービスを利用したりする人は、何かしらの悩みを抱えています。アフィリエイトサイトにおいても悩みを解決するコンテンツは必要不可欠です。ここでは、悩みのレベルからコンテンツを作成する方法を解説します。

80%の人がスマホでサクっと悩みを解決する時代

総務省が調査した「令和元年度版情報通信機器の保有状況」によると、2018年にスマートフォンの保有率は79.2%となり、パソコンの保有率を逆転しました。そして、情報を調べる媒体がスマートフォンにシフトしていることによって、人の検索行動は大きく変わりました。

また、2016年のThink with Googleの記事「マイクロモーメント Step2 生活者のマイクロモーメントに届ける〜求められている情報やひらめきはなんだろう〜」によると、何かについて「したい」「知りたい」「手に入れたい」といった「マイクロモーメント」が発生する動機は、5つのカテゴリに分けることができ、その中でも動機としてもっとも多いのが「不満や問題を『解決したい』瞬間」となっています。

出典：マイクロモーメント Step2 生活者のマイクロモーメントに届ける〜求められている情報やひらめきはなんだろう〜
https://www.thinkwithgoogle.com/intl/ja-jp/articles/search/how-to-be-useful-at-micro-moments/

ユーザーの検索意図を汲んで不満や悩みを解決するコンテンツを提供し、その解決策の1つとして商品やサービスを提案することで、検索意図から商品の購入やサービスの申し込みにつなげることができます。

人間の 4 大悩みからコンテンツを作成しよう ★★★

人の悩みは大きく分けて「お金」「仕事」「人間関係」「健康」に該当します。この中で自分が得意で書いていても苦にならないカテゴリをチョイスして、その悩みにまつわる記事を書きましょう。情報収集から記事作成に至るまでのステップは次の通りです。

1 「お金」「仕事」「人間関係」「健康」の中から書けそうなテーマを選ぶ。

↓

2 ニュースやSNS、掲示板、自分の周りにあった出来事からどのような悩みがあるのかを調べる。

↓

3 その悩みに対する解決方法を提示する（ネットや書籍で調べるのもよいが、経験や体験したことには信憑性があり、ユーザーの実現性も高くなる）。

人には痛みから逃避したい気持ちと快楽を追求したい気持ちがあります。これがユーザーの「ウォンツ（**欲求**）」です。「ウォンツ」を満たしてあげるような提案ができると、この商品やサービスを使ってみたいという欲求が生まれます。ユーザーのウォンツは、置かれている状況によって解決方法が異なってきます。下の表に「ウォンツ」を当てはめることで、悩みの深さがわかり、解決方法が見えてきます。

「お金」を選んだ場合

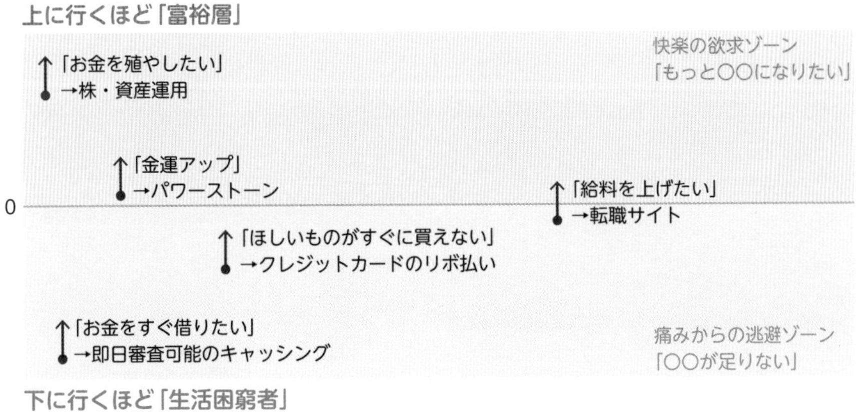

▲ 人間の行動の原点を 0（ゼロ）とした場合、0よりマイナスが「痛みからの逃避」、0よりプラスが「快楽の追求」となります。矢印の方向に引き上げるようなイメージで解決方法を提示しましょう。

Section 30

Googleキーワードプランナーを使ったキーワードの決め方

キーワードを設定して記事を書いても、誰も検索しないようなキーワードを設定しては意味がありません。検索ボリュームを調査するツール「Googleキーワードプランナー」を使って、確実に集客できるキーワードを探りましょう。

関連キーワードを一括取得しよう

自力で関連キーワードを考えるのには限界があります。そこで、関連キーワードやGoogle サジェストキーワードを一括で取得できるツールを使う方法を紹介します。

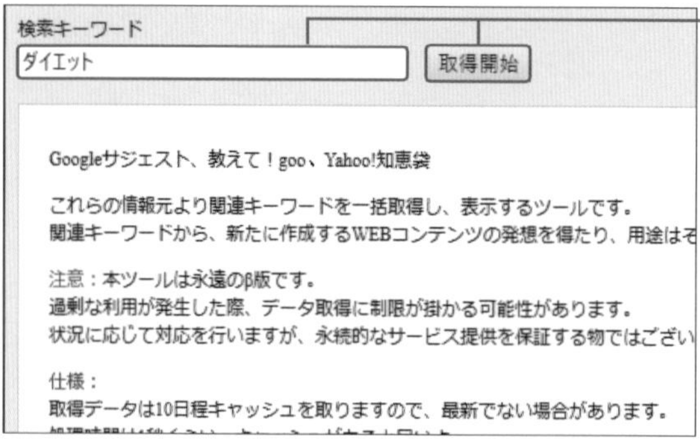

❶「関連キーワード取得ツール（仮名・β版）」（http://www.related-keywords.com/）にアクセスし、検索したいキーワードを入力して、<取得開始>をクリックします。

❷複合キーワードが表示されます。「Googleサジェスト」とは、Google で検索したときに一緒に表示される予測変換のキーワードです。比較的アクセスを集めやすいキーワードとなっています。

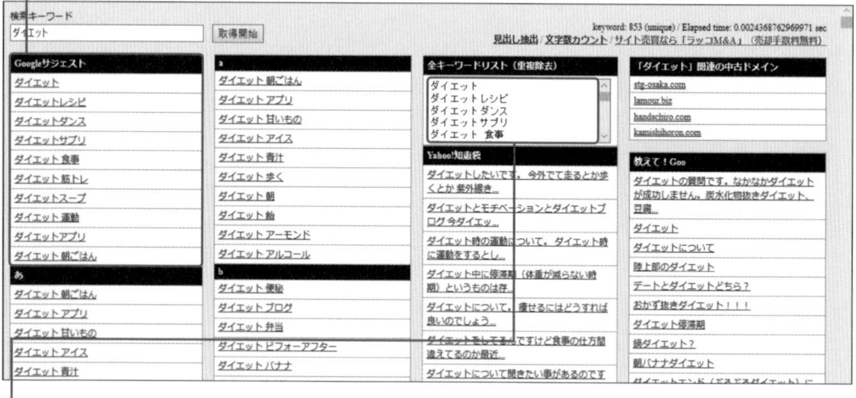

❸「全キーワードリスト（重複除去）」に表示されるキーワードを全選択しコピーします。

Google キーワードプランナーで月間検索数を調査しよう ★★★

Google キーワードプランナーで月間検索数を調べます。Google アカウントでログインすると、使用することができます。Google アカウントのほかに別途 Google 広告の登録も必要になります。

❶ Google広告（https://ads.google.com/intl/ja_jp/home/）にアクセスし、初めて利用する場合は＜今すぐ開始＞をクリックします（次回からは＜ログイン＞をクリックしてP.94手順❻に進みます）。

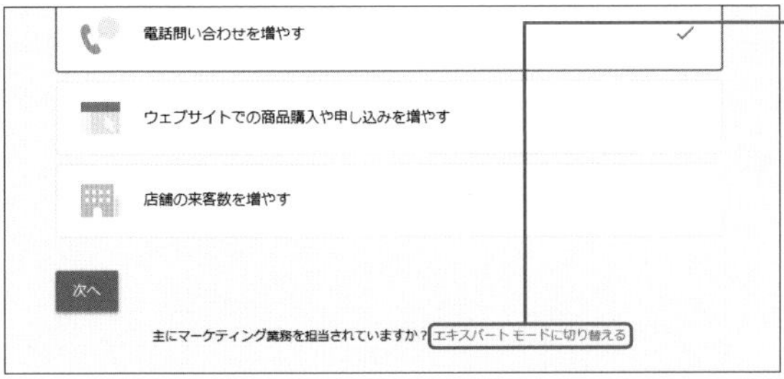

❷ ＜新しいGOOGLEアカウント＞をクリックし、Googleアカウントでサインインします。＜エキスパートモードに切り替える＞をクリックします。

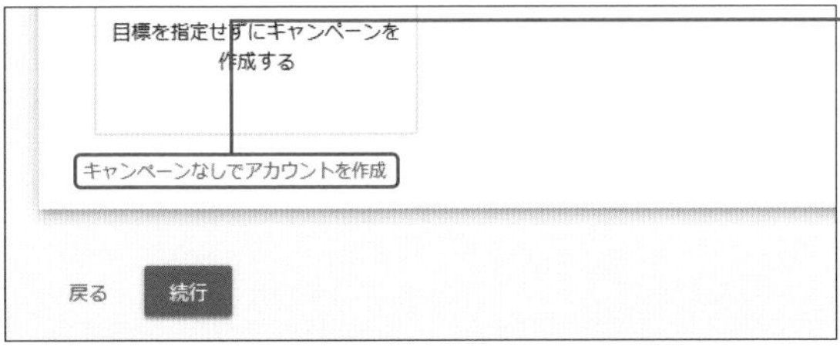

❸ ＜キャンペーンなしでアカウントを作成＞をクリックします。

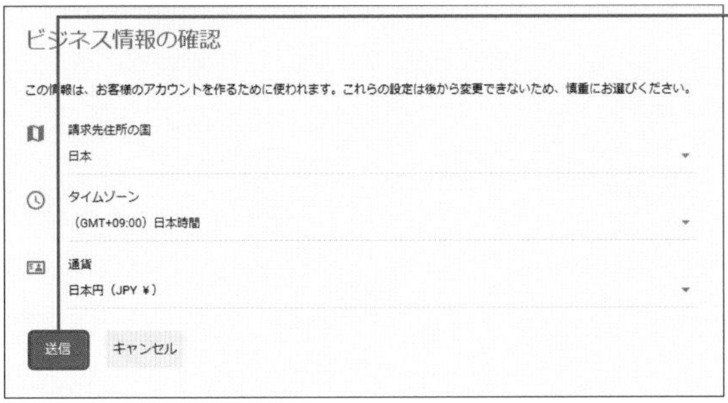

❹「請求先住所の国」「タイムゾーン」「通貨」を確認し、＜送信＞をクリックします。

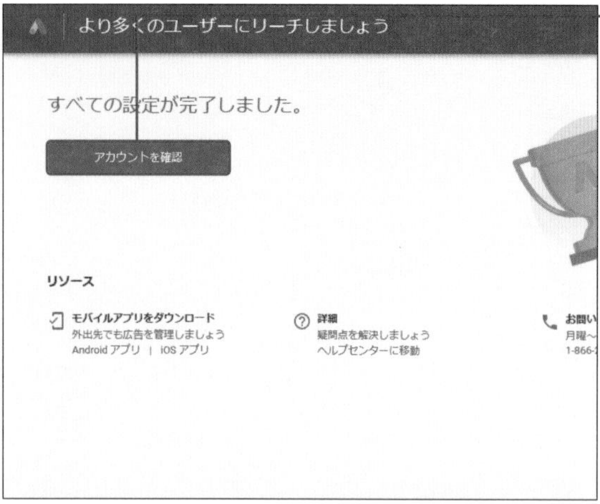

❺＜アカウントを確認＞をクリックします。

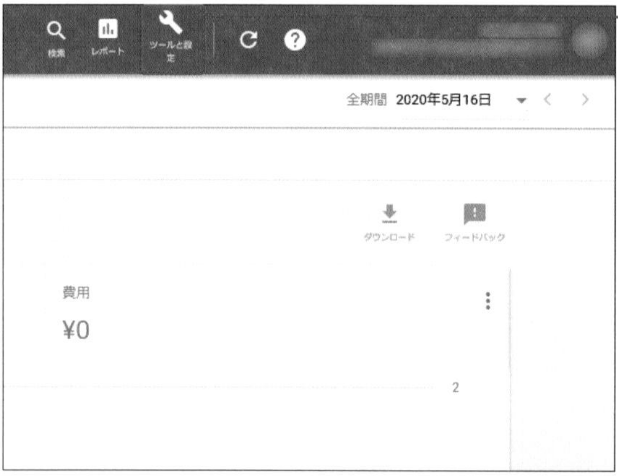

❻＜ツールと設定＞をクリックします。

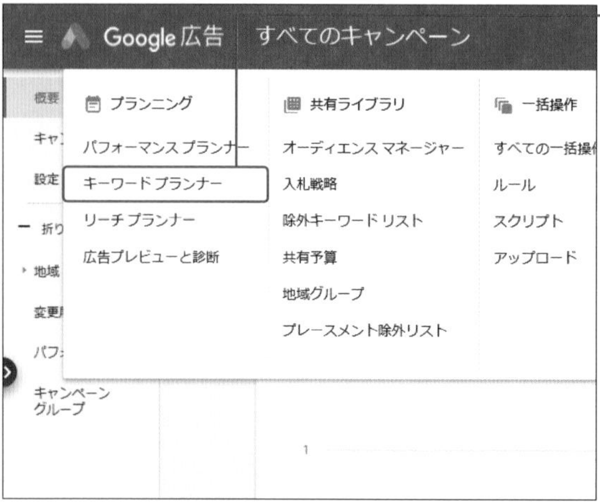

❼＜キーワードプランナー＞をクリックします。

❽ ＜検索のボリュームと予測のデータを確認する＞をクリックします。

> MEMO
>
> **関連するキーワードを見付けるには？**
>
> ＜新しいキーワードを見つける＞をクリックしましょう。

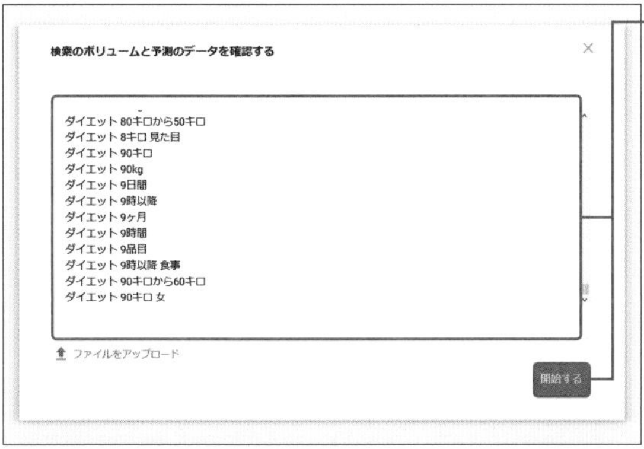

❾ P.92 手順❸でコピーした複合キーワードを検索窓にペーストし、＜開始する＞をクリックします。

❿ ＜過去の指標＞→＜月間平均検索ボリューム＞の順にクリックすると、検索数上位のキーワードから順に表示されます。「競合性」とは、そのキーワードに対して Google 広告の広告主が競い合っている度合いを示します。なお、キーワードにもよりますが、記事単位であれば月間検索数ボリューム 100 ～ 1,000 のキーワードに設定すると、成約率が高くなります。

> MEMO
>
> **検索ボリュームの実数を知るには？**
>
> 少額でも Google に広告を出稿することで正しい検索ボリュームが表示されます。

Section 31

紹介する商材の「ターゲット」を定めよう

商品の紹介記事を書く場合に大事なのが「ターゲット」を設定することです。ここでは、商材から見えるターゲットの見付け方や、検索キーワードからターゲットを設定する方法を解説します。

しっかり商材をリサーチすればターゲット像が見えてくる ★★★

レビュー記事のように商材をメインで紹介する場合は、その商材を利用することが見込まれるターゲット像をしっかり定めることが大切です。そのためには、**商材の特徴やメリット／デメリットをしっかり調査**しましょう。実際に手に取って商品を使ってみるのがベストですが、それが無理であれば、広告主に質問を投げかけてみましょう。たとえば、ムダ毛で悩んでいる女性には何通りか商材がありますが、商材によってそれぞれターゲットが異なります。

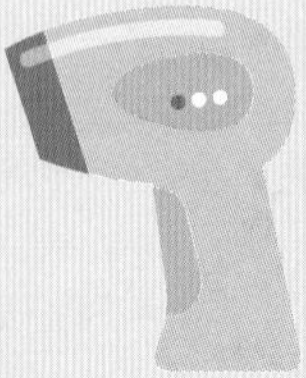

	除毛クリーム	脱毛器	脱毛サロン
特徴	・短時間で処理ができる ・セルフ処理で手軽	・自宅でセルフ脱毛が可能	・全身脱毛ができる ・自力での処理が難しい箇所の処理が可能
ターゲット	・安価で済ませたい人 ・時間短縮したい人（バスタイムに使用できる商品の場合）	・好きなときに脱毛したい人 ・費用を抑えたい人	・全身のムダ毛を処理したい人 ・プロに施術してほしい人 ・肌トラブルを回避したい人

一口にムダ毛に悩んでいる女性といっても、左記のように商材が違うだけでターゲットのライフスタイルや金銭面に違いがあります。商材によってターゲットを定め、どのような変化をもたらすのかを訴求することで、興味を持ちコンバージョンにつながります。値段や処理したときの痛みの程度、自宅かサロンかなどを選ぶために3つの商材を比較記事も取り入れると、ターゲットの取りこぼしを防止することもできます。

どうしてもターゲット像が見えてこない場合は、商材名や商材カテゴリ周辺のキーワードで検索をかけて情報収集をしてみましょう。メイン商材とその周辺商材の情報を合わせてみると、ターゲット像が浮かび上がってきます。

お役立ち記事こそターゲットを定めよう

商材がない読み物系のお役立ち記事こそ、ターゲットを定めることが重要です。例を挙げると、「薬剤師　再就職」と「薬剤師　就職」は、ターゲットがまるで違います。それぞれのキーワードでGoogleサジェストキーワードを見てみると、「薬剤師　再就職」のターゲットはブランクのある人や定年後の再就職を検討している人、「薬剤師　就職」のターゲットは現在就活中、就活準備中の学生ということがわかります。ターゲット調査をする場合は、Googleの「パーソナライズド検索」を無効化するために必ずシークレットモード（P.116MEMO参照）で検索しましょう。

▲「薬剤師　再就職」のGoogleサジェストキーワード（左）と「薬剤師　就職」のGoogleサジェストキーワード（右）です。

Section 32

ターゲットが置かれている背景を考えよう

検索ユーザーには、キーワードを検索するに至った背景があり、意図を持って検索しています。背景を知っておくとユーザーの心に刺さる文章が書けるようになります。ツールを使ってターゲットが置かれている背景を探ってみましょう。

ターゲットが置かれている背景を探るには？

自分の勘や経験値でターゲットが置かれている背景を想像するには限界があります。ターゲットの背景を探るには、「Google キーワードプランナー」で検索上位を狙えるキーワードを抽出し、抽出したキーワードを Google で実際に検索してみましょう。検索上位サイトの内容をチェックすると、どんな気持ちでユーザーが検索をしているのか透けて見えます。

キーワードプランナーで複合キーワードをピックアップする

更年期サプリを訴求する記事を書く場合、Sec.30 の方法で「更年期」の検索キーワード候補を集め、Google キーワードプランナーで検索ボリューム数を調査します。

		月間検索ボリューム	競合性
更年期	更年期サプリ	1,000 ～ 10,000	高
	更年期　だるい	1,000 ～ 10,000	中
	更年期　外来	1,000 ～ 10,000	低

上記のように月間検索ボリュームが一緒で競合性ランクが違うキーワードの場合、コンバージョンする可能性が高いのはどれでしょうか？　では、実際に Google で検索してみましょう。この場合、必ずシークレットモードにして検索をします（P.116MEMO 参照）。

»「更年期サプリ」

競合性：高　→　今すぐ客

検索結果からわかる
ターゲット像

- サプリを今すぐ購入したい人
- どんなサプリがあるか検討中の人

上下とサイドに広告があり、検索上位もショップや企業メディアが占めていることから、上位表示は厳しいことがわかります（Google広告出稿なら可能性あり）。「今すぐ客」は、目に付きやすい広告をクリックしたり、ネットショップで購入したりする傾向があるため、見込みは低いです。

»「更年期　だるい」

競合性：中　→　お悩み客

検索結果からわかるターゲット像

- だるい症状に悩まされている中高年女性
- 更年期かほかの病気か判断が付かない人
- 病院にかかるほどではないがなんだか調子がイマイチと感じている人
- 漢方で根本から体質改善したい人

症状を調べていることから、ターゲットが抱える悩みを解決する記事であれば、サプリに興味を持つ可能性があります。じっくり記事を読んで購入する可能性が大きく、狙い目のキーワードといえるでしょう。

さらに、お悩み系キーワードを細分化することでキーワードを増やすことが可能です。いかに「お悩み客」を見付け、悩みを解決してあげることができるかがアフィリエイト成功の鍵です。

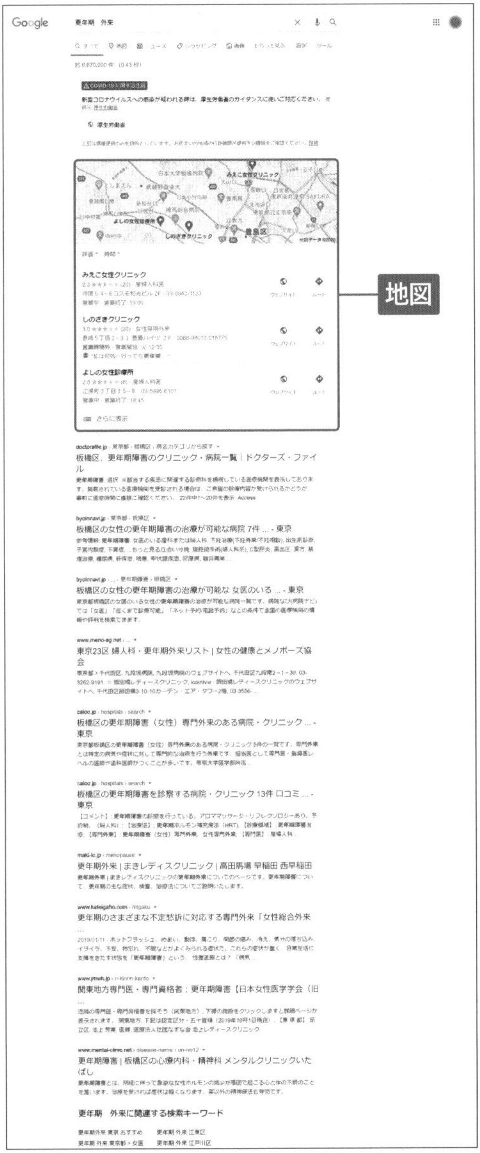

»「更年期　外来」

競合性：低　→　関心なし客

検索結果からわかる
ターゲット像

- **更年期外来がある病院、もしくは婦人科を探している人**
- **はっきりとした症状があり、しっかり診断してほしい人**
- **更年期特有の症状に悩まされている人**

自宅近くの病院一覧が表示されることから、サプリ関連の記事で上位表示されること自体厳しいと考えられます。診察を希望している人は、すでにさまざまな方法を試していることも考えられるため、サプリに興味を持つ可能性は低いでしょう。

P.99 ～ P.101 までの例は、あくまでも参考です。なお、医療・健康に関するYMYL ページ（Sec.36 参照）は、Google の健康アップデートにより公的機関や医療機関が提供する信頼性が高いコンテンツ以外は上位表示が非常に厳しくなっています。

Section 33

同じ商材でもターゲットによって切り口が変わる

ターゲットを細かく設定し過ぎて、本来商品を必要としているユーザーを遠ざけてしまうことがよくあります。商品紹介の切り口を広げることで、いろんなタイプのユーザーを取り込むことができます。

商材の特長から複数のターゲットを設定する

マーケティングの世界では、「商品やサービスのユーザー像を考えるときはペルソナ設定をしましょう」とよくいいます。商品をプロモーションする際に「一流企業に勤める主人と２歳の息子を持つ都内在住の専業主婦。趣味はカフェ巡り。愛読誌は……」と具体的なターゲット像を設定することによって、自社が取るべきプロモーション戦略を明確にするためです。

しかし、アフィリエイトにおいてペルソナ設定は不要です。なぜならば**購入する人がペルソナ通りとは限らない**からです。たとえば、あなたはどんなシーンでモバイルWi-Fi を使いますか？　ネット環境がない実家への帰省時やカフェでの仕事中、スマートフォンで動画を見たいとき、海外旅行などいろいろな使い方があります。商材1 つで多様な使い道があるように、ターゲットもさまざまということがわかると思います。では、複数のターゲット像を設定するにはどのようにすればよいでしょうか？

▲ アフィリエイトでは、ペルソナ設定は必要ありません。

»商材の“特長”からターゲット設定する

商品の特長（メリット面）からターゲット像を考えます。ポイントは“特徴”ではなく“特長”という点です。公式 HP にある商品の特長は、どういった人に響くのかを徹底的に考えましょう。あるウォーターサーバーを紹介するとします。調べるとこのような特長がありました。

○×ウォーターサーバーの特長

- ウイルスやダイオキシン類などの有害物質を取り除いている
- 濾過されたピュアウォーターに４つのミネラル成分が含まれている
- お湯がすぐ出る
- 温度設定ができる
- 常温で６カ月保存できる
- 重たい水を玄関まで届けてくれる

これらの特長からターゲット像を考えます。

・ウイルスやダイオキシン類などの有害物質を取り除いている。
　⇒赤ちゃんに安心できる水でミルクを作りたいママ
・濾過されたピュアウォーターに４つのミネラル成分。
　⇒料理好きな人、素材そのものの味を出したい人
・お湯がすぐ出る。
　⇒手早くスープやお味噌汁を作りたい人、やかんでお湯を沸かす手間と時間を省きたい人、毎朝のコーヒーが欠かせない人
・温度設定ができる。
　⇒赤ちゃんに飲ませるミルクを最適の温度で手早く作りたいママ
・常温で６カ月保存できる。
　⇒災害時の備蓄用、断水時
・重たい水を玄関まで届けてくれる。
　⇒自家用車がない家庭、高層マンションに住んでいる人

このように商材１つでさまざまなシーンが想定されますが、ただきれいな言葉だけを並べただけではユーザーの心に刺さりません。「この商品を使ったら今の生活がこんなに快適になるのか」と、ターゲットに合わせて見る人の想像を掻き立てる文章であることが大事になります。

Section 34

記事を検索上位表示させるために重要な「SEO」とは

「SEOはもうオワコン。これからはSNSの時代でしょ!」という声も聞こえますが、今でもSEO対策は集客するうえでは大事なファクターであるのは間違いありません。ここではSEO対策の重要性やGoogleが行うアリゴリズムのアップデートについて解説します。

ユーザーにとって価値のある情報を届けることが「SEO 対策」 ★★★

SEO（Search Engine Optimization）とは「検索エンジン最適化」のことで、**検索エンジンに対して Web ページの評価を上げ、検索結果上位に表示させるように最適化すること**をいいます。なぜ SEO が重要なのかというと、Web ページ・Web サイトは見てもらえなければ意味がないからです。通常、ユーザーが調べものをするときは特定の検索クエリ（キーワード）を入力し、自分が求める情報を探します。そこでほとんどのユーザーは､検索結果の1ページ目に掲載されている Web ページをクリックします。検索結果で自分の Web サイトをクリックしてもらうには、いかに検索上位に表示させられるかが重要になるのです。

しかし、検索結果の上位に Web ページを表示させることは、集客の入り口に過ぎません。アフィリエイトサイトは、ただ広告主サイトへ送客するだけの媒体ではありません。**ユーザーにとって価値のある情報を届けたうえで商品に興味を持ってもらい、広告主サイトに送客することが最終目的**なのです。そのような価値の高いサイトを作ることで結果的に Google に評価され、検索上位に表示されるようになるのです。

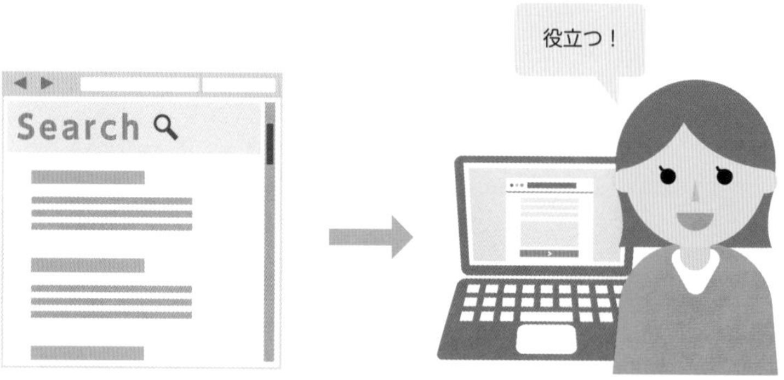

▲ ユーザーにとって価値のある情報を届けることが本当の意味での SEO 対策です。

SEO対策で大切な検索アルゴリズムとは？ ★★★

検索アルゴリズムとは、Webサイトの検索順位を自動で決めるためのプログラムのことです。SEO界隈でよく耳にするパンダアップデートやペンギンアップデートとは、Googleの検索アルゴリズムの変更によるものです。Googleは幾度となくアルゴリズムを変更していますが、検索結果に重大な影響を及ぼすアルゴリズムのアップデートを公開することがあります。以下は、代表的なアップデートです。

パンダアップデート	2011年～	コンテンツの品質を評価するアップデート
モバイルフレンドリーアップデート	2015年	スマホ対応していないサイトの評価が下がるアップデート（モバイル利用者の急増が背景）
ペンギンアップデート	2016年～	低品質リンクとSEOスパムを取り締まるアップデート
健康アップデート	2017年	医療や健康に関連する情報の精査を目的とした日本国内のみに適応された異例のアップデート
BERTアップデート	2019年	今まで難しかった「文脈」の理解を可能にしたアップデート

以前までは表面的なテクニックSEOで検索順位を上げることが可能でしたが、現在はユーザーの検索意図を汲み取り、Googleの品質に関するガイドラインの通りに作られた良質なWebサイトが求められています。Webサイトを作成する人は、下記のWebサイトに一度目を通すことをおすすめします。

ウェブマスター向けガイドライン（品質に関するガイドライン）
次の一般的なガイドラインに沿ってサイトを作成すると、Googleがサイトを認識し、インデックスに登録し、ランク付けをするプロセスをスムーズに行う手助けとなります。

ウェブマスター向けガイドライン（品質に関するガイドライン）
URL https://support.google.com/webmasters/answer/35769?hl=ja

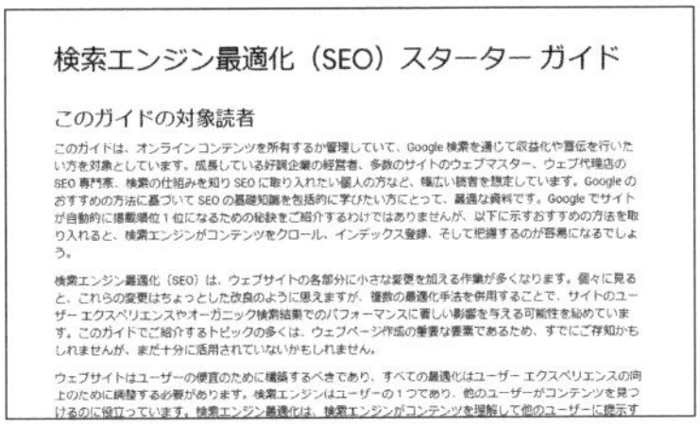
検索エンジン最適化（SEO）スターター ガイド
このガイドの対象読者

検索エンジン最適化（SEO）スターターガイド
URL https://support.google.com/webmasters/answer/7451184?hl=ja

Section 35

重要なタイトルとmeta descriptionの付け方

SEOにおいて、タイトルは非常に重要です。良質な記事なのにタイトルがイマイチなせいでまったくクリックされないということはよくある話です。ここでは、サイトと記事のタイトルの付け方とmeta description設定について解説します。

タイトルは「お店の外観」

飲み会が終わり二次会に行こう！ という流れになったとき、会場を選ぶポイントの1つになるのがお店の外観です。ガラス張りであれば店の中が一目瞭然、さらに「飲み放題・食べ放題で2時間2,000円ポッキリ！」とあればここに入ろうかという流れになると思います。Webサイトも同様で、いくら内容がよかろうが初見は検索タイトルでしか判断されません。つまり、検索結果はお店が軒を連ねている状態なのです。**Webサイトや記事タイトルはお店の外観**なので、どんなお店かは入店しないとわかりません。だからタイトル設定はとても重要なのです。

サイトタイトルの決め方

上位表示させたいキーワードは必ず入れます。そして、覚えやすくキャッチーなタイトルを心掛けましょう。**コンセプトをサイト名にすると、どのようなサイトなのかがタイトルから想像が付きます**。サイト名で検索されるようになると、SEO的にもよい影響が起きます。まさにサイトがブランドになるのです。

- キーワードを入れる
- 覚えやすくコンパクトに
- コンセプトを入れる

◀ サイトタイトルのポイント

これらを踏まえて、筆者は「1つの収入源に頼らずに複数の仕事を持ち自立する複業女子を応援する」というコンセプトのWebサイト名を「複業女子で生きていく（https://fukugyo-joshi.com/）」としました。これは、Webサイトのコンセプトをそのままサイト名に設定しています。

記事タイトルの決め方 ★★★

タイトルは、SEOにおいて重要視されている要素の1つです。キーワードを記事タイトルの前方に入れましょう。その際、キーワードで上位表示されているサイトはどのようなタイトルを付けているのかをチェックしてみるとよいでしょう。ただし、キーワード乱用は不正行為とみなされるのでNGです。長過ぎるタイトルは検索結果に表示される際省略されてしまいます。これを回避するためにタイトルは35文字以内に収まるようにしましょう。

- **記事タイトル前方にキーワードを盛り込む**
- **記事内容が一目でわかる簡潔でわかりやすいタイトルにする**
- **記事タイトルの文字数は35文字以内**
- **数字や括弧を効果的に使う**

▲ 記事タイトルのポイント

meta descriptionはWebサイトや記事の概要 ★★★

meta description（メタディスクリプション）とは、ページコンテンツを100文字程度の文章で表した「概要」や「要約」のようなものです。タイトルと比べると見落とされがちですが、検索結果に載るためにもキーワードは必ず入れておきましょう。

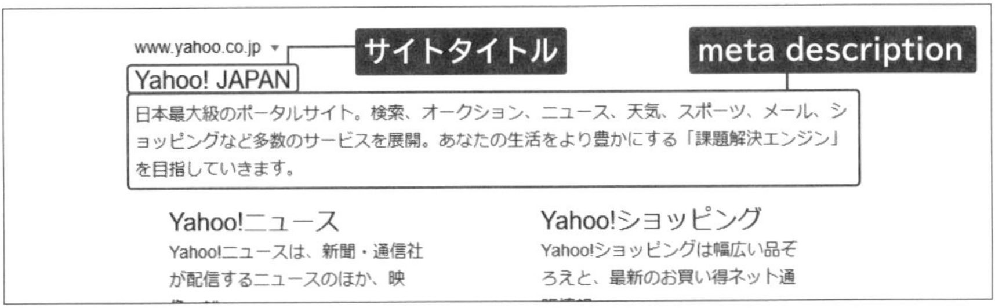
www.yahoo.co.jp ▾
サイトタイトル
meta description
Yahoo! JAPAN
日本最大級のポータルサイト。検索、オークション、ニュース、天気、スポーツ、メール、ショッピングなど多数のサービスを展開。あなたの生活をより豊かにする「課題解決エンジン」を目指していきます。
Yahoo!ニュース
Yahoo!ニュースは、新聞・通信社が配信するニュースのほか、映
Yahoo!ショッピング
Yahoo!ショッピングは幅広い品ぞろえと、最新のお買い得ネット通

検索エンジンに表示させるタイトルとmeta descriptionをWordPressで作成したWebサイトに設定するには、P.69を参考に「All in One SEO Pack」というプラグインを追加し、＜All in One SEO＞→＜一般設定＞の順にクリックして、「ホームページ設定」の「ホームタイトル」と「ホームディスクリプション」を設定します。なお、meta descriptionは「投稿」や「固定ページ」で記事ごとに設定することもできます。

SEOで知っておきたい用語

Googleの検索アリゴリズムは日々進化していますが、「ユーザーを最優先する」という方針に変わりはありません。令和時代にしっかり押さえておきたいSEO用語について理解しておきましょう。

E-A-T

「E-A-T」とは、Google の検索品質評価ガイドラインで定義されている Web サイトを評価する基準の 1 つで、「Expertise（専門性）」「Authoritativeness（権威性）」「Trustworthiness（信頼性）」が高い Web ページを評価することを明示しています。このE-A-T を意識したサイト作りが Google からの評価を高める最善の方法となります。

Expertise（専門性）	より詳しい内容が書かれているサイトや、雑記ブログよりも専門的なサイトであること
Authoritativeness（権威性）	その分野の専門家やプロ級の人が運営しているサイトである（医療サイトであれば医師が執筆しているなど）こと
Trustworthiness（信頼性）	出処不明の情報ではなく信憑性のある情報である（事実が書かれていることで信頼性が高くなる）こと

E-A-T を意識したサイトを作るなら、何でもありの雑記ブログより、**自分の得意分野や経験を生かした専門サイト**を作りましょう。サイトを長く運営・更新することで専門性が高まります。「この分野ならあのサイト」と SNS でサイト名が出るくらいまでになれば、このあとに解説する「サイテーション」につながり、「権威性」や「信頼性」はあとから付いてくるでしょう。

YMYL

「YMYL」とは、「Your Money Your Life」の略語で、Google の検索品質評価ガイドラインで定義されている「将来の幸福、健康、経済的安定、人々の安全に潜在的に影響を与えるページ」を指す用語です。直訳すると「あなたのお金と人生」となり、ユーザーの暮らしに密接にかかわる分野です。もしこの分野について間違った情報や悪意のある情報が表示されてしまうと、ユーザーの生活の質を著しく下げ、健康に悪影響をおよぼす可能性があるため、2017 年に Google が日本限定で「健康アップデート」を適応しました。これにより、YMYL と関係のあるコンテンツは、より正確な情報を提供することが求められます。

YMYL の影響を受けているジャンルは次の通りです。

» ショッピング、または金銭の取引を扱うページ

Web サイトでの商品購入や、決済を行うページが該当します。

» 法律に関するページ

離婚や結婚、市民権の獲得、遺言書の作成、裁判など法律に関するページが該当します。

» 金融に関するページ

年金、保険、税金、投資、クレジットカード、不動産の購入、ローンなどお金に関するページが該当します。

» 医療に関するページ

健康、病気、薬、栄養、メンタルヘルスなど医療情報に関するページが該当します。

このほかに、ニュース記事や公的機関に関する情報、養子縁組などのページもYMYL の適用範囲に含まれます。

サイテーション ★★★

サイテーションとは、かんたんにいえば「リンクがない言及」、つまり、そのサイトについてどのくらい言及されているかということです。たとえば、SNS で「『(サイト名)』ってめっちゃ副業について詳しいよ」とリンクなしで呟かれるのもサイテーションです。Google はそのサイトがユーザーにとって好意的なのか否かも考慮して Web ページを評価し、検索結果に反映させている可能性は高いと考えられています。

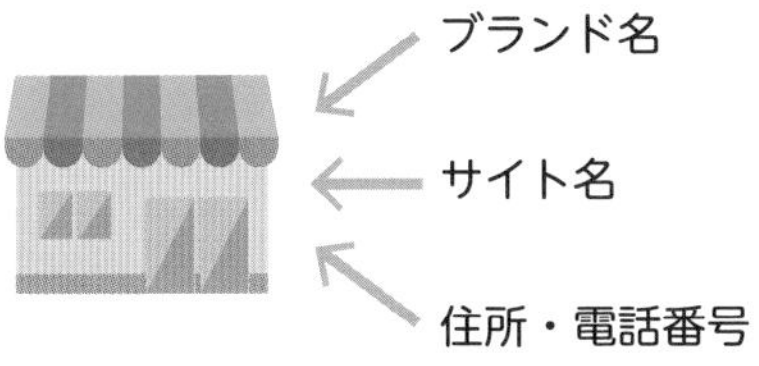

◀ ブランド名やサイト名が SNS で紹介されることもサイテーションです。

記事ごとにキーワードを考えよう

サイトの軸となるメインキーワードを設定したら、メインキーワードから派生させてキーワードで記事を作成しましょう。ここでは、記事ごとに設定するキーワードの作成方法を解説します。

サイトのメインキーワードから派生させよう

記事に設定するキーワードは、サイトのメインキーワードから派生させていきます。記事ごとのキーワード作成方法は次の4通りです。

サジェストキーワードから探す

サジェストキーワードとは、検索窓にキーワードを入れたときに、よく検索されるキーワードとして表示される候補のことです。メインキーワードとそれに続くキーワードが表示されるので、キーワード作りの時短にもなります。

関連キーワードから探す

関連キーワードとは、検索結果ページの下部に表示されるキーワードのことです。メインキーワード以外のキーワードも表示されるので、新しいキーワードの発想にもつながります。

Googleキーワードプランナーで新しいキーワードを発掘する

メインキーワードに近いキーワードを発掘したい場合は、Google キーワードプランナーの「新しいキーワードを見つける」を利用しましょう。

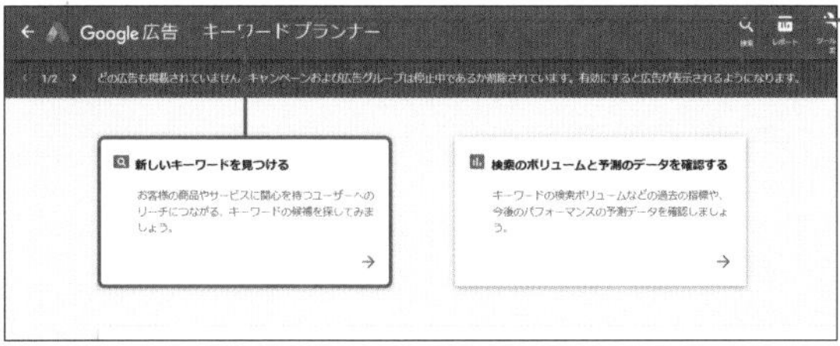

Google 広告　キーワードプランナー
1/2　どの広告も掲載されていません キャンペーンおよび広告グループは停止中であるか削除されています。有効にすると広告が表示されるようになります。
新しいキーワードを見つける
お客様の商品やサービスに関心を持つユーザーへのリーチにつながる、キーワードの候補を探してみましょう。
検索のボリュームと予測のデータを確認する
キーワードの検索ボリュームなどの過去の指標や、今後のパフォーマンスの予測データを確認しましょう。

❶ P.95 手順❽の画面で＜新しいキーワードを見つける＞をクリックします。

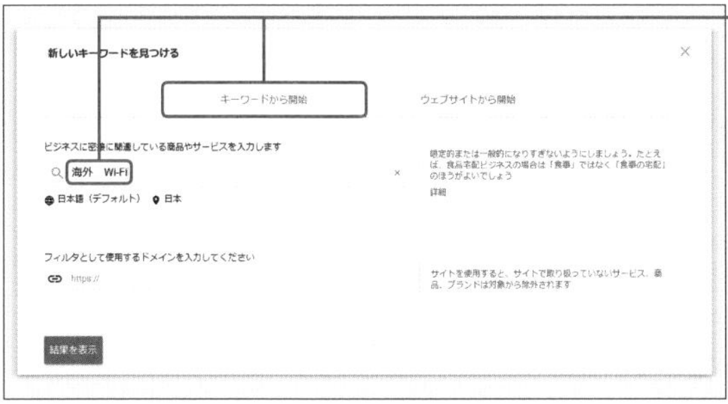

新しいキーワードを見つける
キーワードから開始
ウェブサイトから開始
ビジネスに密接に関連している商品やサービスを入力します
海外　Wi-Fi
日本語（デフォルト）　日本
限定的または一般的になりすぎないようにしましょう。たとえば、食品宅配ビジネスの場合は「食事」ではなく「食事の宅配」のほうがよいでしょう
詳細
フィルタとして使用するドメインを入力してください
https://
サイトを使用すると、サイトで取り扱っていないサービス、商品、ブランドは対象から除外されます
結果を表示

❷ ＜キーワードから開始＞をクリックし、サイトのメインキーワードを入力して、＜結果を表示＞をクリックします。

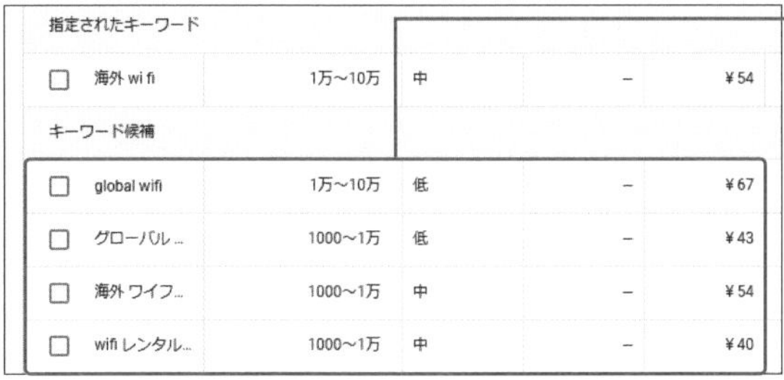

指定されたキーワード
海外 wi fi　1万～10万　中　–　¥54
キーワード候補
global wifi　1万～10万　低　–　¥67
グローバル...　1000～1万　低　–　¥43
海外 ワイフ...　1000～1万　中　–　¥54
wifi レンタル...　1000～1万　中　–　¥40

❸ メインキーワードに近似したキーワード候補が表示されます。キーワードが思い付かないときに利用するとよいでしょう。

» Yahoo！知恵袋からヒントをもらう

メインキーワードへの疑問をキーワードする場合は、「Yahoo！知恵袋」からヒントを得ましょう。質問者の気持ちになって、質問者が検索しそうなキーワードを思い付くままに挙げてみましょう。

2人で1つの
Wi-Fiを使える？
受け渡し場所は
空港と自宅
どっちがよい？
レンタル期間は？
高額な通信料に
ならない？

Section 38

成果につながりやすいキーワード

検索ボリュームが高いキーワードに注目しがちですが、競合が強過ぎると上位表示は難しいです。では、初心者が成果につなげやすいキーワードとはどういったものでしょうか。

人に言えないお悩み系や複合キーワードが穴場

アフィリエイトで注力するキーワードは大きく分けて4つに分類されます。

欲求系キーワード

- 転職　東京
- ワキガ対策
- 顔のシミ取りたい

商標キーワード

- マイクロソフト
- ライザップ
- 千趣会ベルメゾンネット

お悩み系キーワード

- ニート　末路
- 彼氏　できない
- 全然　痩せない

複合キーワード

- 高卒　ニート　就職
- ワキガ　臭い　消す
- 看護師　出会いが　ない

このうち、「欲求系キーワード」と「商標キーワード」は行動意欲が高く、成約する確率は高いです。ただし、一般的に検索ボリュームが大きいため、競合サイトが強過ぎると上位表示は厳しいです。その一方、「**お悩み系キーワード**」と「**複合キーワード**」は、コツさえわかれば無限にキーワードを深堀りすることができるのでおすすめです。では、4つのキーワード群を詳しく解説します。

» 欲求系キーワード（〇〇したい）

「〇〇したい」のような願望や欲求のキーワードは目的が明確で、すでに行動に移そうとしているので、上手く商材に誘導することで成約につながります。ただし、企業やクリニックなどが上位表示しやすいので、その牙城を崩すのは至難の業です。

» 商標キーワード（企業・サービス名）

すでにユーザーが商標名を知っているので、ユーザーの背中を押してあげることで成約につながります。ただし、広告主がアフィリエイトから撤退した場合、報酬が得られなくなるというリスクがあります。アフィリエイト活動に積極的な広告主と提携するようにしましょう。そして、商標名だけの上位表示は非常に厳しいです。商標名にプラスして購入につながるキーワードで対策をしましょう。

» お悩み系キーワード（〇〇できない）

人には悩みから逃れたいという欲求があります。その悩みの解決方法をコンテンツとして落とし込み、**解決方法の１つとして商材を紹介することで成約につなげること**ができます。加えて、人に言えない深い悩みはネット上で解決したいという傾向があるので、実店舗では買いにくいコンプレックス系商材との相性はバツグンです。

» 複合キーワード（ロングテールキーワード）

アフィリエイトを始めたばかりの人でも成約につなげやすいのが「複合キーワード」です。**検索ボリュームこそ少ないですが、競争率が低いのがメリット**です。３～４語から構成されているので、あらゆるキーワードからの流入も期待できます。なおかつ、検索数が少ない割に成約につなげやすいので、対策する価値は十分にあります。

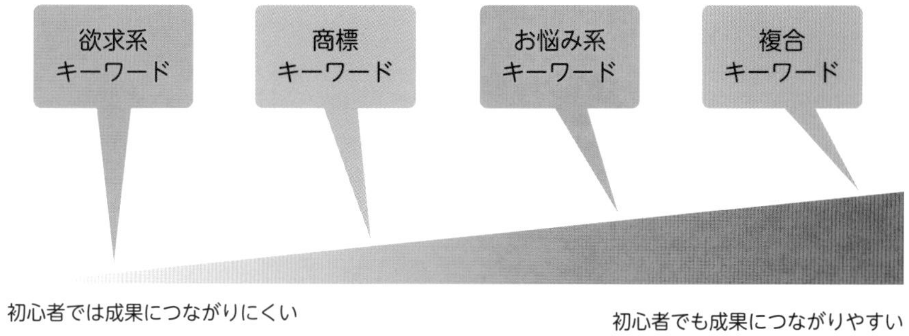

Section 39

キーワードに必要な情報の設定方法

キーワードを設定するだけでは記事は成立しません。キーワードをもとにどういった記事を書くのかが重要です。キーワードに対して記事にどういう情報を盛り込むべきかを解説します。

キーワードに必要な情報の設定方法

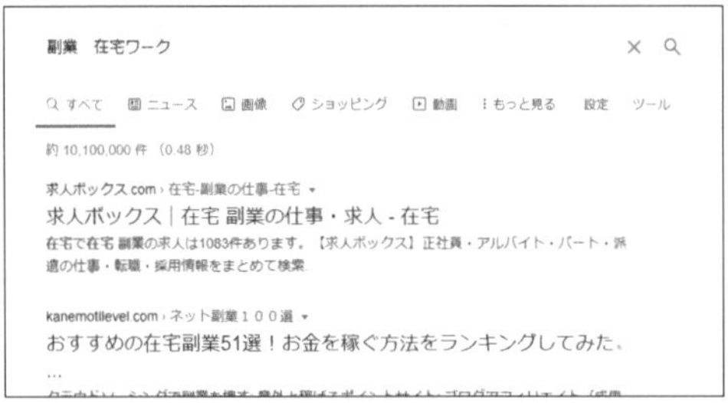

SEO対策で欠かせないのがキーワード調査です。Googleで実際に検索してみましょう。検索上位サイトを調査することで、競合サイトの特徴からユーザーの検索意図を探ります。

①競合サイトの調査をする

Excelなど、表計算ソフトで検索結果の1位から10位までのサイトの特徴をまとめた一覧表を作成します。ざっと眺めてメモするだけでも問題ありません。ここでは、例として「副業　在宅ワーク」のキーワードの検索結果で、

・ページタイトルの特徴
・競合サイトの記事内容
・競合サイト記事の検索されやすいキーワード

をチェックします。

3	順位	ページタイトル	URL	
4	1位	在宅副業で月5万円獲得｜男性も		
5	2位	在宅副業の求人｜Indeed (イン		
6	3位	副業 (パソコン) で月65万稼ぐ		
7	4位	【マイナビバイト】在宅ワーク		
8	5位	おすすめのネット副業35選まと		
9	6位	【タウンワーク】【急募】在宅		
10	7位	副業 - おすすめ在宅ワーク25選		
11	8位	在宅でできる魅力的な副業10選		
12	9位	副業 在宅の求人・仕事｜スタン		
13	10位	求人ボックス｜在宅 副業の仕事		

●ページタイトルの特徴

上位のサイトは、必ずタイトルにキーワードを盛り込んでいます。どんなタイトルだとクリックしたくなるかをチェックしましょう。タイトルを考えるうえでの注意点は、タイトルで煽っても広告主の心証は決してよくならないということです。最悪の場合、提携解除になってしまいます。タイトルはコンテンツ内容に合ったものを心掛けましょう。

●競合サイトの記事内容

以前まではいかにキーワードを盛り込むか、というのがSEOの主流でしたが、最近では**そのキーワードで検索してきたユーザーに対してきちんと答えを返せているか**が求められています。競合に勝つためには、キーワードに対して検索結果にあるサイト以上の答えを出せるコンテンツにすることが大切です。

●競合サイト記事の検索されやすいキーワード

競合サイトの記事がどんなキーワードで検索されているかをチェックします。競合サイトをクリックし、記事内容をチェックしたら、もとの検索結果に戻ります。すると、チェックした記事の下に「他の人はこちらも検索」という枠内にキーワードが表示されます。これらのキーワードも見出しや記事構成を考える際のヒントになります。Sec.37で紹介しているGoogleサジェストキーワードや関連キーワードも参考にしましょう。

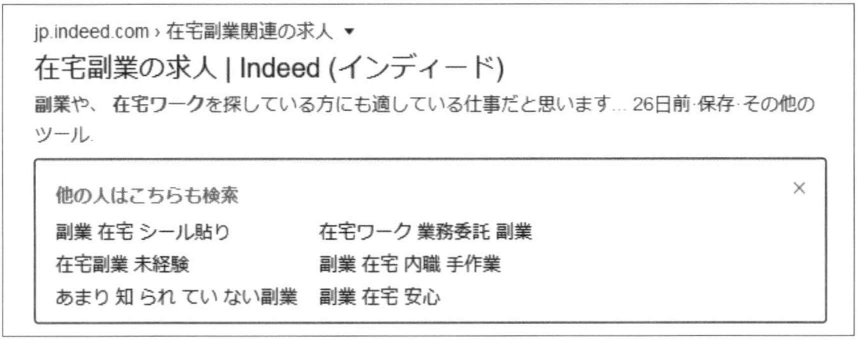

≫②検索意図から必要な情報をコンテンツにする

競合サイトの調査を重ねていくと、ユーザーがどういった意図を持って検索し、どのような情報を欲しているのかが理解できるようになります。記事を書く前に以下の点を設定してから記事の構成を考えましょう。記事の書き方についての詳細は、第3章で解説します。

- **テーマ**
  ターゲットからテーマを設定します。
- **タイトル**
  記事作成が終了したら目に留まりやすい検索タイトルを設定します。
- **ターゲット**
  誰に向かって書くのかターゲットを設定します。
- **検索意図**
  設定したキーワードはどんな検索意図があるのか？　を考えます。
- **書きたいこと**
  何を主張したいのか？　そのためにはどんな情報が必要なのか？　を考えます。

MEMO　競合調査するときは必ず「シークレットモード」で

シークレットモードとは、Webページの閲覧履歴を保存せず操作できる機能のことです。通常通り検索すると、検索した本人の検索傾向を加味した検索結果が表示されてしまいます。シークレットモードにすることで、純粋な検索結果を表示することができます。シークレットモードにするときはショートカットキーを覚えておくと便利です。なお、利用するブラウザによっては「InPrivateブラウズ」など、別の名称の場合があります。

Google Chrome ／ Opera（プライベートモード）／ Microsoft Edge（InPrivateブラウズ）
Ctrl ＋ Shift ＋ N（Mac は Command ＋ Shift ＋ N）
Firefox（プライベートブラウジングモード）
Ctrl ＋ Shift ＋ P（Mac は Command ＋ Shift ＋ P）

第3章

収益を上げる記事の書き方

Section 40

オリジナルコンテンツを作ろう

「自分には趣味も特技もないからオリジナル性のあるサイトなんか作れない」とあきらめてしまうのは早いです。自分には当たり前のことでも、他人にとっては有益な情報ということはよくあるのです。

自分の体験からオリジナル性のあるコンテンツを作る

一口にオリジナル性のあるコンテンツといっても、あまりピンとこないと思います。オリジナルコンテンツとは、誰も思い付かない意外性のあるものを作ろうとか、炎上上等のバズるネタを記事に盛り込もうとかいうことではありません。切り口次第で誰でもオリジナル性のあるコンテンツを作ることができます。たとえば**商品レビューは自分の視点で商品の感想を記事にするので、まさに唯一無二のコンテンツ**です。ワーキングマザー、医療関係者、フリーターといった自分の立ち位置から発信する言葉がオリジナルコンテンツそのものなのです。

筆者は以前インテリアの仕事をしていたのでインテリアに関するサイトを作ろうとしましたが、当初のサイトではショッピングサイトと何ら変わりないことに気付き、運気アップのインテリアや雑貨を紹介するサイトに方向転換しました。また、アフィリエイト初心者であれば、ASP で行われるイベントに参加することをおすすめします。商品を手に取って、担当者から開発秘話を聞くことができます。ほかには、商品を購入し、自分の視点から使い勝手をレポートすることでもオリジナティを出すことができます。

ただし、普通の感想では同じような記事の中に埋もれてしまうのがオチです。あなたの体験や経験を掛け算してあなたの言葉で発することが大事なのです。あなたにしか書けない記事を書いてみましょう。

オリジナルなコンテンツを作るメリットとは？

独自コンテンツを盛り込むことで、サイトの質は格段に上がります。収益化できるサイトになれば、特別報酬が提供されたり、ASP の専属担当者が付いてサポートが受けられたりするようになります。アフィリエイター側から報酬アップの交渉をすることも可能です。ほかにも、商品提供や無償レンタルなど得られるメリットがたくさんあります。

オリジナルコンテンツを備えたサイト例

35-45WOMAN
URL https://35-45.net/

野菜ソムリエの資格を持つ管理人Kさんが運営する35歳～45歳までの女性をターゲットにした情報サイトです。その世代の女性の心をくすぐる絶妙な切り口が光ったサイトになっています。

smile 風水生活
URL https://smilefusui.com/

2006年から筆者が元インテリアコーディネーターという経歴を生かして運営しているサイトです。風水に倣ってインテリアや生活雑貨を紹介しています。

Section 41

商品レビューを書いてみよう

商品レビューは、初心者アフィリエイターでも取り組みやすい分野です。ここでは、商品レビューを書くポイントを解説します。

商品レビューとは？

商品レビューは、実際に購入した商品を試した感想を記事にしたものです。これからアフィリエイトを始めようとする人はいきなり専門サイトを作るより、まずは商品レビューから始めることをおすすめします。

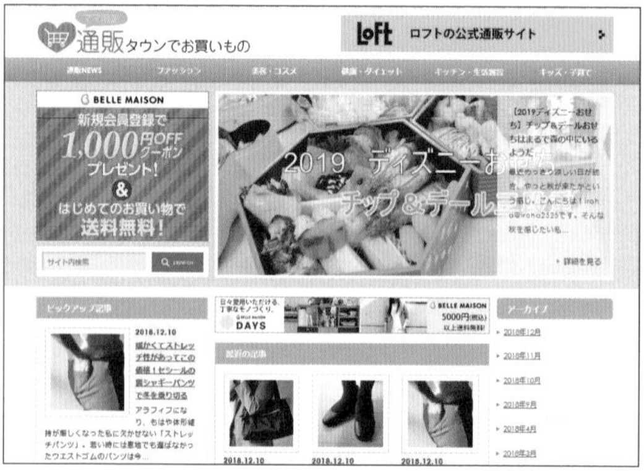

ママ限定通販タウンでお買いもの
URL https://tuhantown.net/

◀ 元通販会社 OL の筆者がママ目線でファッションやコスメ・雑貨を紹介するレビューブログです。

商品レビューを書くポイント

》他人のブログの文章や画像をパクらない

ブログの文章や画像の無断転載は著作権侵害にあたります。Google は Web 上に似たようなコンテンツを同時に表示しないよう対策を講じています。悪質なコピーコンテンツに課せられるペナルティは、コンテンツ削除に留まらず、検索インデックスからの削除、サイト閉鎖などもありえます。盗用されたサイトから損害賠償を請求され、裁判にまで発展する例もあります。絶対にコピーコンテンツはやめましょう。

»いろいろなパターンの写真を撮る

レビューは料理と似ています。素材を生かしてどう調理するかは、あなたの腕次第です。イベントで撮った商品写真や実際に届いたときの開封写真、商品の裏面ラベルなどさまざまな角度から写真を撮りましょう。

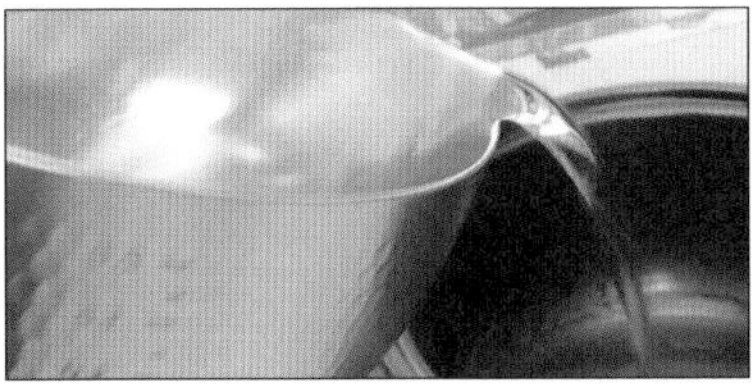
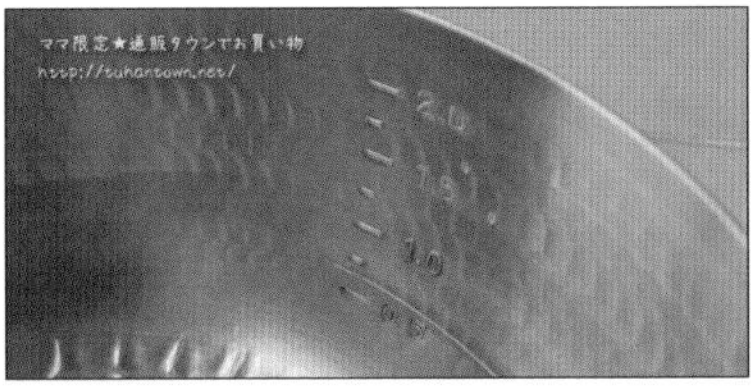

ママ限定★通販タウンでお買いもの「キレキレに注げる！液だれしにくいベルメゾンの雪平鍋」
URL https://tuhantown.net/zakka/ベルメゾン鍋

「ママ限定通販タウンでお買いもの」で液だれしにくい雪平鍋のレビュー記事を作成したときは、流し込んだ瞬間や鍋の内側の目盛りなど、角度の違う画像を掲載しました。

»自分の視点を大切に

これこそ、オリジナリティの真骨頂です。まずは、自分の視点で１つの商品と向き合うことが大切です。バックボーンや今置かれている立場からの発信がユーザーの共感を呼びます。１つの商品でも、フルタイムワーカーと専業主婦では違った視点でのレビューになることでしょう。

ママ限定★通販タウンでお買いもの「中学生の息子、ベルメゾン自分で収納ラックでリビング学習がまだ続いている」
URL https://tuhantown.net/kids/ベルメゾン自分で収納ラック

ランドセルラックを「ママ限定通販タウンでお買いもの」で紹介したところ、成果がありました。リビングにランドセルラックを置くことによる家庭の変化を長男の小学校入学から７年かけて３回書きました。

Section 42

複数の商品を比較したコンテンツを作ろう

比較記事は、購入を決めているユーザーを取り込むことができるコンテンツです。ここでは、比較記事のメリットと比較記事作成の手順を解説していきます。

比較記事のメリットは？

購入直前の見込み客を取り込むことができるのが比較記事です。有名サイトでは「価格.com」などがあります。「○○＋比較」という検索キーワードで検索する人は、すでに**購入を決めていて、どの商品にしようか検討している段階**なので、収益に結び付きやすいのがメリットです。つまり、購入まであと一歩の段階にいる人の背中を押してあげる効果があるのです。アフィリエイトリンクのある商材どうしで比較すると、さらに成約につながりやすいでしょう。

比較記事の作り方

»①ジャンルを決める

専門サイトであれば、そのジャンルでの比較記事を作成します。雑記ブログであれば、自分のターゲット層に提案しやすいジャンルを決めましょう。比較する範囲は、できるだけ絞ります。なぜなら、絞られたキーワード（複合キーワード）のほうが成約に結び付きやすいからです。

その際、ニーズ調査は必ず行いましょう。狙うキーワードの月間検索ボリュームは必ず調査し、競合サイトをチェックします。ニーズがあり、かつ競合サイトが弱いキーワードが狙い目です。

また、比較する商品点数は多すぎるとユーザーが混乱します。比較対象は３つ～５つまでに留めておきましょう。選択肢が多すぎると、逆に選べなくなり離脱してしまいます。

»②比較の切り口を決める

●ユーザーの属性で比較

たとえばパソコンであれば、初心者向け、ゲーミング向け、大学生向けと属性を変えて提案します。

●メーカーで比較

新商品発表時のタイミングに比較記事を書きます。たとえば、家電やパソコンはメーカーで比較をすることが多いです。機能やスペックで比較するのもアリです。

●部分的に比較

「送料無料」「即日配送」など、急を要するキーワードのように部分的な切り口で比較します。この切り口はマニアックになりがちなので、検索ボリューム数は必ずチェックしましょう。

≫③自分の意見をしっかり入れる

その道の専門家ではない一般ユーザーが比較記事を書く場合、ユーザーに腹落ちさせることが大事です。

・なぜこの商材を選んだのか？
・使ってみてどうだったのか？
・Ａという商品とＢという商品はどこが違うのか？
・なぜＡという商品よりＢという商品がおすすめなのか？

これらの問いに対しての理由付けが非常に重要です。

先輩アフィリエイターの比較記事例 ★★★

≫１つの商材のバリエーション違いで比較した好例

【比較表：全種類】新色続々発売で選びやすくなった！レジカゴリュック
「大量買いもらくらく！　レジカゴリュック」シリーズ（旧名称：レジかご用バッグがスマートに変身！　大量買いもらくらく　ビッグなリュック）は、フェリシモの暮らしの雑貨ブランドKraso（クラソ）で空前の大ヒットになっています！
人気があるので、どんどん新色や新機能が販売されています。

にこにこ館
「【2020年 レジカゴリュック 比較】
レジかごバッグならフェリシモがおすすめ」
URL https://nikoniko-2525.com/felissimo-register-basket-bag/
管理人：にこさん

フェリシモの「レジカゴリュック」という商品のバリエーションの違いで比較しています。他社のレジカゴリュックを選ぶ余地がないほど、しっかりリサーチされています。

Section 43

ランキング形式のコンテンツを作るときのポイント

とかく日本人はランキングが大好きです。ランキング形式のコンテンツは選ぶという行為を楽にしてあげることができます。ランキング記事の作成ポイントを事例を使って解説します。

ランキング記事の目的は選ぶ作業を楽にしてあげること ★★★

何かを選択するときには、迷いが生じます。ランキング記事の目的は、**ユーザーの選択する難しさを楽にしてあげることです**。ランキング記事はユーザーの迷う時間を短縮し、選びやすくすることができます。ランキング記事は切り口次第でいくらでも作れます。なお、ランキング記事の文末では、1位の商品を推すことを忘れないようにしましょう。

≫データなどの数値でランク付けする

データを用いたランキングは、数字さえあればかんたんに作成できます。商品のスペックのような数字で比較するランキング記事は、実際にその商材を使ったことがなくても公式HPを見れば確認できます。数値を使ったランキング記事のメリットは、ユーザーへの説得力が増すという点です。数字は紛れもない客観的事実にもとづいているので、ユーザーに安心感を与えることができます。

海外で使うレンタルWi-Fiでランキングを作る場合の例①

- 国別1日あたり利用料金
- 利用可能データ量
- 対応エリアの数

≫使った感想や口コミをもとにランク付けをする

数値ではなく、使い心地や口コミなどでランキングする場合は、サイト運営者の色が出しやすい部分でもある一方、説得力に欠けるのが欠点です。ランキングするときは、しっかりとした根拠が必要です。「私が選ぶ○○ランキング」でも構いませんが、なぜその順位にしたのか根拠をしっかり書かないと、ユーザーの信頼を失いかねません。星の数で表現するランキング記事の場合、星の数は信用できないと思うユーザーは少なからずいます。その場合は、サイト内で口コミ募集をするなど、しっかりアン

第3章 収益を上げる記事の書き方

ケートを取っているという姿勢を見せなければいけません。

海外で使うレンタル Wi-Fi でランキングを作る場合の例②

- 商品の特徴
- 訴求ポイント
- サポート対応のよさ
- 受取と返却のしやすさ

ランキングサイトの好例 ★★★

共働き主婦のためのハウスクリーニング情報サイト
URL https://rakurakujitan.com/

管理人：みほじ（石田美穂）さん

実際にハウスクリーニング業者を依頼したうえで、働く主婦の目線から依頼すべき業者を紹介しているサイトです。上位ランクの業者であっても残念な点を指摘している点に好感が持てます。

MEMO　特別単価目当てにランク付けしない

広告主や広告代理店から、ランキング１位にしてくれたら特別単価を出すと持ち掛けられる事例があります。アフィリエイター側が特別単価の見返りとして故意に上位掲載をする行為は、ユーザーに誤認させる行為をしたということで名誉棄損の罪に問われる可能性があります。もちろん、同じく広告主側も刑事罰など責任を問われる可能性があります。

Section 44

悩みや疑問を解決できる記事を書こう

人がモノやサービスを購入するときには、何かしらの理由があります。理由の奥底には悩みや疑問があります。ユーザーの悩みや疑問を解決し、コンバージョンに結び付けるためのヒントを紹介します。

人が知りたいのは、「この商品を使って自分がどう変われるか？」

アフィリエイトサイトというと、どうしても「儲けに直結するようなキーワードを入れたい！」と考えがちなのですが、商標や「〇〇激安」のような購買に直結するキーワードは競合サイトが強く、後発だと検索上位表示は厳しいのが現実です。そもそも人が何かを検索するときは、悩みを解決する方法を探ったり、調べものをしたりしているときです。その悩みを解決したいという思いに応えてあげるサイトを作ったほうが、遠回りのように見えて、実は成功への近道なのです。

悩みを抱えている「現実」と、こうなったらよいという「理想」の間にはギャップがあります。**理想と現実の間のギャップこそが「ニーズ」**なのです。人が本当に知りたいのは、商品スペックや内容ではなく「その商品やサービスを使うことによって自分がどう変われるか」です。ギャップを埋めたいというニーズに応えられる記事を書き、商品を提案しましょう。

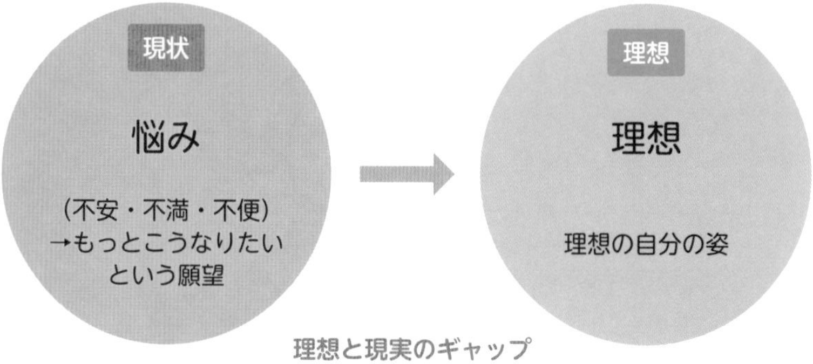

理想と現実のギャップ
＝「ニーズ」

キーワードから悩みや疑問を探る方法 ★★★

①Yahoo！知恵袋などの掲示板サイトから探る

Yahoo！知恵袋（https://chiebukuro.yahoo.co.jp/）や発言小町（https://komachi.yomiuri.co.jp/）に代表される掲示板サイトには、お悩みネタが転がっています。ニーズ調査には打ってつけです。キーワード検索して、どんな悩みがありどんな解決法があるのか調査してみましょう。人から相談を受けた内容もヒントになります。

②マンダラシートで思考を広げる

マンダラシートとは、３×３の９マスの枠で構成されているフレームワークです。思考を整理することができる技法として注目されています。まず中央のマス目にテーマを書き、周りのマスに悩みの種類を書きます。そして外側のマスにその解決方法を書きます。１つの悩みから記事のネタを広げることができます。

マッチングアプリ	相席居酒屋	合コン						
社会人サークル	出会いがない	知人の紹介		理想の相手に出会えない			婚活に疲れてきた	
職場・バイト先	婚活パーティー	結婚相談所						
			出会いがない	理想の相手に出会えない	婚活に疲れてきた			
	相手の気持ちがわからない		相手の気持ちがわからない	婚活の悩み	相手の欠点ばかり目に付く		相手の欠点ばかり目に付く	
			仕事が忙しい	会話が続かない	異性にときめかない			
	仕事が忙しい			会話が続かない			異性にときめかない	

▲ ■がアフィリエイト案件です。思考を広げることで記事のネタが増え商品訴求につなげることができます。

Section 45

記事へのキーワードの盛り込み方

記事を書くときは、必ずメインキーワードを設定したうえで記事構成を考えます。数多くのキーワードをちりばめるのは昔のSEO手法です。現在では、検索意図に合った良質なコンテンツが求められています。

記事へのキーワードの盛り込み方 ★★★

»①サブキーワードを見出しにする

記事のメインキーワードを決めたら、実際にGoogleなど検索エンジンで検索して、複合キーワードを表示させます。たとえば、記事にしたいメインキーワードを「海外Wi-Fiレンタル」に設定し、検索してみたら、「～比較」「～羽田」「～安い」というサブキーワードが表示されます。このサブキーワードで再度検索し、競合サイトを研究しつつ、検索意図を調査しましょう。検索上位サイトを見ていく中でユーザーがどういった気持ちで検索しているのかを調査し、その検索意図から記事の見出しを設定していきます。

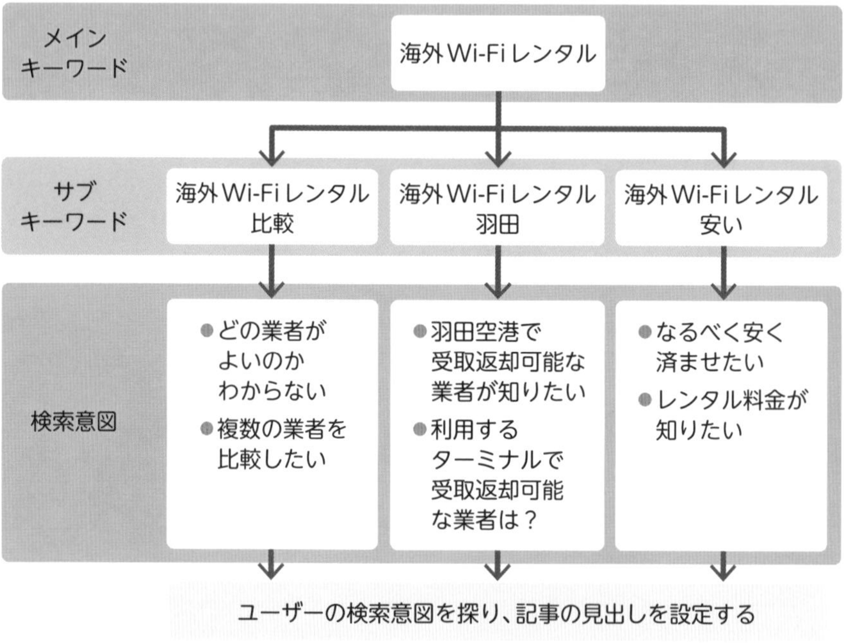
メイン
キーワード
海外Wi-Fiレンタル
サブ
キーワード
海外Wi-Fiレンタル
比較
海外Wi-Fiレンタル
羽田
海外Wi-Fiレンタル
安い
検索意図
●どの業者がよいのかわからない
●複数の業者を比較したい
●羽田空港で受取返却可能な業者が知りたい
●利用するターミナルで受取返却可能な業者は？
●なるべく安く済ませたい
●レンタル料金が知りたい
ユーザーの検索意図を探り、記事の見出しを設定する

≫②検索意図を汲んだコンテンツにする

調査した情報をもとに見出しを設定したら、見出しに対する答えを記事にしていきます。競合調査をしていくうちに、ユーザーがどんな情報を必要としているのかがわかってくるでしょう。上位サイトの内容をそのまま転載したり、似たようなコンテンツを作ったりしてしまわないように注意しましょう。Googleは検索結果に多様性を持たせています。競合サイトの内容をそのままコンテンツにしてはオリジナリティに欠けてしまいます。検索上位サイトの調査は、あくまでも検索意図を把握するためです。新しい切り口のコンテンツを提供することで検索上位を狙えます。金太郎飴のようなサイトは所詮コピーサイトと一緒です。大事なのは、書き手の熱が感じられる唯一無二のコンテンツであることです。

≫③タイトル・見出し・meta descriptionにキーワードを盛り込む

検索タイトルと記事タイトルには、必ずメインキーワードを入れましょう。検索ワードに引っかかるため、見出しと記事の概要にあたるmeta description（P.107参照）にもキーワードを盛り込みましょう。

以前は、どれだけキーワードを記事本文に盛り込み長文にできるかが勝負の分かれ目でした。しかし、現在ではメインキーワードに対して検索意図に合った答えを用意してあげれば、内容がコンパクトでも上位表示を狙えるようになりました。量より質を重視する傾向にあるのです。

⬇キーワードを盛り込む場所

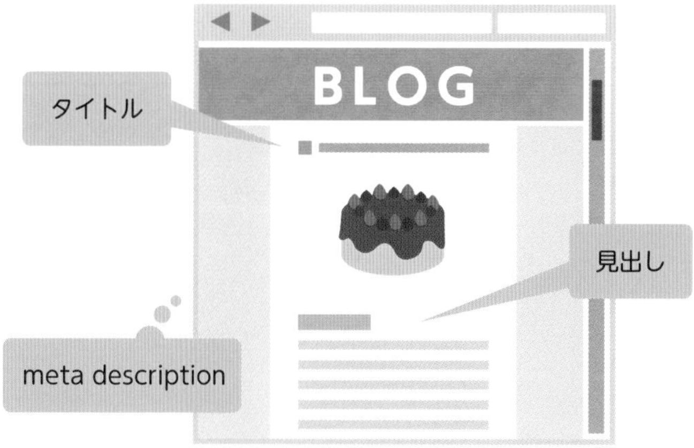

Section 46

記事構成のテンプレート

記事を作成する前に必ず構成を考えておきましょう。ここでは、記事構成のテンプレートとともに、記事作成のポイントを解説します。

記事の構成を考えるときのポイント

①タイトルと小見出しだけで記事内容がわかるようにする

通勤中の車内や家事の合間など、すき間時間で調べものをするときは、ユーザーはタイトルと見出しくらいしか見ません。タイトルと見出しだけで記事の内容がわかるようにしましょう。

まず、記事のメインキーワードを設定したら、仮のタイトルを設定し、記事で狙うキーワードからサブキーワードを割り出して、見出しを考えます。その見出しにもとづいて文章を書き、コンテンツの途中にアフィリエイトリンクを貼って、文末でじっくり商材の紹介をしたら、再度アフィリエイトリンクを貼ります。

商材に興味を持ってもらえるような導線設計が大切です。右ページのテンプレートも参考に、記事の構成を考えましょう。

②文中に画像や表組みを入れる

文章だけの記事は、余程興味がないと離脱されてしまいます。適度に画像や表組みなどを入れてユーザーを飽きさせないようにしましょう。

③適度に改行を入れる

改行することによって格段に文章が見やすくなります。スマホユーザーが多くなってきているので、スマートフォンで確認をしながら改行しましょう。

④タイトルは記事の「命」

最後にタイトルを考えます。タイトルで「この記事読んでみたい！」と思わせなくてはならないので、じっくり考え抜きましょう。

記事構成のテンプレート

［例］キーワード：副業　在宅ワーク

　　　ターゲット：週末だけ副業したいと考えている既婚サラリーマン

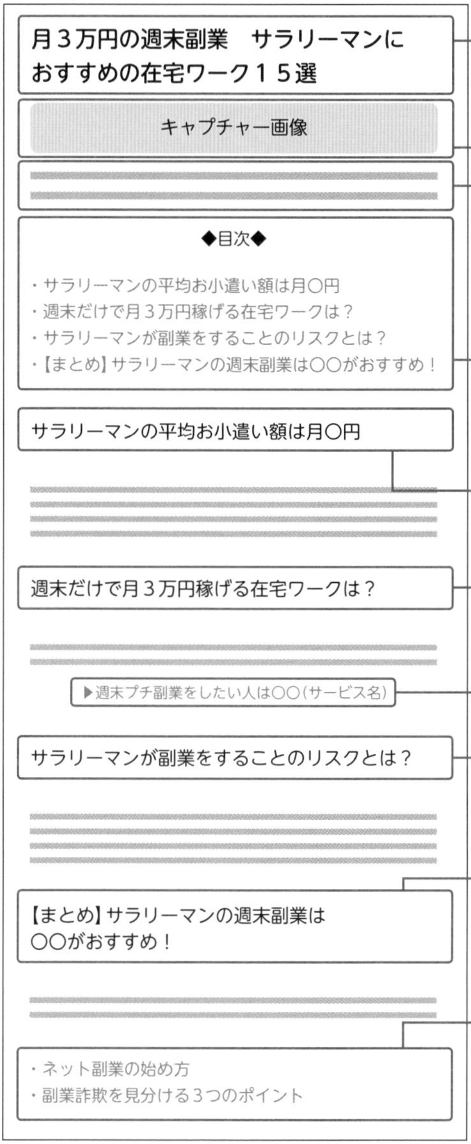

月３万円の週末副業　サラリーマンにおすすめの在宅ワーク１５選
キャプチャー画像
◆目次◆
・サラリーマンの平均お小遣い額は月○円
・週末だけで月３万円稼げる在宅ワークは？
・サラリーマンが副業をすることのリスクとは？
・【まとめ】サラリーマンの週末副業は○○がおすすめ！
サラリーマンの平均お小遣い額は月○円
週末だけで月３万円稼げる在宅ワークは？
▶週末プチ副業をしたい人は○○（サービス名）
サラリーマンが副業をすることのリスクとは？
【まとめ】サラリーマンの週末副業は○○がおすすめ！
・ネット副業の始め方
・副業詐欺を見分ける３つのポイント

タイトル

キーワードを必ず入れます。数字を入れるとよいです。

画像

適度に画像を入れましょう。

リード文

導入部です。こんなことってないですか？という問いかけや記事の簡潔な内容を書きます。

目次

目次はクリックされやすいです。WordPressには、見出しを設定すれば自動で目次が表示されるプラグインがあります。

小見出し１

問題提起をします。

小見出し２

本題とともに商材を紹介します。

アフィリエイトリンク

小見出し３

予想される懸念材料とその不安を解消する方法を紹介します。

まとめ

主張と再度商材を紹介します。アフィリエイトリンクを貼り、キャンペーンなどお得情報があれば追加で紹介します。

関連記事の紹介

サイトから離脱させないために、別の記事へのリンクを貼ります。ほかの記事も見てもらえ、サイト内で回遊してもらえるようにします。

Section 47

テンプレート機能を使って記事を書く時間を短縮しよう

「TinyMCE Templates」というWordPressのプラグインを使って、定型文のテンプレートを作成して、記事に貼り付ける方法を紹介します。

テンプレートを保存しよう

「TinyMCE Templates」は、定型文や案内文などをテンプレート化するプラグインです。毎回 1 から書く手間が省けるので、時短につながります。なお、ここでは 2020 年 7 月時点での仕様で紹介していますが、バージョンによっては表示される画面が異なることがあります。

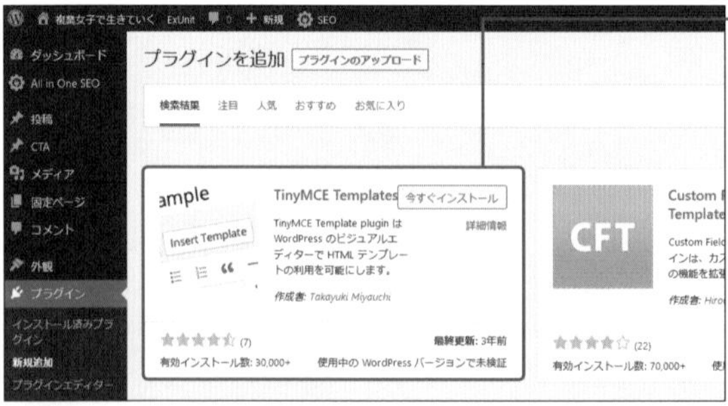

❶ P.69 を参考に「TinyMCE Templates」をインストールし、有効化します。

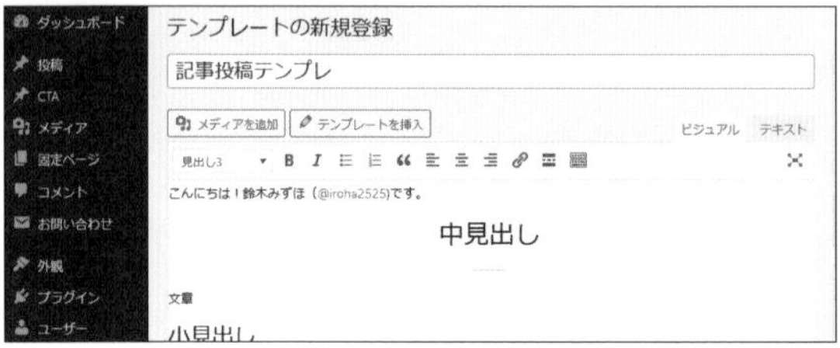

❷ 管理画面で＜テンプレート＞→＜新規追加＞の順にクリックし、テンプレートのタイトルを入力して、Sec.46 を参考に定型文を作成したら、＜公開＞をクリックします。

MEMO　旧スタイルの投稿編集画面のみ有効

「TinyMCE Templates」は、Sec.21 で紹介している WordPress のブロックエディターに適応できないので、旧エディターに変える必要があります。P.69 を参考に「Classic Editor」というプラグインをインストールして有効化し、＜ダッシュボード＞→＜設定＞→＜投稿設定＞の順にクリックすると、「すべてのユーザーのデフォルトエディター」でエディターの切り替えができます。

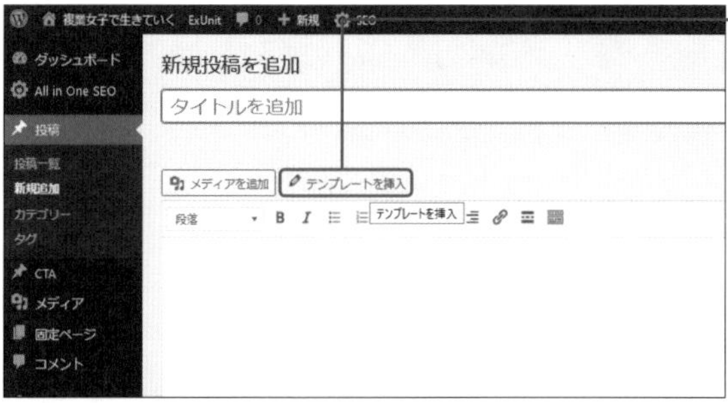

❸ 新規記事にテンプレートを挿入します。<投稿>→<新規追加>の順にクリックし、「新規投稿を追加」画面を表示して、<テンプレートを挿入>をクリックします。

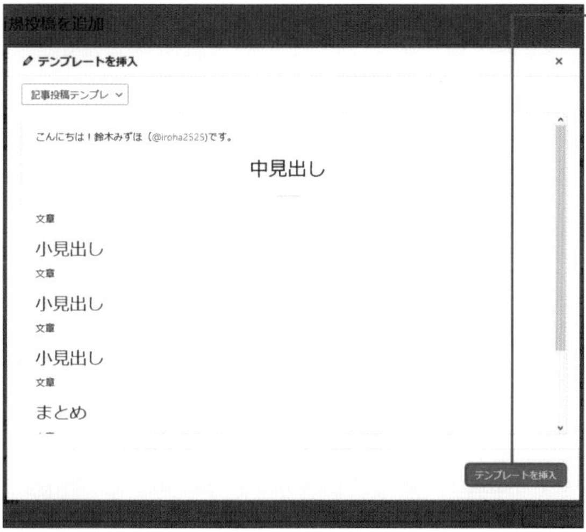

❹ 挿入するテンプレートのプレビューが表示されるので、<テンプレートを挿入>をクリックします。テンプレートが複数ある場合は、左上のプルダウンリストから挿入するテンプレートを選択します。

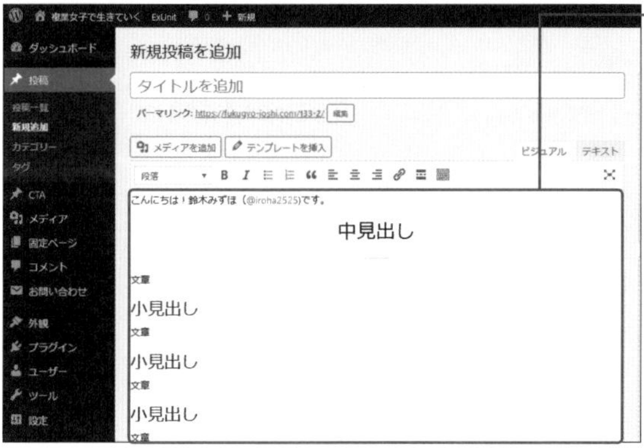

❺ 新規投稿の本文にテンプレートが挿入されます。

このプラグインは、投稿記事作成時の雛形として使えます。投稿内容に応じていろいろなパターンの雛形を用意しておくと、記事作成の手間と時間を省くことができます。

Section 48

質の高いオリジナリティのある記事を作るコツ

オリジナリティとは、独自性のことです。心の底から伝えたい言葉をサイトに寄せるだけでも自分のカラーは出せますが、写真や商品リンクをプラスさせると、さらにオリジナリティのある記事を書くことができます。

思わずほしくなるレビュー記事作成のポイント

≫①見出しだけで記事の中身がわかるようにする

Sec.46で触れたように、いきなり記事を書くのではなく、まずは記事の構成から考えましょう。筆者が心掛けているのは、見出しを読むだけで何について書かれている記事かがわかるようにすることです。商材に興味を持ってもらえるような記事構成にしています。

目次 [非表示]

1 綿混95%だから肌触りとっても優しい！
　1.1 ホットコットの良い点①　綿を95%使用
　1.2 ホットコットの良い点②　薄手で着ぶくれしない
　1.3 襟ぐりが広め。Vネックと合わせてもギリ大丈夫
2 タートルネックから靴下タイツまで69種類展開
3 初回購入に限り送料無料+￥500OFFクーポン付

中見出し1：いちばん伝えたい事
小見出し1～3：中見出しの理由付け（キーワードを入れる）
中見出し2：商品説明と商品展開の広さをアピール
中見出し3：お得情報や購入の後押し

≫②さまざまな角度から写真を撮る

レビュー記事は写真が命です。商品のアピールポイントを見極めたうえで、あらゆる角度から写真を撮りましょう。そして、写真に合った提案や感想を付け加えます。ユーザーがほしがっているのは、商品HPの謳い文句ではなく、使っている人の生の声です。

▲ アップにすることで素材のよさを強調します。

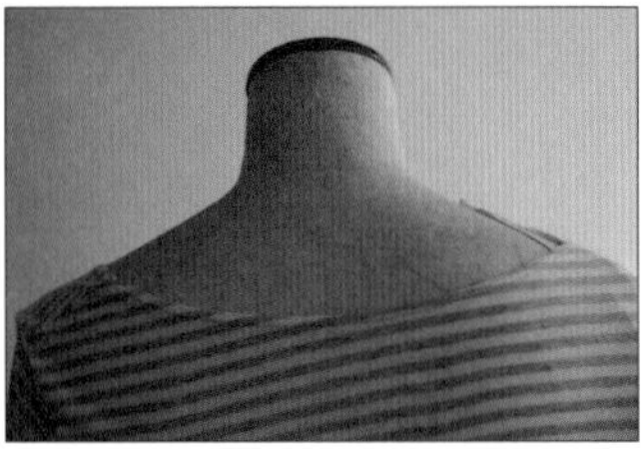

▲ バックの写真で襟元の広さを強調します。

③商品リンクを効果的に使う

例えば、これからさらに寒くなる冬に向けてタートルネックとか。
Hotcott
商品画像リンク
テキストリンク
綿混あったかインナー・タートルネック長袖レディース(もっとあったか・裏ふわ)
通常のホットコットより約0.5℃あたたかい、綿100%のプレミアムとか。
PREMIUM
Hotcott
100%COTTON
商品画像リンク
テキストリンク
あったかインナー・綿100%長袖レディース
いろいろ種類が出ているので是非のぞいてみてくださいね★

ASPや広告主にもよりますが、商品リンクを効果的に配置することによって、商品カタログのように見せることができます。左のWebページでは、商品画像リンクを複数配置することで、バリエーションの多さをアピールしています。クリックすると、広告主のサイトに飛ぶようになっています。ASPでは、広告主サイトに掲載されている画像を使ってアフィリエイトリンクを作成できるツールを用意しています。ツールを提供しているASPとツール名はP.27を参照してください。

④お得情報で最後のひと押し

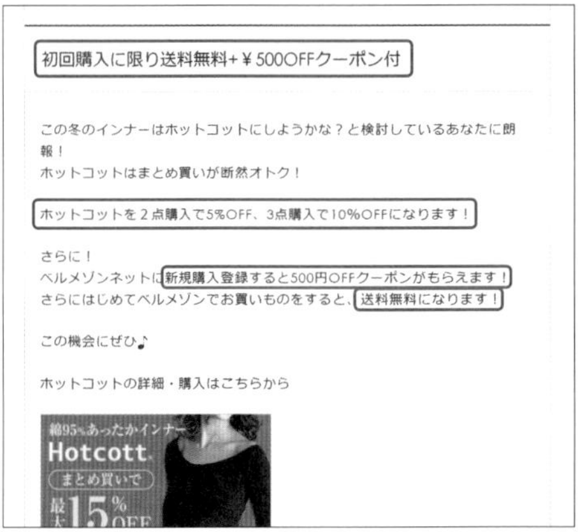
初回購入に限り送料無料+¥500OFFクーポン付
この冬のインナーはホットコットにしようかな？と検討しているあなたに朗報！
ホットコットはまとめ買いが断然オトク！
ホットコットを2点購入で5%OFF、3点購入で10%OFFになります！
さらに！
ベルメゾンネットに新規購入登録すると500円OFFクーポンがもらえます！
さらにはじめてベルメゾンでお買いものをすると、送料無料になります！
この機会にぜひ♪
ホットコットの詳細・購入はこちらから
綿95%あったかインナー
Hotcott
まとめ買いで
最大15%OFF

記事文末には、必ずアフィリエイトリンクを配置します。さらに、お得情報やセール情報を掲載することで、購入への後押しをします。強調文字が多すぎると売り込みの強い文章になるので注意しましょう。

MEMO　メリットだけでなくデメリット面もしっかり書く

商品のメリットばかりを強調しないようにしましょう。「ここは使いにくかったけれど、こんな使い方をしたら使いやすくなった」と弱点をフォローすることで、より使用感が伝わります。

Section 49

写真をきれいに撮影するポイント

人の第一印象は、初めて会った瞬間の3 ～ 5秒で決まるといいます。レビュー記事も然りで、写真1つでほしいかほしくないかが直感的に判断されます。ここでは、商品の魅力をアピールできる写真撮影のポイントを解説します。

写真をきれいに撮影するポイント

≫①撮影スペースを確保する

家の一角に撮影スペースを作りましょう。筆者は、パソコンデスクの隅の一角が撮影スペースです。自然光が入る窓際がベストになります。背景は白い壁紙が望ましいです。映り込みそうなものがあったら撮影前に片付けておきましょう。

≫②曇りの日の自然光がベスト

▲ 蛍光灯の下で食品を撮影すると青みがかった写真になってしまい、美味しさが伝わりません。

曇りの日は絶好の撮影チャンスです。撮影時間は太陽の位置が高い午前中よりも午後にしましょう。なお、照明の下で撮るのはNGです。照明の色が本来の商材の色を消してしまいます。難しい場合は、画像編集ソフトやアプリを使って本来の色に近付くよう調整します。

③斜めのアングルが美しい

斜めのアングルで撮影すると、人物の場合細く見えるというメリットがあります。筆者は、斜めアングルの写真をアイキャッチ画像（タイトルの下にくるメインの画像）にすることが多いです。商材ごとに魅力的に見えるアングルは違うので、正面・斜め・上から・下からとさまざまな角度から撮りましょう。

④小道具を用意する

商品の物撮りをするときに活躍するのが、造花やランチョンマットなどの小道具です。こちらの画像で使用している黒の背景は文房具店で買ったものです。商材の色との相性で配色しています。また、ディスプレイ商品は100円ショップなどで仕入れることもできます。

> **MEMO　画像加工はほどほどに**
>
> レビュー記事は、Instagramなどの SNSに投稿する感覚で加工するいわゆる「写真盛り」はNGです。加工をするなら、明度やコントラスト調整程度に留めておきましょう。過度な加工写真はイメージ違いなどのクレームのもとになるので注意が必要です。

画像を編集しよう

撮影した写真に一手間加えるだけで、オリジナリティあふれる写真に仕上がります。今回は無料で使える「PhotoScape」を使った画像の編集方法を解説します。

画像編集ソフト「PhotoScape」で編集しよう ★★★

PhotoScape は画像管理から編集、画質補正などがかんたんにできる画像編集ソフトです。無料でダウンロードできます（http://www.photoscape.org/ps/main/download.php?lc=jp）。画像編集をするときは、PhotoScape を起動し、<画像編集>をクリックします。編集が終了したら、画面下部の<保存>をクリックし、任意のファイル名を設定して保存しましょう。

◀ PhotoScape

» 画像をトリミングする

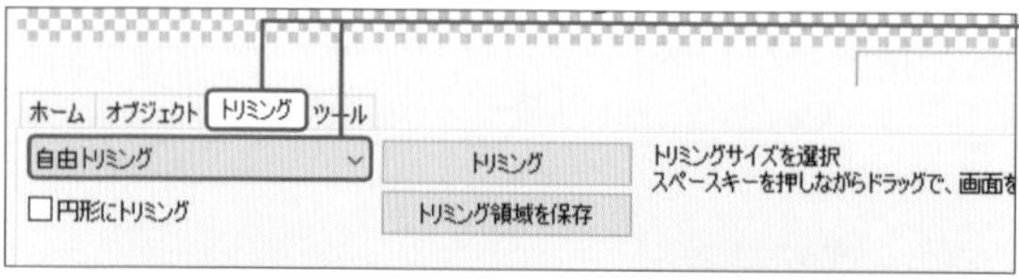

❶ 画面下部のメニューで<トリミング>をクリックし、プルダウンメニューから「自由トリミング」を選択します。

❷ トリミングで残したい部分をドラッグして選択し、<トリミング>をクリックします。

商品提供協力：株式会社ミネラリスト（https://www.bambina365.co.jp）

»画像サイズを変更する

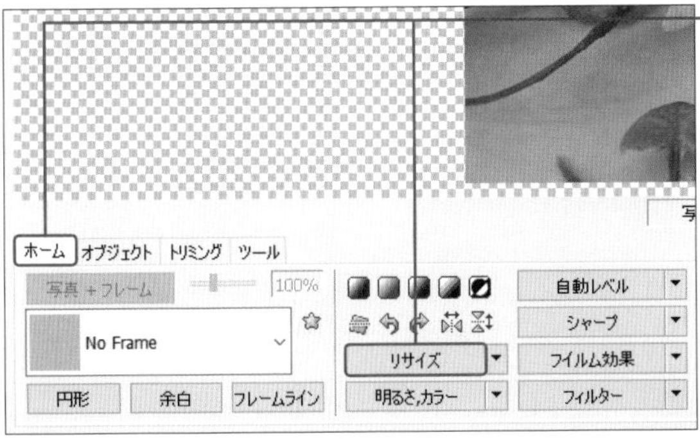

❶画面下部のメニューで＜ホーム＞をクリックし、＜リサイズ＞をクリックします。

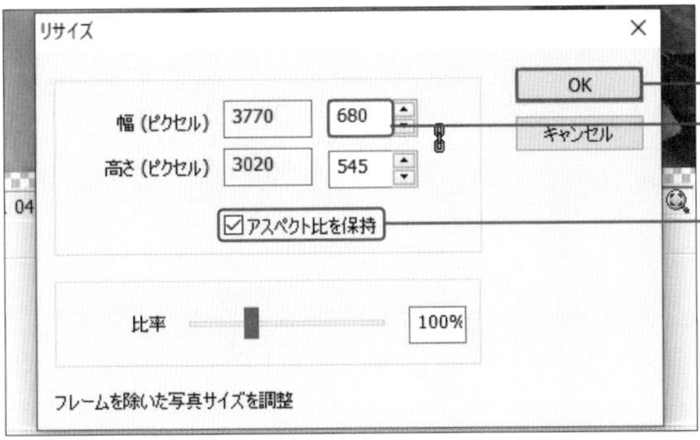

❷「幅（ピクセル）」に希望の数値を入力します。「アスペクト比を保持」をチェックすると高さの比率が維持されるので、「高さ（ピクセル）」は入力不要です。＜ OK ＞をクリックします。

»画像の明るさを補正する

❶「画像サイズを変更する」の手順❶の画面で＜自動レベル＞をクリックすると、画像補正が完了します。

» フレームを付ける

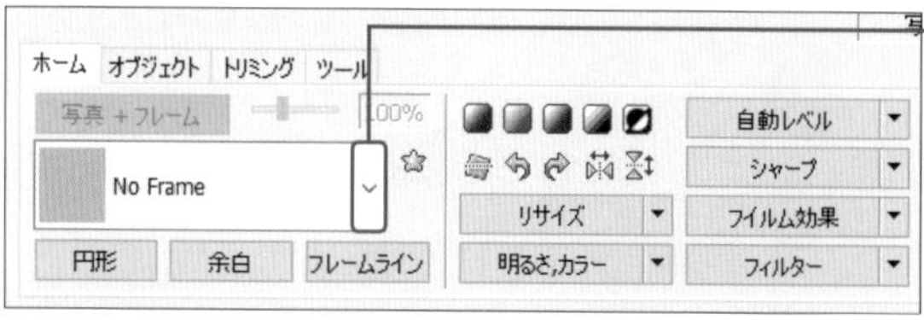

❶P.139「画像サイズを変更する」の手順❶の画面で「No Frame」の隣の下向き矢印をクリックします。

❷さまざまなフレームの名前が表示されるので、希望のフレームをクリックします。

» 文字を入れる

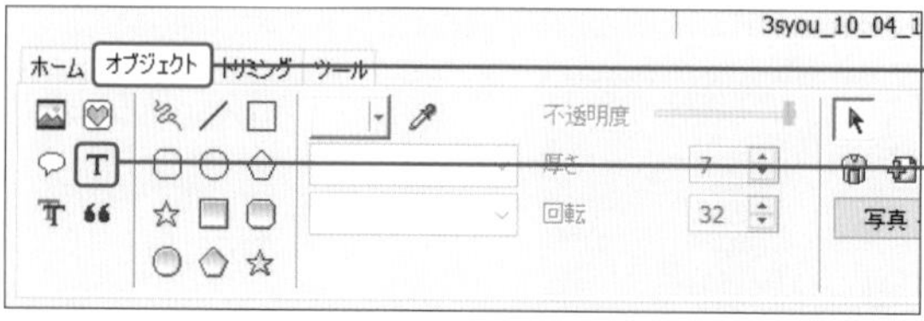

❶画面下部のメニューで<オブジェクト>をクリックし、**T**をクリックします。

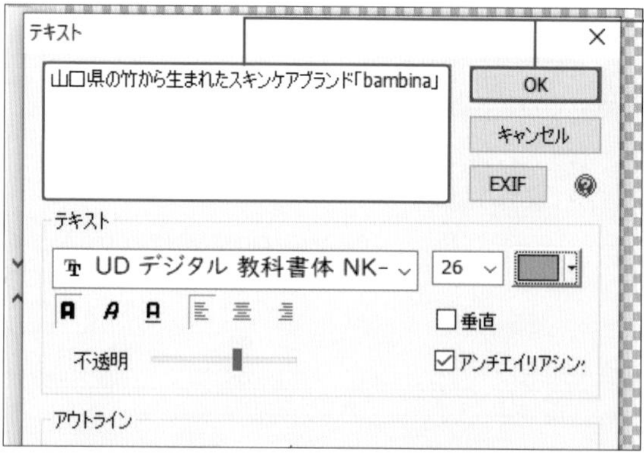

❷文字を入力し、入力が終わったら<OK>をクリックします。同じウィンドウ内では、フォントの種類や文字の大きさ、色などが変更できます。

❸文字の位置はドラッグ&ドロップで移動可能です。何もないところをクリックすると、文字位置が確定されます。

»画像にブログ名とアドレスを入れる

画像の盗用・転載防止のために、画像にブログ名とブログのURLを入れます。この作業はあくまでも本人の希望次第ですが、やっておいて損はないでしょう。ここでは、複数の画像に一括で文字を入れる方法を紹介します。

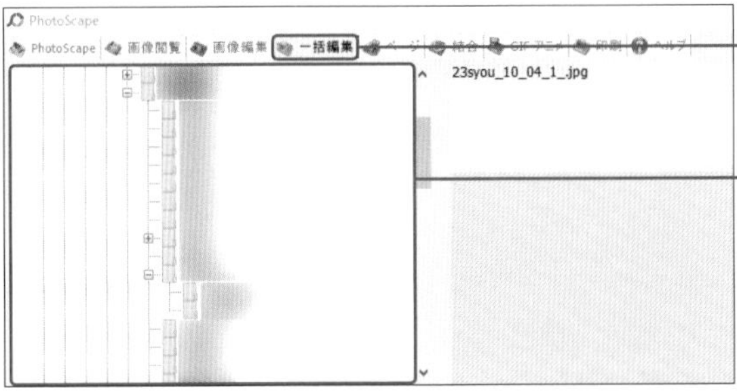

❶画面上部のタブで＜一括編集＞をクリックし、文字入れしたい画像のフォルダを選択します。

❷文字入れする画像をすべて作業スペース上部にドラッグ&ドロップします。

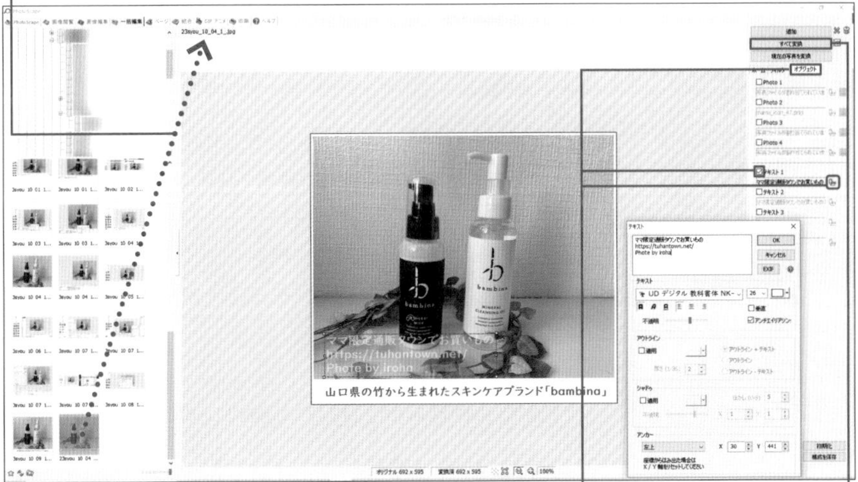

❸＜オブジェクト＞をクリックし、「テキスト1」をチェックして、をクリックします。

❹P.140「文字を入れる」の手順❷～P.141手順❸を参考に文字入力と位置の調整をし、＜すべて変換＞→＜保存＞の順にクリックします。

Section 51

記事に入れる画像の選び方

ネットで商品を売るのに必要なことは、ユーザーに使っている自分をイメージさせることです。ここでは、記事に入れる画像の選び方を解説します。

記事に入れる画像の選び方 ★★★

≫ ①縦長より横長の画像を選ぶ

縦長の画像をスマートフォンで見ると、下方向へのスクロールが長くしまうのでおすすめしません。縦方向に撮影する場合は、上下をトリミングしましょう。ただし、正方形にトリミングしないようにしましょう。Web サイトにおいては、長年横長の写真が使用されてきたこともあり、正方形の画像はユーザーに違和感を与えてしまう可能性があります。Instagram においては正方形の画像がマストですが、Web サイトでは横長の画像を使用しましょう。

≫ ②商材の大きさがわかる画像

商材の大きさを表現するには、**人に商材を持ってもらうのが有効**です。商材を持ってもらうことで、「人が存在していること」が感じられるからです。鞄やリュックサックならば背負ってもらい、ネックレスなら首にかけてみましょう。もちろん自撮りでも OK です。そうすることで、「商品を使っている自分」が想像することができます。イメージさせることが大切なのです。

≫ ③質感がわかる画像

「ふわふわ」「しっとり」「光沢感」などは、ぜひ写真で表現しましょう。質感を表現するには、商材に寄ったアングルでピントを合わせましょう。アップにすることで質感を表現することができます。そして、画像加工ソフトやアプリでコントラストを強めに加工します。

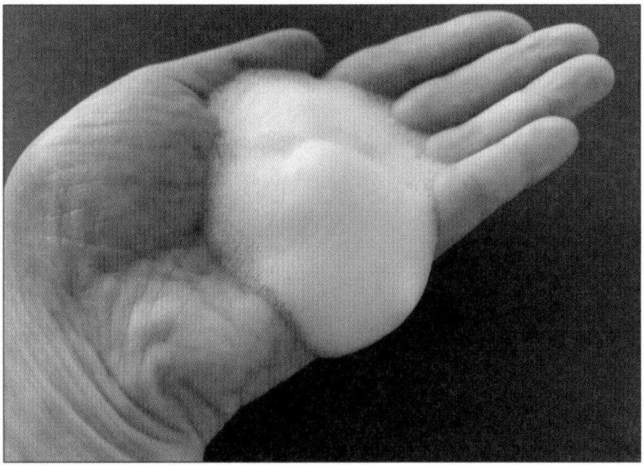

◀ 洗顔フォームを撮るときは、ふわふわの泡が強調されるよう多めの量を手に取っています。

»④パッケージ画像や成分表も載せよう

スキンケア商材の場合、成分表やパッケージ写真も重要になります。化粧品はパッケージ買いするユーザーもいるため、開封前と開封後の写真が必須です。自然派化粧品の場合、成分表を載せることで肌へのやさしさをアピールできるので、しっかり載せておきましょう。

MINERAL
LOTION
MINERAL
MILK

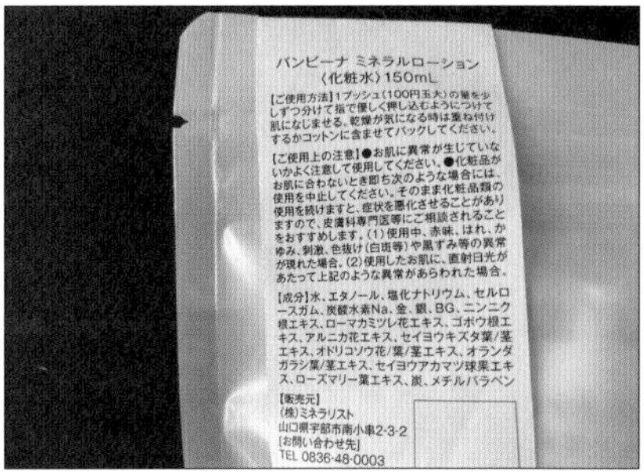
バンビーナ ミネラルローション
〈化粧水〉150mL
【ご使用方法】1プッシュ(100円玉大)の量を少しずつ分けて指で優しく押し込むようにつけて肌になじませる。乾燥が気になる時は重ね付けするかコットンに含ませてパックしてください。
【ご使用上の注意】●お肌に異常が生じていないかよく注意して使用してください。●化粧品がお肌に合わないとき即ち次のような場合には、使用を中止してください。そのまま化粧品類の使用を続けますと、症状を悪化させることがありますので、皮膚科専門医等にご相談されることをおすすめします。(1)使用中、赤味、はれ、かゆみ、刺激、色抜け(白斑等)や黒ずみ等の異常が現れた場合。(2)使用したお肌に、直射日光があたって上記のような異常があらわれた場合。
【成分】水、エタノール、塩化ナトリウム、セルロースガム、炭酸水素Na、金、銀、BG、ニンニク根エキス、ローマカミツレ花エキス、ゴボウ根エキス、アルニカ花エキス、セイヨウキズタ葉/茎エキス、オドリコソウ花/葉/茎エキス、オランダガラシ葉/茎エキス、セイヨウアカマツ球果エキス、ローズマリー葉エキス、炭、メチルパラベン
【販売元】
(株)ミネラリスト
山口県宇部市南小串2-3-2
[お問い合わせ先]
TEL 0836-48-0003

MEMO サイトに使えるおすすめ無料素材サイト

専門サイトは文章の羅列にならないように、適度にイメージ画像を挿入しましょう。筆者がおすすめする素材サイトを紹介します。有料素材はヘッダーなどサイトのメインに、無料素材は記事に差し込む画像に、と使い分けています。

- ぱくたそ（無料）https://www.pakutaso.com
- 写真 AC（無料）https://www.photo-ac.com
- GIRLY DROP（無料）https://girlydrop.com
- Adobe stock（有料）https://stock.adobe.com/jp/

Section 52

成果がアップするアフィリエイトリンクの貼り方

アフィリエイトリンクは数多く貼ればよいというものではありません。文章に溶け込むようにさりげなく貼るのが鉄則です。成果につながるアフィリエイトリンクの貼り方とは、どういったものでしょうか。

成果がアップするアフィリエイトリンクの貼り方とは？ ★★★

» アフィリエイトリンクは極力少なく

「儲けたいからアフィリエイトするんでしょ？」と非難を受けてしまいそうなのですが、**アフィリエイトリンクは記事中に1～2つ、そして文末に1つあれば十分**です。Google Search Consoleの品質に関するガイドラインでは、内容の薄いアフィリエイトの例として以下のように述べています。

> **サイトの大部分がアフィリエイションで構成され、独自のコンテンツやユーザーへの付加価値がごくわずかしか含まれていない商品アフィリエーションのページ。**

出典：Search Console ヘルプ　アフィリエイト プログラム
https://support.google.com/webmasters/answer/76465

広告とわかるものは極力避けたい、と思うのが人間の心理です。そうであれば、リンクをクリックしたくなるような導線を作ることに労力を注ぐべきなのです。右ページの「アフィリエイトリンクの貼り方テンプレート」を参考にしつつ、ユーザーにとって有益かつ良質なコンテンツを作り、さりげなくアフィリエイトリンクを貼ることを心掛けましょう。

» 複数のネットショップのアフィリエイトリンクをまとめて作成する

ネット通販をするときに、「ポイントを貯めたいからA社」「翌日に配送してくれるからB社」と決まったショップで商品を購入することが多いと思います。「カエレバ」ではAmazonやYahooショッピング、楽天市場などのアフィリエイトリンクをまとめて作成することができます。

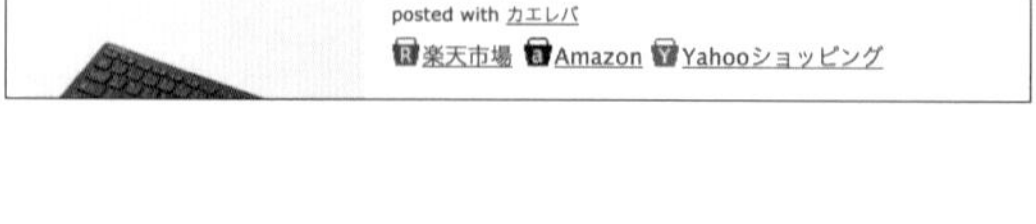

カエレバ
URL https://kaereba.com/
管理人：かん吉さん

アフィリエイトリンクの貼り方テンプレート ★★★

P.131 で紹介した記事構成のテンプレートと併せて、記事作成の参考にしてください。また、広告の配置については Sec.57 でも解説します。

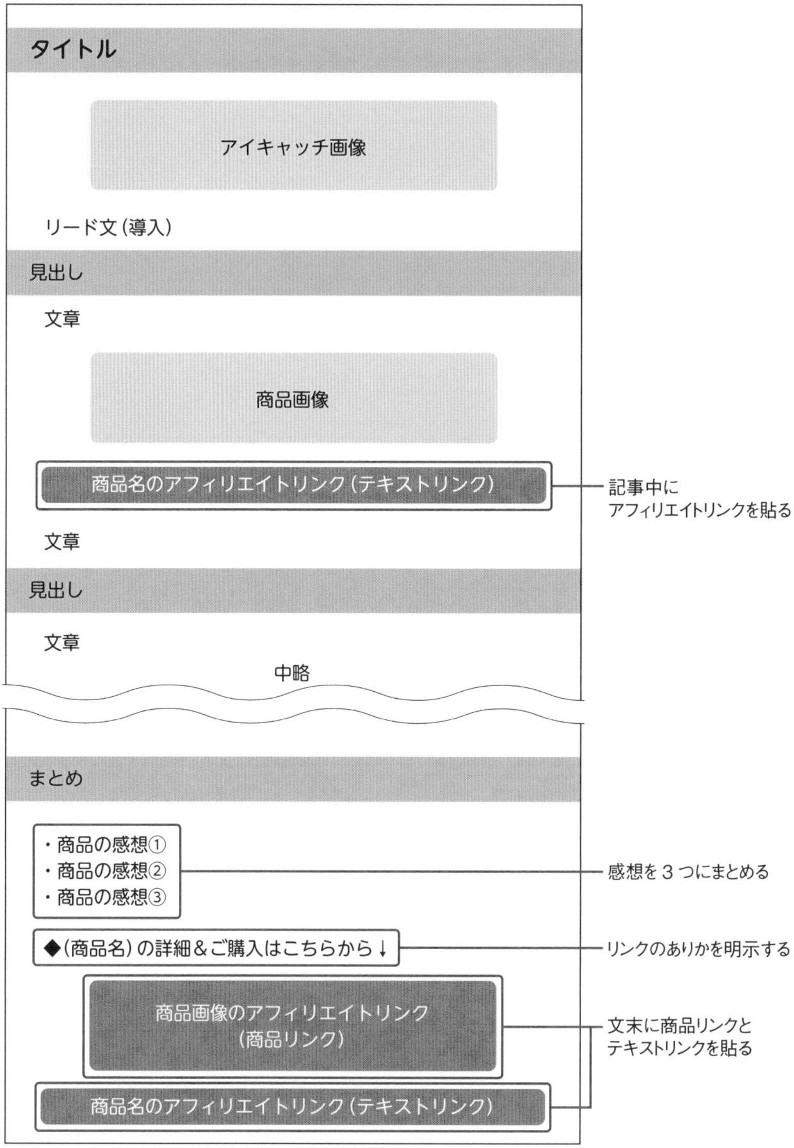

Section 53 アフィリエイトリンクのない記事も書こう

アフィリエイト広告だらけのサイトは、ユーザーだけでなくGoogleからも嫌われます。アフィリエイト色を抑えたサイト作りを目指しましょう。

Google はアフィリエイトサイトが嫌い？！

Google はアフィリエイトリンクが多く、内容の薄いサイトはランキングが低くなると明言しています。

> **アフィリエイト ネットワークのコンテンツを中心に扱っているサイトは、他のサイトのコンテンツと差別化できる程度に十分な独自性のあるコンテンツを持たないため、Google 検索結果でのランキングが低くなることがあります。**

出典：Search Console ヘルプ　アフィリエイト プログラム
https://support.google.com/webmasters/answer/76465

ただし、商品レビューや比較記事など付加価値のあるコンテンツを提供しているサイトは、Google も評価をしています。ユーザーの立場になって考えれば、アフィリエイト広告がベタベタ貼ってあるサイトに訪問しようとは思わないはずです。有益な情報ページを作ることで、サイト全体の評価が高くなります。**実際に収益があるサイトは意外とアフィリエイト広告が少ない**ものです。

また、直接売上にはつながらないけれど、ユーザーがくり返し訪れるページはサイトの信頼度を上げるためにも作っておきましょう。

おすすめは、**お役立ち記事**です。転職サイトであれば履歴書の書き方、ブライダルサイトであれば結納や両家の顔合わせのマナー集などが該当します。売上につながらなくてもユーザーに役立つページを充実させましょう。

お役立ち記事を作成するポイント ★★★

①検索ボリュームが多く、かつ競合が少ないキーワードを狙う

収益化できるキーワードは競合が強くかつ多いですが、収益につながらないキーワードは検索ボリュームが多いキーワードでもライバルが少ないので、集客ができるというメリットがあります。

Yahoo！知恵袋などの掲示板サイトで、自分の扱うカテゴリにはどのような悩みを持っている人がいるのかを調査して、悩みや疑問に答えられる有益なコンテンツを作りましょう。

2018.01.30 2018.08.28
【家相】吉凶を左右する「張り」「欠け」の判断・対策方法とは？
ツイート
シェア
B! はてブ
Google+
Pocket
良くない家というわけではありませんが、欠けや張りのある家も注意が必要です。
風水上欠けは、その欠けている方位のもつ運気のない家、張りはその方位のもつ運気が良きにしろあしきにしろ際立つ家とされています。
張りの場合、その空間をきれいにしておけば、大きな問題はありませんが、欠けの場合、家のバランスを崩すことにも

▲ 筆者サイトでアクセスはあるけれど売上がないお役立ちページ

smile 風水生活「【家相】吉凶を左右する「張り」「欠け」の判断・対策方法とは？」

URL https://smilefusui.com/kasou_kake

②関連記事一覧を必ず入れる

お役立ち記事の文末には、必ず関連記事一覧を配置しましょう。ほかの記事も見てもらうことでサイトの回遊率や滞在率がアップします。アフィリエイト広告が貼ってある記事もさりげなく紹介しておきましょう。

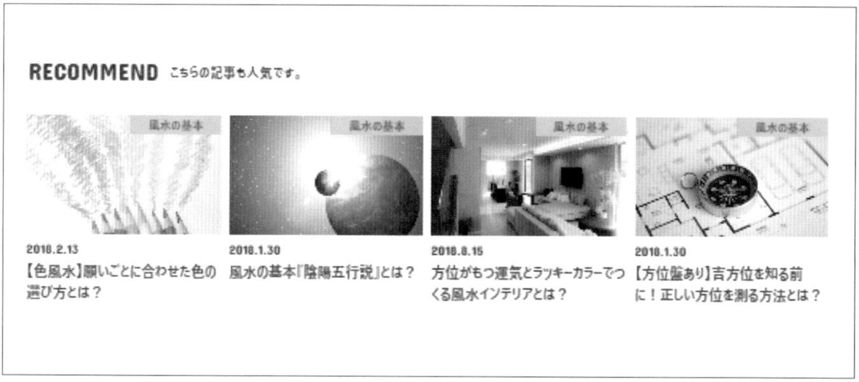
RECOMMEND こちらの記事も人気です。
風水の基本
2018.2.13
【色風水】願いごとに合わせた色の選び方とは？
風水の基本
2018.1.30
風水の基本『陰陽五行説』とは？
風水の基本
2018.8.15
方位がもつ運気とラッキーカラーでつくる風水インテリアとは？
風水の基本
2018.1.30
【方位盤あり】吉方位を知る前に！正しい方位を測る方法とは？

▲ 関連記事一覧の例

Section 54

プロフィールを記載しておくことも重要

SNSの台頭で、これからは個人がよりクローズアップされることでしょう。自分らしい発信をするために、プロフィールページを用意しておきましょう。

ブログのプロフィールは重要 ★★★

プロフィール
名前
iroha（いろは）
生年月日・出身
1972年生まれ　生まれも育ちも埼玉県さいたま市
このブログについて
「シンプルで高品質なもの」という私の買い物ポリシーに基づき、自分がいいと思った商品だけを紹介しています。
通販のセール情報や通販で話題になったものなど旬の情報も随時掲載。
大好きなインテリアや時短家事などのママに向けたライフスタイル情報も提供していきます。

ママ限定通販タウンでお買いもの「プロフィール」
URL https://tuhantown.net/profile

ブログは書いている人が主体になるので、プロフィールをしっかり書きましょう。プロフィールページは意外と見られています。

筆者のプロフィールでは、生い立ちや経歴、憧れの人、好きなこと／嫌いなことなどを載せています。コンテスト受賞歴もあれば載せておきましょう。プロフィール写真は、イラストでも OK ですが、人の記憶に残ることが大事なので写真をコロコロ変えるのは止めましょう。

そして、Twitter、Instagram、Facebook など SNS のアイコンはブログの写真で統一します。ただし、ネットストーカーの心配もあるので、個人情報の取り扱いには注意が必要です。

プロフィールでその道の専門家だとアピールできる ★★★

サイトは情報が主体なので、ブログほどプロフィールは重要視されません。とはいえ、サイトで取り上げているジャンルの専門家であれば、しっかりアピールをしておきましょう。**専門的なコンテンツほど誰が書いたコンテンツなのかが重要になってきます。**

たとえば、医療情報を扱う情報サイトの場合、一般の人が書くのと医師が書くのとでは信頼性が大きく変わります。また、管理人紹介ページがあると広告主側から支援が受けられやすくなります。かんたんでもよいので管理人情報のページは作っておきましょう。

第4章

サイトのレイアウト・デザインのコツ

Section 55

サイトの企画書を作成しよう

サイト作りで最初にやりたいことは、サイト企画書の作成です。ここでは、実際に作ったサイト企画書を例に、どういった内容を設定すべきかを解説します。

サイト企画書を作る理由 ★★★

サイト制作をする前に必ず企画書を作成しましょう。企画書は、サイトの羅針盤にあたります。方向性が定まっていないと、誰にどんな情報を提供すべきかということがブレてしまいます。サイト企画書は、ミニサイト職人として活躍している和田亜希子さんのセミナーで作った内容をもとにしています。P.152 ～ 153 に実際に制作した当時の企画書を掲載したので参考にしてください。

参考書籍：和田亜希子「ほったらかしでも月 10 万円!ミニサイトをつくって儲ける法」日本実業出版社 , 2016.

サイト企画書に入れるべき項目 ★★★

❶テーマを決める	●テーマを決める ●商材の有無を調査 ●競合調査 ●商材を設定
❷プラン作成	●コンセプト設定 ●ターゲット設定 ●タイトルを決める ●キーワード（H1）設定 ●サイトの内容を決める ●制作スケジュールを設定 ●メニュー・カテゴリ設定

Sec.06 のサイト制作工程の「①テーマを決める」と「②プラン作成」を企画書にしてまとめます。

» サイトタイトル

以前までのサイト制作では、サイト名に狙うキーワードを入れるのが主流でした。しかし、最近では指名検索を狙った覚えやすいサイトタイトルにするサイトが増えてきました。サイト名はコンパクトにまとめましょう。

» サイト説明文

サイトの概要や要約にあたります。メタディスクリプション（meta description）ともいいます。100 文字程度で設定し、必ずサイトで狙うキーワードを入れます。

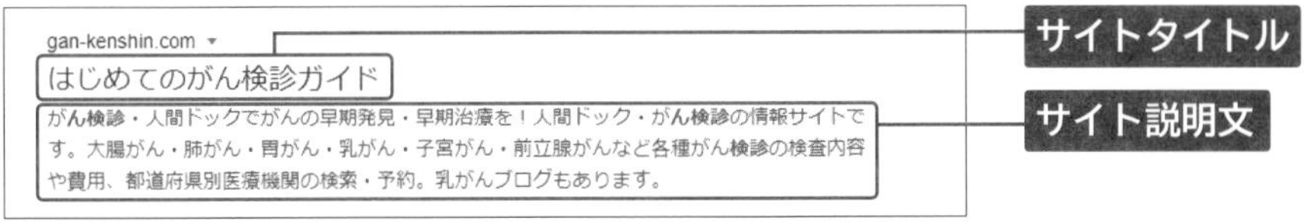
gan-kenshin.com
はじめてのがん検診ガイド
がん検診・人間ドックでがんの早期発見・早期治療を！人間ドック・がん検診の情報サイトです。大腸がん・肺がん・胃がん・乳がん・子宮がん・前立腺がんなど各種がん検診の検査内容や費用、都道府県別医療機関の検索・予約。乳がんブログもあります。
サイトタイトル
サイト説明文

キーワード

サイトで狙うキーワードを設定します。設定したキーワードを軸に、記事のキーワードを設定していきます。

ターゲット

どのような人に見てもらいたいか人物像を設定します。ターゲット設定次第でサイト内容や構成も変わってくるので、ここはしっかり設定しましょう。

サイトの内容

サイトに盛り込みたい内容や方向性、コンテンツのアイデアを書き込みます。公開する内容ではないので、自分にだけわかるように書けばOKです。

サイトの形式

使用するブログサービス／ドメイン／レンタルサーバーを設定します。WordPressの場合、使用するテーマも書き出します。

集客方法

設定したキーワードで検索上位表示を狙うのか、SNSで認知を広げていくのかという集客方法を書き出します。

アピールできる強みと課題

作成するサイトの強みと足りない部分を書き出します。課題が出たらどう補っていくのかもメモしておきます。

設定スケジュール

初めにゴールを先に決め、期間に余裕をもってスケジューリングします。

商材

サイトで扱いたいアフィリエイト案件を書き出します。アフィリエイト案件に送客するのが目的なので、案件に合わせてページを作ることもあります。

サイト企画書の例 ★★★

はじめてのがん検診ガイド　URL https://gan-kenshin.com/

WEBサイト構想プラン

2017/2/15

サイト名

はじめてのがん検診ガイド

https://gan-kenshin.com/

サイトの説明文

がん検診・人間ドックでがんの早期発見・早期治療を！人間ドッグ・がん検診の情報サイトです。大腸・肺・胃・乳・子宮など各種がん検診の検査内容や費用、都道府県別医療機関の検索・予約。がん検診体験ブログもあります。

キーワード

がん検診｜がん検診　予約｜人間ドッグ　予約｜ガン検診　予約

サイトの目的

国民の2人に1人ががんになり、3人に1人ががんで亡くなる時代。
がんで命を落とさないためには「早期発見」は大切。
はじめてのがん検診ガイドでは、がん検診の検査内容を知ってもらい、受診する意味や重要性を理解してもらう。

ターゲット

・30代後半～40代前半の女性
・健康不安がある。または健康に関心のある人
・検診に興味はあるが、忙しさを理由に後回しにしてしまう人
・検診が怖いというイメージを持つ人
・この機会に自分の体を知ろうとする人。

サイトの内容

がん検診に関する疑問はこのサイトで解決できるようにする。がんの治療法の説明は簡単に。
検査についての説明は詳細に。
基本のがん検診（胃・大腸・肺など）以外は人間ドッグを提案する
商標ページも作る。都道府県別の医療機関の検索はアフィリエイトのテキストリンクを作成。
初めは検診のみだが、今後がん保険も取り入れる予定。

サイトの形式

wordpressで作成。「賢威」のテーマを基に制作。

集客方法

「がん検診」でSEOをかけていく。個別ページを強くして、本サイトの増強を図る。
Twitterやfacebookページで更新情報を載せていく。

アピールできる強み

管理人本人が受けたがん検診で、ごく初期の乳がんが見つかり早期発見・治療の重要性がわかった。
実体験に基づいた訴求ができる。
一般的な情報+実体験を盛り込む

初期タスク・課題

医療サイトなので専門用語がある。調べる手間がかかる
新たに得た知識は随時追加していく
医師に監修を頼む

制作スケジュール

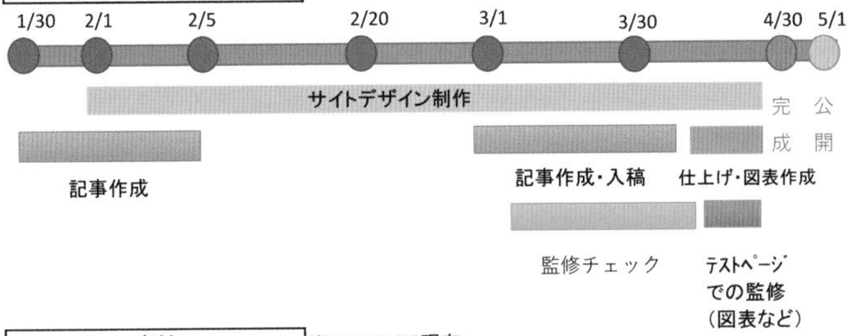

商材 ※2017/1/25現在

EC	ASP	報酬条件
案件A	A8net	初診予約1500円(6万円以下のコース)
		初診予約3000円(6万円以上のコース)
案件B	レントラックス	予約3,300円
案件C	アフィリエイトB	予約8,100円
案件D	A8net	購入10%
(血液検査キット)		
案件E	バリューコマース	2160円 ※マイリンクあり
案件F	バリューコマース	3240円 ※マイリンクあり
案件G	アフィリエイトB	がんパック新規申し込み 2.492円
	felmat(特別単価あり)	ヘルスケアの新規申し込み 5.400円
		ヘルスケア(検査レポートブック付き
		新規申し込み 5.814円
案件H	アフィリエイトB	16.2%
案件I	アフィリエイトB	27%
案件J	アフィリエイトB	108%

Section 56

アフィリエイトサイトに必要な要素とは？

アフィリエイトサイトとして完成させるには、記事以外にも必要なパーツがあります。サイトに必要なページと、カテゴリとメニューの設定、カテゴリの階層、トップページの構成について解説します。

アフィリエイトサイトに入れるべき要素とは？

サイト企画書を作成後、必要な項目を設定します。最低限入れてほしい項目は以下の通りです。

- トップページ
- 個別記事
- 商品レビューやランキングなどオリジナルコンテンツ
- お問い合わせページ
- 管理人プロフィール
- サイトについて
- ブログ内検索
- サイトマップ

とくに、個別記事は、キーワードを設定し、ターゲットと見出しを設定したうえで文章を書き始めましょう。

商品レビューや体験談など、その人にしか書けないコンテンツは、ほかのサイトとの差別化にうってつけです。付加価値を高める意味でもぜひ取り入れましょう。詳しくは第３章でも解説しています。

お問い合わせページは、サイトの窓口になるページなので必ず作っておきましょう。専門サイトであれば、取材依頼を受ける窓口となります。また、メーカーから商品提供依頼を受けることもあります。WordPress では、プログラミングがわからなくてもお問い合わせページをかんたんに作れるプラグインが提供されています。

ブログ内検索は、ユーザーが求めている情報に辿り着くための手助けになります。この機能は、WordPress のほとんどのテーマで標準装備されています。

メニューとカテゴリを設定する ★★★

❷プラン作成

- コンセプト設定
- ターゲット設定
- タイトルを決める
- キーワード（H1）設定
- サイトの内容を決める
- 制作スケジュールを設定
- メニュー・カテゴリ設定

サイトに入れる要素を決めたら、サイトメニューと記事のカテゴリ名を設定します。個別記事には必ずカテゴリを設定します。カテゴリ名設定には2つの方法があります。

»カテゴリ名設定のポイント

①サイトテーマに必要なカテゴリ名を設定する

サイトテーマに必要な情報群をカテゴリ（属性）として設定します。新規サイトを立ち上げる際、あらかじめそのサイトに必要なカテゴリを決め、そのカテゴリ直下に良質なページを作成することで、Google からのサイトの評価を上げることができます。

②検索キーワードを含めたカテゴリ名を設定する

サイトで上位表示させたいキーワードをカテゴリ名に含め、カテゴリ直下に良質なページを作成することで、カテゴリページの検索上位表示が期待できます。

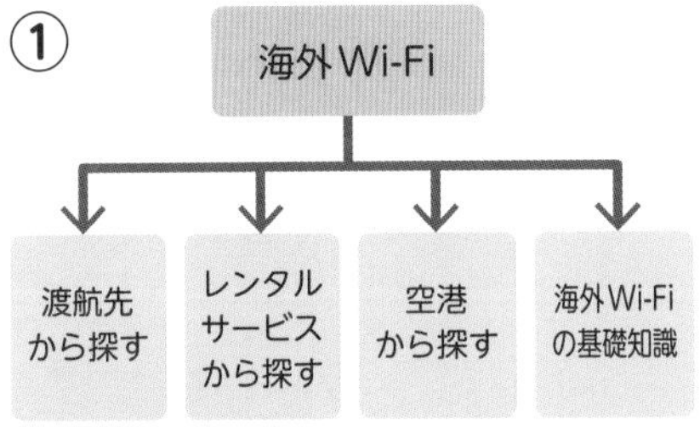

▲ キーワードに関連性の高いカテゴリ名を設定します。

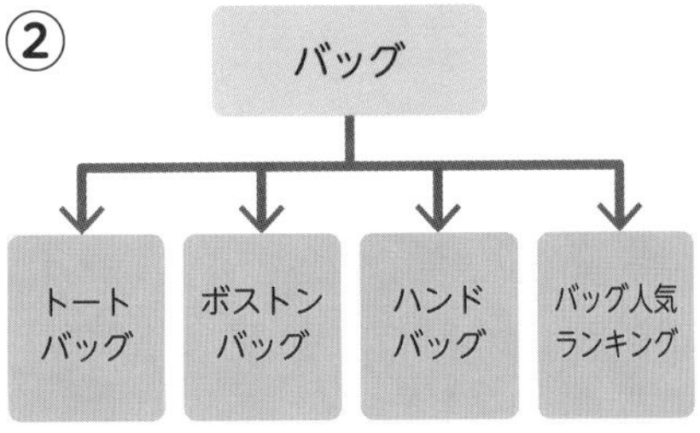

▲ カテゴリ名にキーワードを含めます。

»メニューに設定する項目を決める

サイト上部の「グローバルメニュー」には重要度の高いコンテンツを設定します。サイト下部の「フッターメニュー」にはお問い合わせページやプロフィールなど、サイト運営に必要なページを設定します。「サイドバー」には検索ボックスや広告、カテゴリ、カレンダーなどが設定できます。

カテゴリ階層例 ★★★

サンプルサイト：「はじめてのがん検診ガイド」

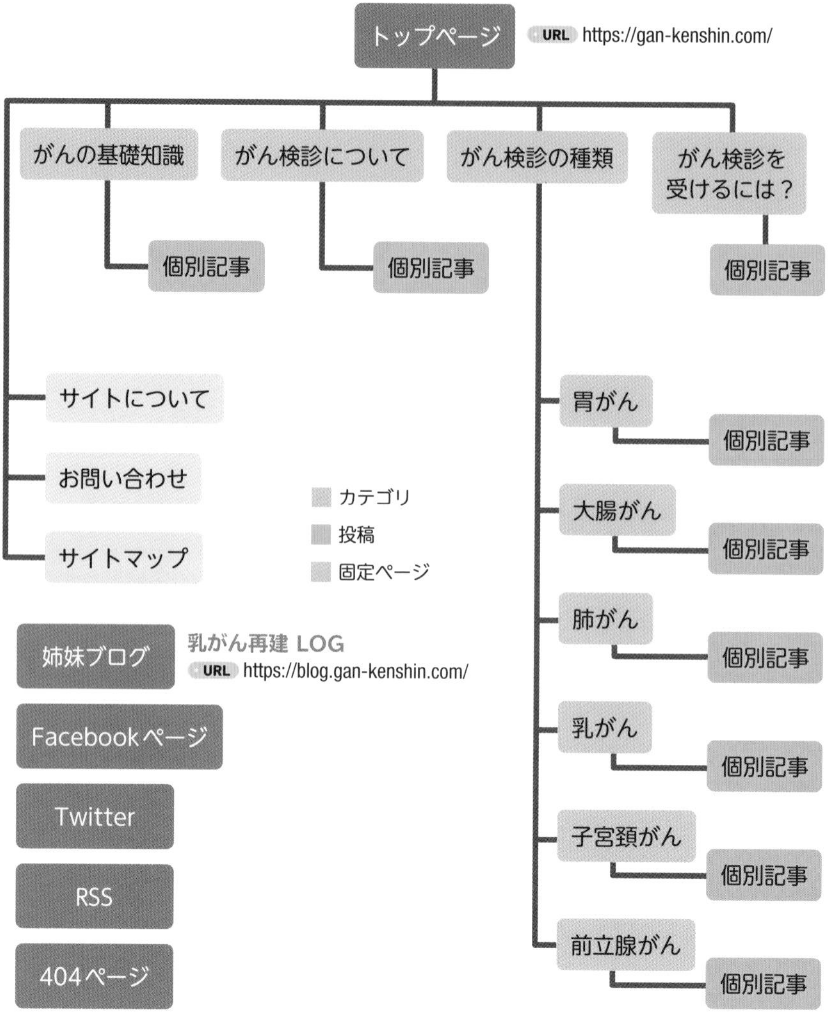

MEMO カテゴリ階層は浅くする

カテゴリの階層が深くなってしまうと、ユーザーを混乱させてしまいます。また、Googleにページが認識されにくくなります。カテゴリは2～3階層までにしておきましょう。

トップページ構成例

サンプルサイトを例にトップページの構成を解説します。WordPress での設定方法も併せて紹介します。

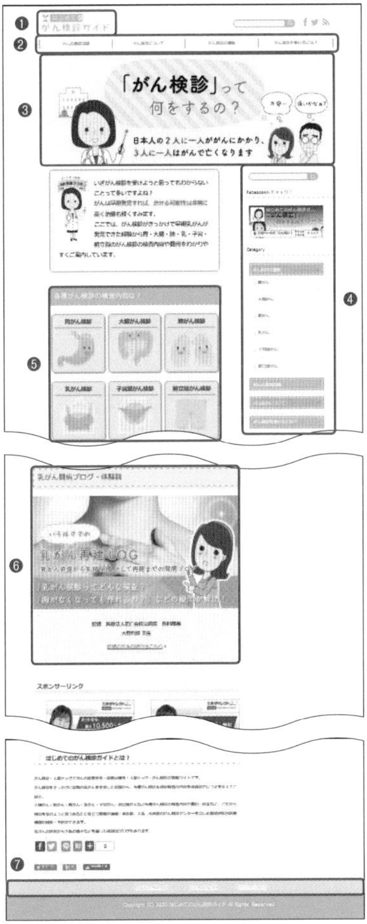

❶サイトのロゴ画像
管理画面で＜外観＞→＜カスタマイズ＞の順にクリックして設定します（テーマが Lightning の場合は＜ Lightning デザイン設定＞をクリックします）。

❷ナビゲーションメニュー
管理画面で＜外観＞→＜メニュー＞の順にクリックして設定します。

❸メインビジュアル
管理画面で＜外観＞→＜カスタマイズ＞の順にクリックして設定します（テーマが Lightning の場合は＜ Lightning トップページスライドショー＞をクリックします）。サイトの内容が一目でわかる画像を選びましょう。

❹サイドバー
管理画面で＜外観＞→＜ウィジェット＞の順にクリックし、ブログパーツを追加して作成します。サイト内検索は「検索」ウィジェットで設置できます。

❺注力するコンテンツ
サイトの上部に注力するコンテンツを設置します。選ぶテーマによってコンテンツの配置は変化します。

❻姉妹ブログのバナー
サンプルサイトでは姉妹ブログ（体験談ブログ）のバナーと監修者名を掲載することで独自性と権威性をアピールしています。

❼フッターメニュー
管理画面で＜外観＞→＜メニュー＞の順にクリックして設定します。

MEMO　1 記事に対しカテゴリは 1 つだけ

サイトテーマを明確にするために、カテゴリ配下に関連したページを置く構造にしましょう。カテゴリと記事の内容は合致させておくのが基本です。目的を持ったユーザーをサイト内で迷わせないことが大切です。

Section 57 必ず配置したい広告の位置

最適な位置にアフィリエイト広告を配置するポイントは、売り込み感をなくすことです。ここでは、最適な広告配置パターンと広告の選び方を解説します。

広告を入れるうえでのポイント ★★★

アフィリエイト広告は、テキスト形式のアフィリエイトリンクがおすすめです。中でも「自由テキスト」は文章が自由に設定できるので、ユーザーがクリックしたくなるような誘導文にすることで、クリック率が高くなります。

広告を記事中盤に配置する

多くのユーザーが記事を最後まで読むというわけではありません。記事中盤で商材に興味を持ってもらえるような文脈になるよう意識し、自然な流れでその直後にリンクを設置しましょう。

第4章 サイトのレイアウト・デザインのコツ

広告配置パターン①

記事直下には自分で文章を入れる「自由テキスト」を配置します。

テキスト広告文言例
・格安沖縄ツアーを探す
・○×サービス　公式サイト
・○×サービス詳細
・成田で受取返却OKの海外Wi-Fiレンタルサービスは○×サービス

▲ テキストリンクは右寄せがおすすめです。ただし、不当なアクセスを誘発するような表現は提携解除となる場合があります。

広告配置パターン②

> 関東一都六県を中心にサービス展開をしている産直宅配サービスの アフィリエイト広告 と アフィリエイト広告 は期間限定で配送料が無料となっています。

文章の中にはASPが用意している「テキストリンク」を配置します。

テキスト広告文言例
・商品名
・サービス名

比較記事での広告配置

比較記事は、さまざまな商品やサービスを比較検討している段階なので、比較表や企業・サービスの紹介文にアフィリエイト広告を配置することで、自然とクリックしてもらいやすくなります。

広告配置パターン③

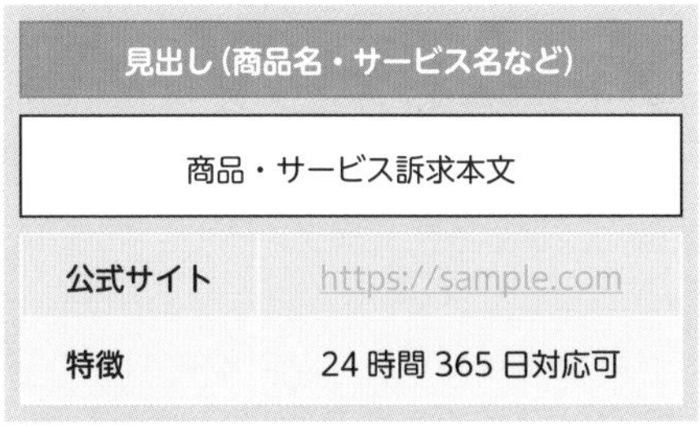

広告文を「https:（http:）」から始まるURLにすると、広告色が薄まります。

広告配置パターン④

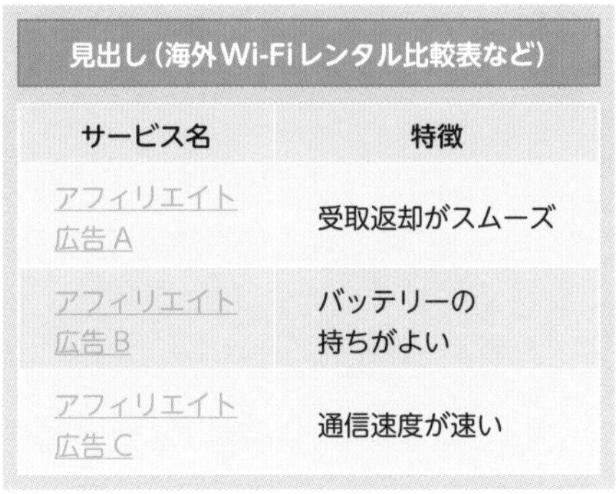

サービス・企業名をアフィリエイト広告にします。バナー広告は、縦に並べてしまうと売り込み感が強くなるためおすすめしません。

記事の最後に配置する

記事を最後まで読んでくれるユーザーは、紹介した商品やサービスに強い関心を持っている可能性が高いです。記事の最後に再度アフィリエイト広告を貼ることで、ユーザーの背中を押してあげる効果があります。

広告配置パターン⑤

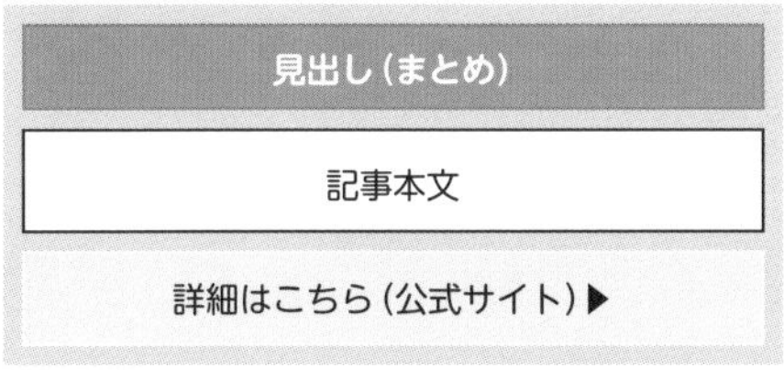

アフィリエイト広告をボタン化すると、広告色が薄まり、非常に効果的です。しかし、ASPによってはアフィリエイトリンクの改変と判断されることがあります。ASP規約に違反していないか必ず確認をしておきましょう。

Section 58

閲覧者が見やすいレイアウトとは?

アフィリエイトサイトは、ユーザーファーストを意識して作成しましょう。必要な情報がすぐに見付かり、ストレスを与えないサイトレイアウトの極意を解説します。

アフィリエイトサイトで用いられるレイアウトの種類 ★★★

» シングルカラムレイアウト

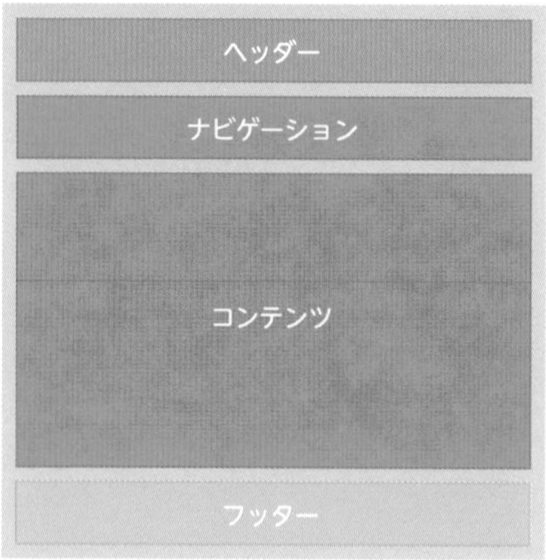

「カラム」とは、「段組み」という意味です。Web サイトを制作する前には、ユーザーにとって見やすいレイアウトにするために、大まかな配置を決定します。

「シングルカラムレイアウト」は、縦長で 1 列に段組みされたレイアウトのことです。**最近では、スマートフォンユーザーが増えてきたため、シングルカラムのサイトが増えてきました。**特定の商品やサービスを売るための「ランディングページ(LP)」でよく使われています。

» 2カラムレイアウト

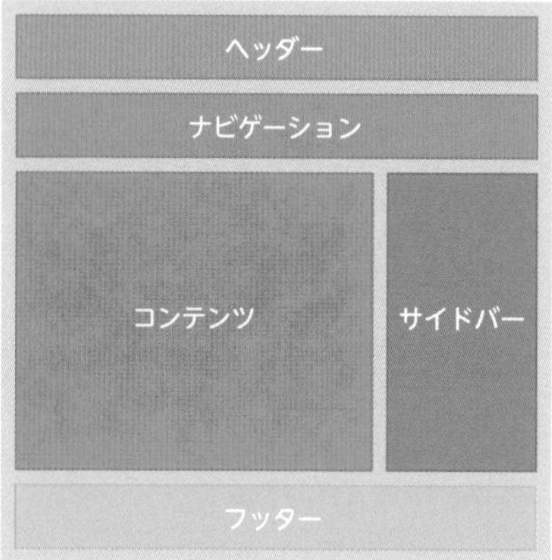

コンテンツの左もしくは右にサイドバーを配置したレイアウトを「2 カラムレイアウト」と呼びます。**サイトにどのようなページがあるかユーザーに把握してもらいやすいのがメリットです。**WordPress のテーマでは、スマートフォンで表示した場合、サイドバーがコンテンツの直下に回り込む仕様になっていることが多いです。

視線の法則を意識したレイアウトにする ★★★

トップページは「Zの法則」を意識する

「がん検診」って
何をするの？
不安…
日本人の２人に一人ががんにかかり、
３人に一人はがんで亡くなります
いざがん検診を受けようと思ってもわからな

「Z の法則」は、トップページのレイアウトに向いています。ユーザーに最初に見られる左上にもっとも重要な情報を配置するとよいでしょう。広告は、中央ではなく右上、左下、右下に配置しましょう。

個別記事は「Fの法則」を意識する

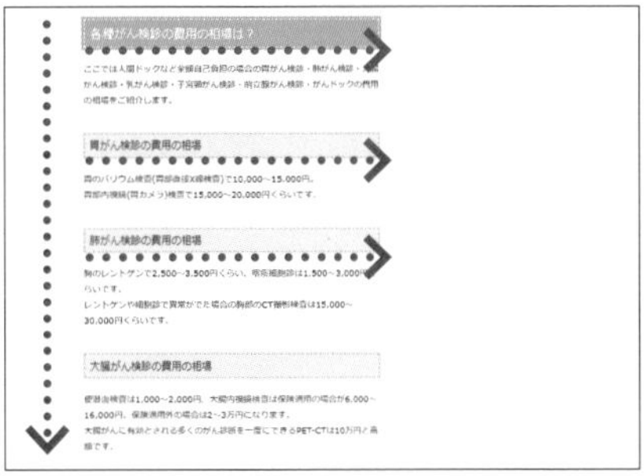
胃がん検診の費用の相場
肺がん検診の費用の相場
大腸がん検診の費用の相場

「F の法則」は、個別記事や商品紹介ページに向いているレイアウトです。ユーザーは、自分の求めている情報があるかを瞬時で判断するため、左端を縦にざっと眺め、気になる情報があれば水平に読み進める傾向があります。

書き出しの文章でいかにユーザーの興味を引くかが重要になってきます。

メニューの項目は多くても 7 つまで ★★★

人間が記憶しやすい数の限界は７つ程度といわれています。ユーザーが目的のページに辿り着きやすくするためにも、メニューの項目は多くても７つまでに抑えておきましょう。

3 ～ 4 行で 1 つの段落にする ★★★

文章を書き進めていると、つい長文に書いてしまいがちです。どこで改行したらよいかわからないのであれば、３～４行で１つの段落になるように意識しましょう。

どうしても文章が長くなってしまいそうなときは、文脈ごとに見出しを入れます。H タグ（見出しタグ）を使った見出しを入れることで、情報がグルーピングされ、SEO 対策にもなります。

Section 59

スマートフォンでも読みやすいレイアウトにしよう

インターネットを閲覧するデバイスは、スマートフォンがパソコンを抜いてもっとも高くなっています。もはや、Webサイトのスマートフォン対応は必須です。かんたんにスマートフォン表示に対応する方法とその注意点を解説します。

スマートフォン未対応のサイトは検索順位が落ちる！？ ★★★

総務省発表の「令和元年度版インターネットの利用状況」によると、端末別インターネット利用率はスマートフォンが 59.5%ともっとも高く、スマートフォンユーザーが Web サイトにとって重要な位置付けとなっています。また、2018 年に Google はパソコン向けページではなく、モバイル向けページを評価の基準にしてインデックスするという施策「モバイルファーストインデックス（MFI）」を実施しました。つまり、モバイル向けページの評価を基準として検索順位が決定されるということです。

スマートフォンに対応していないサイトは、もはや検索に引っかからないという事態も起こっています。これが「スマホファースト」という言葉につながる背景です。

レスポンシブ Web デザインとは ★★★

レスポンシブ Web デザインとは、1 つの HTML ファイルで「パソコン用」と「スマートフォン用」の両方に対応できるデザインのことをいいます。CSS という言語をデバイスごとに用意し、表示の位置や文字の大きさなどを変えることでそれぞれのデザインに対応しています。つまり、Web サイトで書かれている内容は一緒ですが、見え方が違うということです。

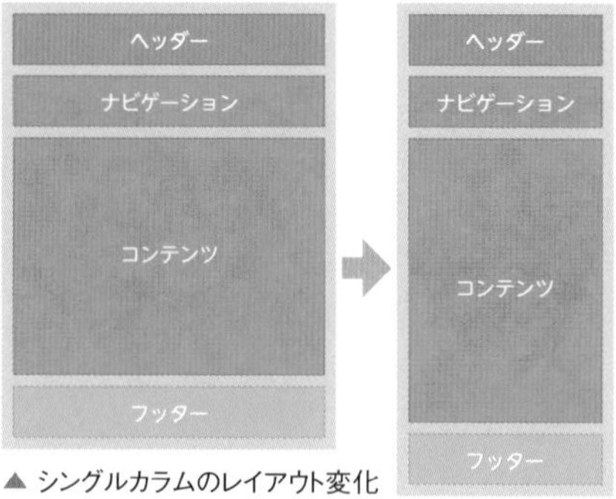

▲ シングルカラムのレイアウト変化

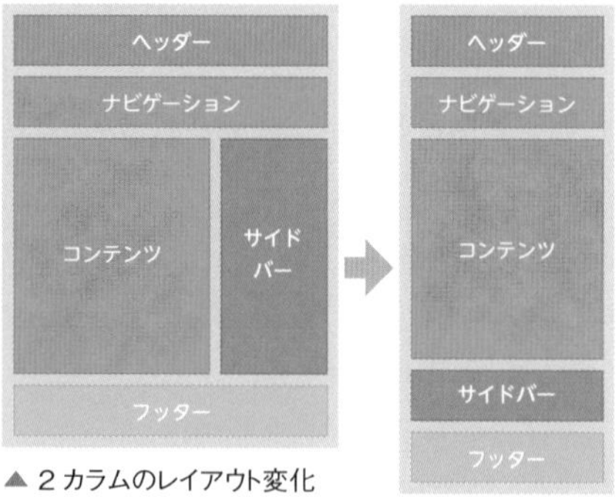

▲ 2 カラムのレイアウト変化

レスポンシブ対応の WordPress テーマを利用しよう ★★★

以前までは、レスポンシブデザインのサイトを作るには、HTML や CSS という Web 言語がわかっていないと作成することができませんでした。しかし、今では WordPress のほとんどのテーマがスマートフォンに対応したレスポンシブ Web デザインとなっています。新規サイトを作る場合はレスポンシブ Web デザインに対応したテーマを利用しましょう。

▲ Lightning（https://lightning.nagoya/ja/）は、レスポンシブに対応しています。

レスポンシブ対応サイトの注意点 ★★★

» 見やすくわかりやすい表示にする

記事を公開したあとは、必ずスマートフォンの画面で確認をしましょう。実際にスマートフォンで表示して、文字が小さくないか、改行は適切な位置にされているかなどをチェックして改善しましょう。ユーザーはさまざまなデバイスから閲覧するので配慮が必要です。

» 画像ファイルは小さく・少なくする

画像が大きいと、読み込みに時間がかかってしまいます。SEO において表示速度は速いほうが有利に働きます。画像ファイルを小さくして容量を少なくするか、ボタンなどで CSS を使いましょう。

» メニューの数を少なくする

スマートフォンの場合、ハンバーガーメニューという画面上部にある横三本線のアイコンをタップしてメニューを表示させます。メニューの項目が多いと画面に収まりきらず、縦にスクロールする手間がかかってしまいます。メニュー表示も多過ぎないようにコンパクトにまとめましょう。

Section 60

サイト配色のポイント

サイトの色を決めるときに大事なのが、商材のイメージと合っているかということです。ここでは、サイト配色の原則と、サイトカラーの選定方法を解説します。

サイト配色のポイント ★★★

サイトの配色を決めるときは、大きな面積を使う「ベースカラー」、ベースカラーを補完する「サブカラー」、サイトの差し色になる「アクセントカラー」を決めます。サイトで使う色をあらかじめ決めておくことによって、デザインに統一感を持たせます。**サイトで使う色は 3 〜 4 色で、ベースカラーとそれ以外の色の割合は 8：2 か 6：4 が使いやすいでしょう。**

ベースカラー（基調色）：白、薄いベージュ、黒、グレーなど、色味のない色や彩度の低い色です。比較的面積の広い背景に使われます。

サブカラー（補完色）：ベースカラーよりはやや鮮やかな色です。ベースカラーを補完する色として使います。

ポイントカラー（強調色）：注意を引く意味合いのある、鮮やかで性格の強い色です。比較的少量使いで全体を引き締める役割があります。アクセントカラーとも呼ばれます。

smile 風水生活
URL https://smilefusui.com/

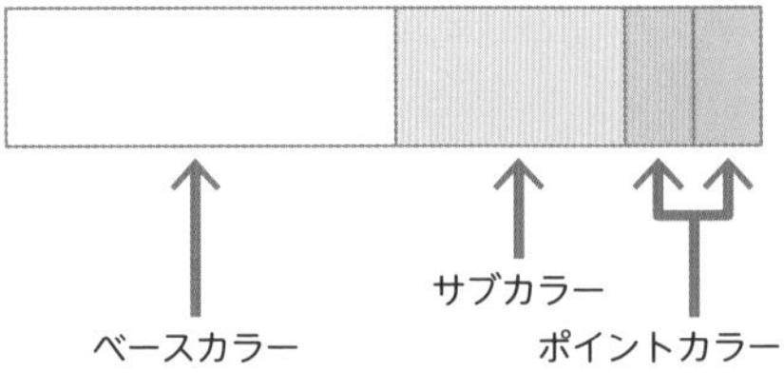

▲ 風水をベースにナチュラルなインテリアや生活雑貨を紹介するサイトということもあり、ベースカラーは薄いベージュ、ポイントカラーは青みのあるグリーンと鮮やかな黄色を選んでいます。

扱う商材のイメージは、サイトの配色を決める際に大切な要素です。商材を決めたらその商材のイメージを書き出し、色を選定していきましょう。

色の種類	色が持つイメージ	どんなサイトに使える？
赤	情熱・パワフル、興奮、元気、盛り上がり、購買意欲を高める	着物、ゲーム、投資、車、人材採用、スポーツ
黄	注意喚起、希望、警告、陽気、好奇心	サービス業、アパレル、プロモーションサイトやランディングページ（LP）
オレンジ	美味しさ、明るさ、さわやかさ、健康的、親しみやすい	子どもや動物のクリニック、レストラン、食品
緑	癒し、優しさ、若々しさ、新鮮さ、安らぎ、ナチュラル、健康	介護、病院、健康食品など幅広い業種
青	信頼感、安心感、冷静さ、シャープさ、清潔感	企業サイト、金融、士業、教育関係

選ぶ色によってサイトの持つ印象が変わります。水を使った商材であれば、青が妥当ですし、淡いピンクならば、赤ちゃんや小さな子どもを連想させます。こうした色が持つイメージを活用し、配色選定をすることが大切です。

また、サイトカラーの設定やデザインを考えるときは、いろいろなサイトを見て参考にするのが、美しい配色にする近道です。色使いだけでなく、コンテンツの配置やページ構成なども参考にしましょう。

ikesai.com
URL https://www.ikesai.com/

◀ Webデザイナー向けのWebデザインリンク集です。業種やカラー別で探すことができます。

Section 61

サイトのヘッダー画像を作ろう

ヘッダーは、サイトを印象付ける重要な部分です。テーマに合った画像を選びましょう。Sec.50でも利用した「PhotoScape」を使ってヘッダー画像を作成する方法を解説します。

画像編集ソフト「PhotoScape」でヘッダー画像を作る ★★★

❶ P.138を参考に「PhotoScape」の画像編集画面を表示し、編集したい画像をクリックします。

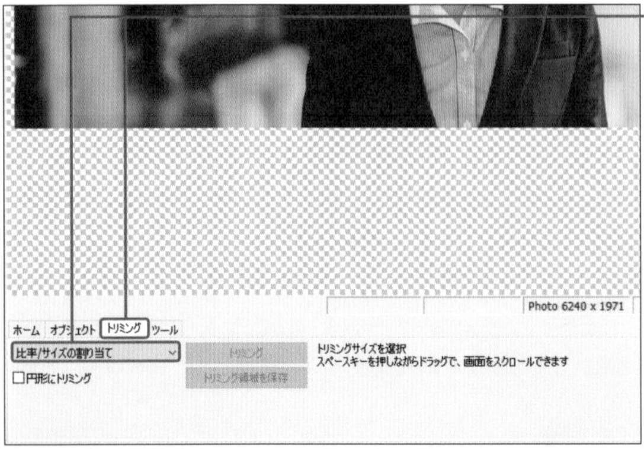

❷ 今回は縦1,900px横600pxの画像を作成します。画面下部のメニューで<トリミング>をクリックし、プルダウンメニューから「比率／サイズの割り当て」を選択します。

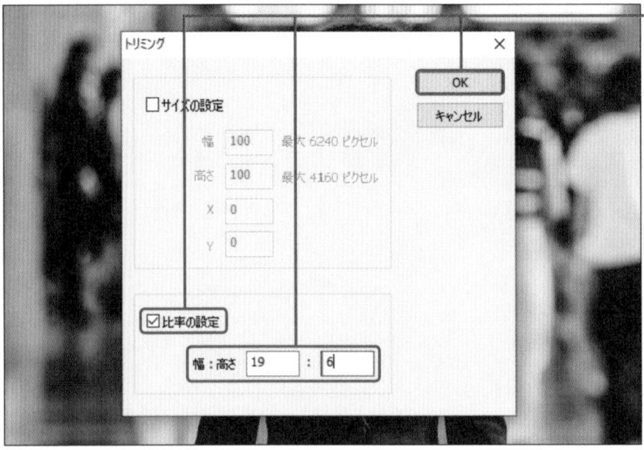

❸「比率の設定」にチェックし、「19：6」と入力して、< OK >をクリックします。

❹トリミングしたい範囲をドラッグして選択し、<トリミング>をクリックします。

MEMO　画像の編集

画像の補正を行う場合は、Sec.50 を参考にしてください。

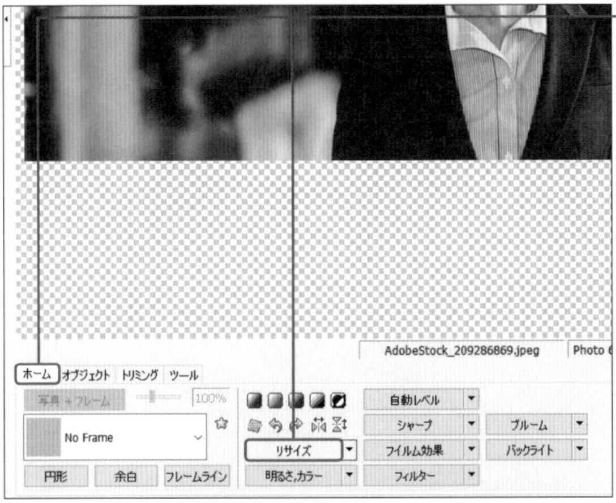

❺トリミングした画像を1,900×600px のサイズに縮小します。画面下部のメニューで<ホーム>→<リサイズ>の順にクリックします。

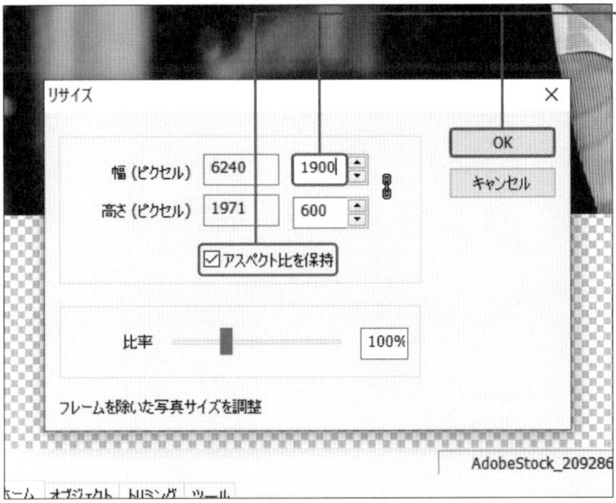

❻「幅（ピクセル）」に「1900」と入力し、「アスペクト比を保持」をチェックして、< OK >をクリックします。

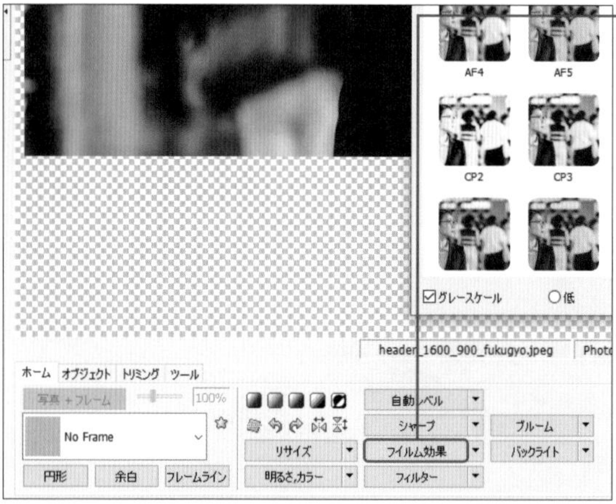

❼ 今回は画像をモノクロに加工します。＜フィルム効果＞をクリックします。

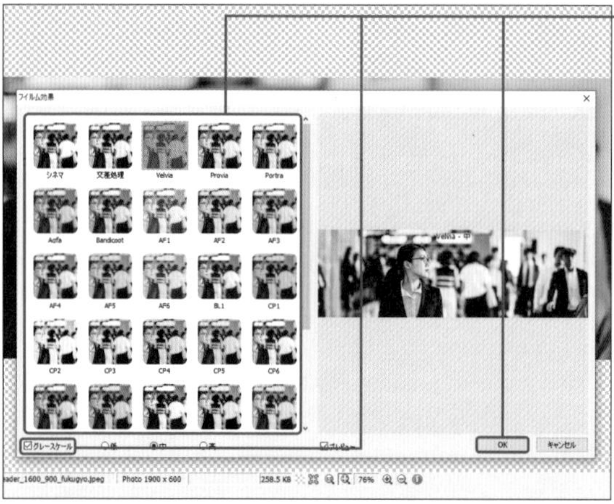

❽ 加工サンプルが一覧で表示されるので、任意のものを選択し、「グレースケール」にチェックして＜ OK ＞をクリックします。

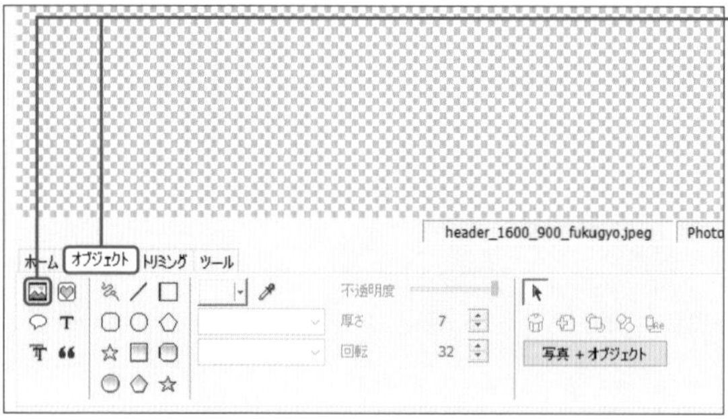

❾ タイトルバナーを挿入します。ここでは、あらかじめ作成していた背景透過済みの PNG 画像を使います。画面下部のメニューで＜オブジェクト＞→ の順にクリックします。

❿ ＜ photo ＞をクリックし、タイトルバナーファイルを選択して＜開く＞をクリックするとヘッダー画像に挿入されます。

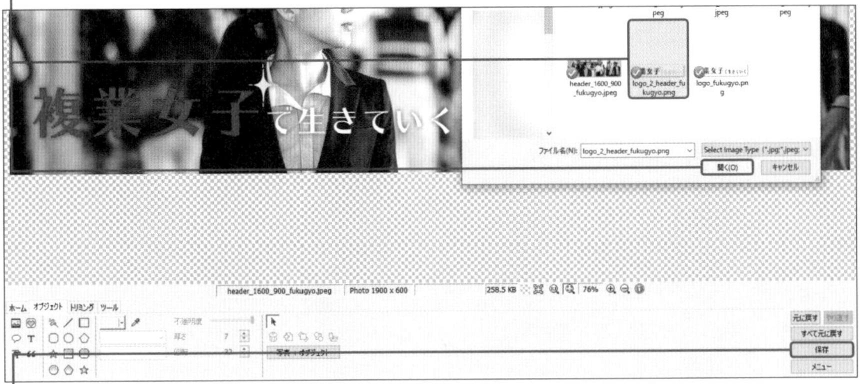

⓫ タイトルを入れる位置を決めたら、画面右下の＜保存＞をクリックして任意のファイル名で保存します。

WordPress にヘッダー画像を設定する ★★★

ここでは、WordPress のテーマを「Lightning」にした場合での設定方法を解説します。

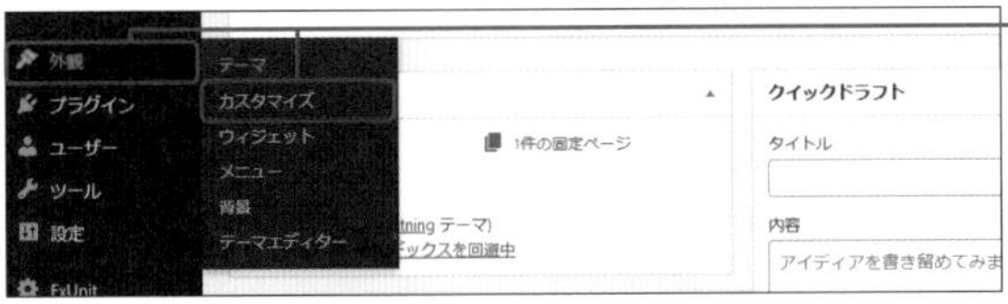

❶ 管理画面のナビゲーションメニューで＜外観＞→＜カスタマイズ＞の順にクリックします。

❷ ＜Lightningトップスライドショー＞をクリックし、「[1] スライド画像」の＜画像を選択＞（もしくは＜画像を変更＞）をクリックして、作成済みのヘッダー画像を選択します。

Section 62

HTMLとCSSとは?

最近ではHTMLやCSSといった言語を知らなくても、ある程度のWebサイトを作れるようになりました。しかし、オリジナル性のあるサイトを作り込むなら、ぜひとも知っておくべき知識です。ここでは、HTMLとCSSの基本を解説します。

HTML とは ★★★

HTML とは、Hyper Text Markup Language（ハイパーテキスト・マークアップ・ランゲージ）の略です。これは、Web ページを構成するための基本的なマークアップ言語です。世の中にある Web ページのほとんどが HTML で作られています。かんたんにいえば、HTML は「ここは見出しですよ」「ここは段落ですよ」とコンピューターに文書構造を教える役目を担っています。HTML ファイルは「.html」という拡張子を付けることで、コンピューターが HTML ファイルだということを認識します。

CSS とは ★★★

CSS とは、Cascading Style Sheets（カスケーディング・スタイル・シート）の略です。HTML が構造を記述する言語であるのに対して、CSS はデザインや装飾を担当する言語です。CSS ファイルは「.css」という拡張子になります。スタイルシートの適用方法は、次の 3 つの方法があります。

- **外部 CSS ファイルとして使用する**
- **HTML の head タグ内にスタイルを記述する**
- **HTML のタグに直接スタイルを記述する**

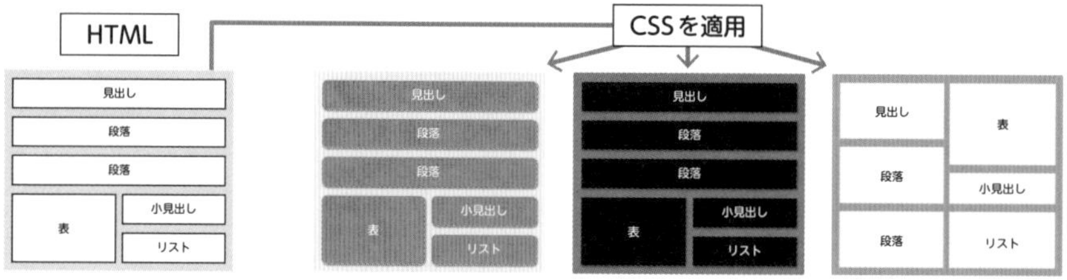

▲ CSS でスタイルが変わっても HTML の文章構造は変わりません。

HTML の文章構造

構造を表す HTML は、入れ子のような文書構造になっています。人間にたとえるなら <html> は存在そのもので、head（頭）があり body（胴体）があるということです。

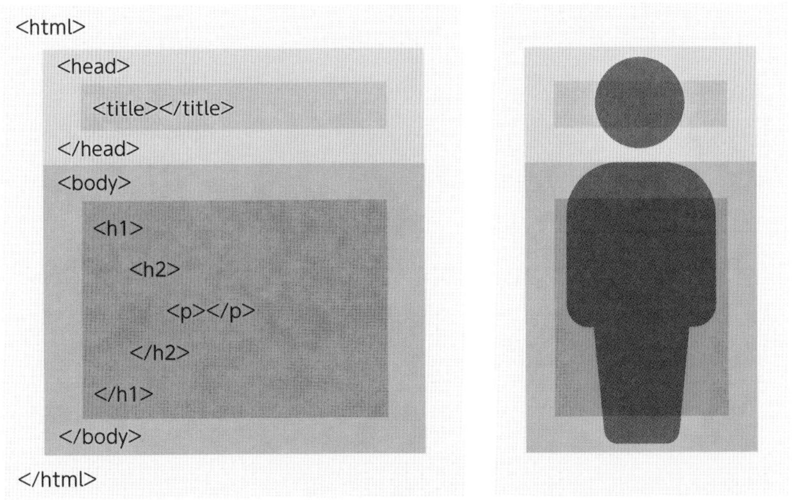

<html> ～ </html>	HTMLで書かれていることを宣言しています。
<head> ～ </head>	文書のタイトルなどメタデータの集まりを表します。
<title> ～ </title>	文書のタイトルを表します。
<body> ～ </body>	文書の内容を表します。
<h1> ～ </h1>、<h2> ～ </h2>	文書の見出しを表します。
<p> ～ </p>	文書の段落を表します。

HTML の基本

HTML は HTML タグと呼ばれるタグを使って記述します。基本的には、＜タグ名＞（開始のタグ）と＜／タグ名＞（終了のタグ）の間に文を挟み、要素と呼ばれるかたまりを作っていきます（例外もあります）。タグの中に別のタグを入れることもできます。

覚えておきたい HTML タグ ★★★

見出しタグ　<h1>～<h6>

<h1> 大見出しのタグ </h1>

見出しはｈタグを使用します。<h1> から <h6> まであり、<h1> は大見出し、<h2> は中見出し、<h3> は小見出しと続きます。見出しの重要度は <h1> → <h2> → <h3> → <h4> → <h5> → <h6> となっています。見出しには関連キーワードを組み込むとよいでしょう。なお、WordPress においては、記事タイトルが <h1> になるので、記事の大見出しは <h2> にしましょう。

<h1>h1 は大見出しです </h1>	→	**h1 は大見出しです**
<h2>h2 は中見出しです </h2>		**h2 は中見出しです**
<h3>h3 は小見出しです </h3>		**h3 は小見出しです**
<h4>h4 は見出しです </h4>		**h4 は見出しです**
<h5>h5 は見出しです </h5>		**h5 は見出しです**
<h6>h6 は見出しです </h6>		**h6 は見出しです**

段落タグ　<p>

<p> 段落のタグ </p>

段落は p タグを使用します。1 つの段落としたい部分を <p></p> で囲みます。

画像タグ　<img>

<img src= "画像ファイルのパス" >

画像を表示させるには、img タグを使用します。img タグは単体で使用せず、必ず「src 属性」とセットで使用します。

記事作成でよく使うタグの使用例

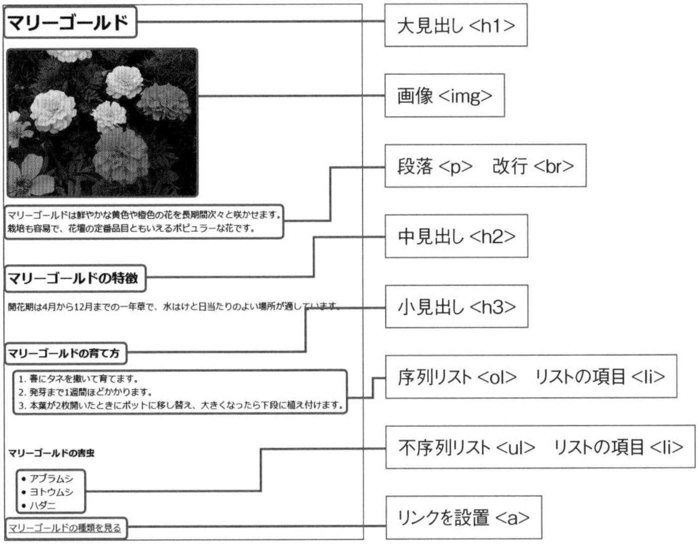

HTML コード

```
<!DOCTYPE html>
<html>
<head>
 <title>マリーゴールドの育て方</title>
</head>
<body>
  <h1>マリーゴールド</h1>
<img src="../images/marigold.jpg">
<p>マリーゴールドは鮮やかな黄色や橙色の花を長期間次々と咲かせます。<br>
栽培も容易で、花壇の定番品目ともいえるポピュラーな花です。</p>
  <h2>マリーゴールドの特徴</h2>
<p>開花期は4月から12月までの一年草で、水はけと日当たりのよい場所が適しています。</p>
  <h3>マリーゴールドの育て方</h3>
<ol>
 <li>春にタネを撒いて育てます。</li>
 <li>発芽まで1週間ほどかかります。</li>
 <li>本葉が2枚開いたときにポットに移し替え、大きくなったら下段に植え付けます。</li>
</ol>
  <h4>マリーゴールドの害虫</h4>
<ul>
 <li>アブラムシ</li>
 <li>ヨトウムシ</li>
 <li>ハダニ</li>
</ul>
<p><a href="/type.html">マリーゴールドの種類を見る</a></p>
</body>
</html>
```

CSSを適用させる ★★★

P.173のHTMLにCSSを適用させます。CSSでは、文字色や文字サイズなどを指定して、HTML文書のデザインやレイアウトを変更することができます。色はWebカラーで指定します。

```
h1 {
font-size:23px;
color:#ff3f00;
margin-bottom: 30px;
}

h2 {
font-size:20px;
color:#009800;
}

p {
font-size:16px;
color:#666666;
line-height:1.5;
}
```

- font-size:23px; → h1の文字サイズ：23px
- color:#ff3f00; → h1の文字色：# ff3f00
- margin-bottom: 30px; → h1の下方向の余白：30px
- font-size:20px; → h2の文字サイズ：20px
- color:#009800; → h2の文字色：# 009800
- font-size:16px; → 段落の文字サイズ：16px
- color:#666666; → 段落の文字色：# 666666
- line-height:1.5; → 段落の行の高さ：1.5（通常の行の高さの1.5倍）

マリーゴールド
マリーゴールドは鮮やかな黄色や橙色の花を長期間次々と咲かせます。
栽培も容易で、花壇の定番品目ともいえるポピュラーな花です。
マリーゴールドの特徴
開花期は4月から12月までの一年草で、水はけと日当たりのよい場所が適しています。

h1とh2の見出しと段落が調整され、ページが変化します。このように、CSSを使うことによって文書にデザイン性を付け加えることができます。

HTMLとCSSは使いこなせるようになると、デザインに幅が出ます。インターネットで検索すれば情報が出てくるので、さまざまな記述を試してみてください。

第5章

ASPとの提携のコツ

Section 63

ASPを選ぶ際のポイント

数あるASPの中からどこを選んだらよいのかがわからない人もいると思います。ここでは、ASPを選ぶ3つのポイントを解説していきます。きっとあなたに合ったASPが見付かることでしょう。

ASPを選ぶポイントは？

①サイトで紹介したい案件があるかどうか

日本アフィリエイト協議会「アフィリエイト市場調査2019」の調査結果によると、広告を選ぶ基準として「企業や商品を紹介する際に重要視すること」という設問に対し、「自分のサイトやブログに合っている（親和性が高い）」「自分が普段利用している商品・サービス」という回答が上位になっています。まずは、多くの先輩アフィリエイターが重視しているように、**自分のサイトのジャンルに合った案件があるASP**に登録しましょう。そして、もし希望する案件があるなら早速提携してみましょう。筆者は主に総合通販商品を紹介することが多いので、必然的に総合通販が集まったASPをメインにしています。

企業や商品を紹介する際に重要視すること

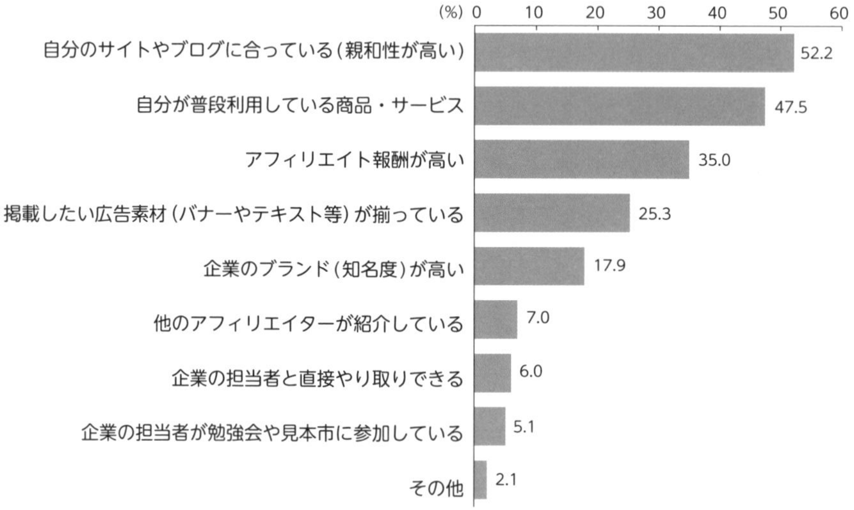

出典：日本アフィリエイト協議会「アフィリエイト市場調査2019」

»②アフィリエイター向けイベントを開催しているかどうか

広告主と直接話せるイベントや勉強会、商品体験会などのアフィリエイター向けイベントを定期的に開催しているASPと提携するのもよいでしょう。なぜならば、これらのイベントは主に初心者アフィリエイターを対象としており、**アフィリエイターを育てようという姿勢**が見受けられるからです。筆者もアフィリエイトを本格的に始めたきっかけはイベント参加でした。実際に商品を手に取って、広告主から得た情報から新しいサイトを作るヒントをもらうこともあります。イベントを通じてアフィリエイター仲間を作ることもできます。

A8Festival 2019.11.16.sat in 大阪
この度はA8フェスティバル2019in大阪にご来場いただき誠にありがとうございました。
アフィリエイトに対するメディア会員様の熱意や好奇心に溢れ、会場は大いに盛り上がりました。
A8フェスティバルはより一層、学び・出会いの集まるイベントとなるよう励んでまいります。
引き続きA8.netをよろしくお願いいたします。
出展広告主ブース数
64ブース
来場メディア数
1,730名（出展広告主、スタッフ除く）
ブース大賞結果発表
当日の様子

▲ A8.netでは「A8フェスティバル」という大規模イベントを定期的に行っています。

»③管理画面が使いやすいかどうか

ASPの管理画面の使いやすさが判断基準になることもあります。アフィリエイト歴が長いほどその傾向は強く現れます。さらに、メインで使うASPを決めて売上を集約させていけば、優良アフィリエイターとして認識され、特別単価の提供やASPの担当者が付くこともあります。

MEMO　優良アフィリエイター限定のクローズドASPがある

完全招待制のクローズドASPでは、参加メディアを厳選している分、オープンなASPでは見られない高単価な案件が多いのが特徴です。クローズドASPと提携するには、自分のサイトを通じてASPから連絡が来る場合と、会員から招待を受ける方法があります。

Section 64

複数のASPと提携しよう

アフィリエイトを始めるときは、ASPと提携する必要があります。初めは複数のASPと提携し、最終的にメインのASPを定めるのが理想です。

第5章 ASPとの提携のコツ

複数のASPと提携し、メインにするASPを決める ★★★

アフィリエイトを始めたら、自分のサイトで扱いたい案件があるASPに複数登録しましょう。さまざまなASPを利用していく中で、自ずと利用するASPが絞られてきます。なお、広告主によって複数のASPを利用するケースもあります。その場合は、メインで利用しているASPの広告を利用しましょう。

メインのASPを決めるメリットは、入金管理が楽という点です。取引先を絞ることによって確定申告の作業が煩雑にならずに済みます。そして、メインのASPに成果を集約させ、ASPが認める成約数をたたき出すことができれば、優良アフィリエイターとして認められ、ASPに特別単価を交渉する際有利に働きます。

ASP一覧 ★★★

ASPには、自社で独自のアフィリエイトプログラムを設定している「独自ASP」と、広告を掲載してもらいたい広告主とアフィリエイターを仲介する「アフィリエイトASP」があります。

独自ASP

ASP	特徴	報酬支払い方法
楽天アフィリエイト	・楽天市場を始め楽天関連サービスの商品を紹介できる。 ・サイトやブログがなくてもアフィリエイトを利用できる（TwitterやLINEなどでアフィリエイトが可能）。 ・楽天会員なら住所や名前の再登録が不要。	・楽天ポイントで支払い。月間3,000ポイントを超える場合は楽天キャッシュ（オンライン電子マネー）で支払い（要手続き）。 ・条件付きで銀行振り込みも可（要審査）。

ASP	特徴	報酬支払い方法
Amazon アソシエイト	・約 5,000 万人のユーザー数を誇る Amazon のアフィリエイトプログラム。 ・商品点数 1 億種以上と豊富。	・現金なら 5,000 円、ギフト券なら 500 円から支払い可。

アフィリエイト ASP

ASP	特徴	報酬支払い方法
A8.net	・広告主数・登録サイト数とも日本最大級。 ・初心者向けのコンテンツが充実。 ・アフィリエイター向け大規模イベント「A8 フェスティバル」やセミナーなどを開催。 ・レポート確認や広告リンクが作成できる公式アプリがある。	・一定額を超えたら成果確定の翌々月 15 日に振り込み。 ・振り込み手数料はアフィリエイター側が負担。
バリューコマース アフィリエイト	・日本で初めてのアフィリエイトサービス。 ・Yahoo! ショッピングなど大手広告主が多い。 ・サイトに掲載されている URL を広告リンクに自動変換する「LinkSwitch」を始め、広告作成機能が充実。	・1,000 円（税込）を超えたら、注文承認月の翌々月 15 日に振り込み。 ・振り込み手数料はバリューコマースが負担。
リンクシェア	・有名大手企業が多いので紹介しやすい。 ・商品レビュー記事を共有できる「リンクシェア・チャンネル」がある。 ・広告主主催のイベントが多いため、アフィリエイターとの距離が近い。	・毎月 1 円から報酬支払い可能。 ・報酬が発生した月の月末から約 50 日後に振り込み。 ・振り込み手数料はリンクシェアが負担。

ここで紹介した ASP の特徴と報酬支払い方法は、2020 年 7 月現在の情報です。規約は変更されることもあるので、ASP を選ぶ際には最新の規約を確認しましょう。

Section 65

プログラムの探し方

ASPにはさまざまなプログラムがあります。提携申請後に審査があるプログラムも数多くあるので、審査に通過できるようにしっかりサイトを作っておきましょう。

サイトテーマによって紹介できる商材の数は変わる ★★★

　サイトのテーマによって紹介できる商材の数は大きく変わります。商材をメインで紹介するか、情報サイトの中で紹介するかで商材の数も変わってきます。

　商材がメインのサイトは紹介できる商材が限られますが、申し込み前提のユーザーを獲得できます。その代わりライバルが多く、アクセスが安定しません。

　一方、情報サイトは申し込みにつながりにくいですが、検索キーワードが広いため、安定した集客が期待できます。商材のバリエーションは広く、その分成約のチャンスが広がります。

扱う商材を「ブライダルエステ」にした場合

●商材がメインのサイト（比較サイトや検索サイトなど）

＜キーワード＞	＜紹介できる商材＞
・ブライダルエステ＋地名	・ブライダルエステA社
・ブライダルエステ＋人気	・ブライダルエステB社
・ブライダルエステ＋相場	・ブライダルエステC社

・深く狭いテーマ　・申し込みにつながりやすい
・ライバルが多い　・コンテンツを増やしにくい
→ 紹介できる商材は少ない

●情報がメインのサイト（結婚準備がテーマのサイトなど）

両家に挨拶 → 婚約指輪購入 → 両家顔合わせ結納 → 会場選び → ブライダルエステ予約

- 両家に挨拶：・スーツ ・セットアップ
- 婚約指輪購入：・ジュエリー
- 両家顔合わせ結納：・レストラン予約サイト
- 会場選び：・会場予約サイト
- ブライダルエステ予約：・ブライダルエステ

＜紹介できる商材＞
・スーツ　・会場予約サイト
・ジュエリー　・ブライダルエステ
・レストラン予約サイト　・レンタルドレス　…

・浅く広いテーマ　・アクセスを集めやすい
・申し込みにつながりにくい　・コンテンツを増やしやすい
→ 紹介できる商材は多い

プログラムの提携申請をしよう

例として、A8.net でのプログラム提携申請の方法を解説します。

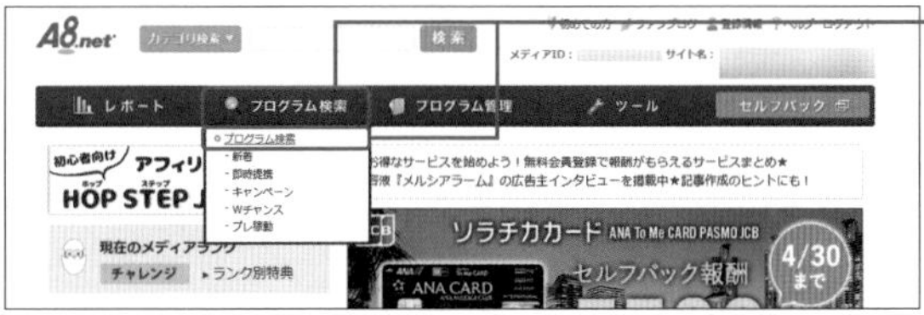

❶ A8.net にログインし、<プログラム検索>→<プログラム検索>の順にクリックします。

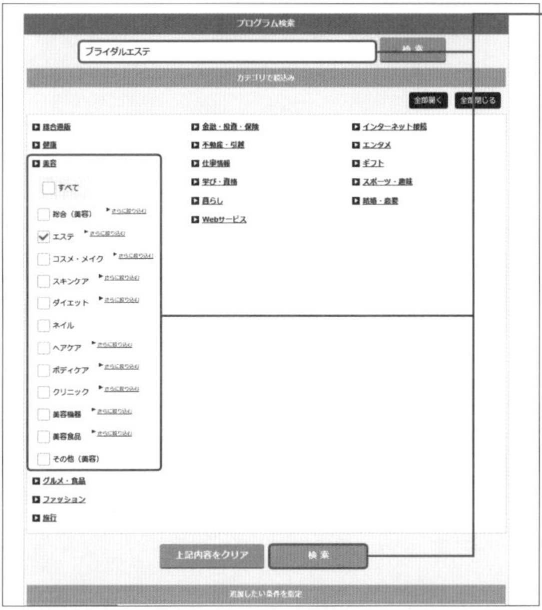

❷ プログラム検索は検索窓にキーワードを入れる方法と、カテゴリから絞り込む方法があります。どちらかの方法で指定し、<検索>をクリックします。

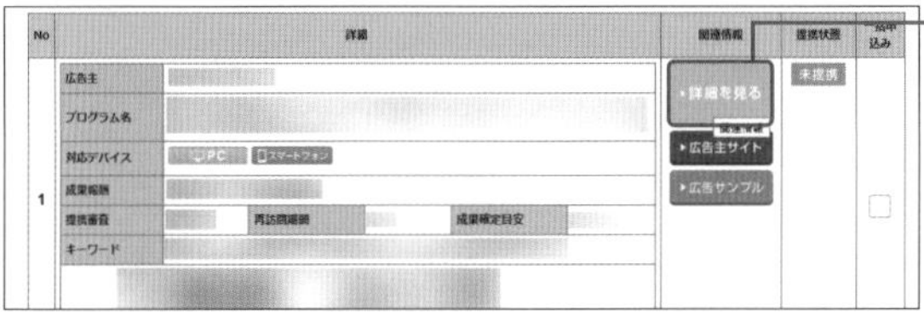

❸ 提携申請したいプログラムの<詳細を見る>をクリックします。

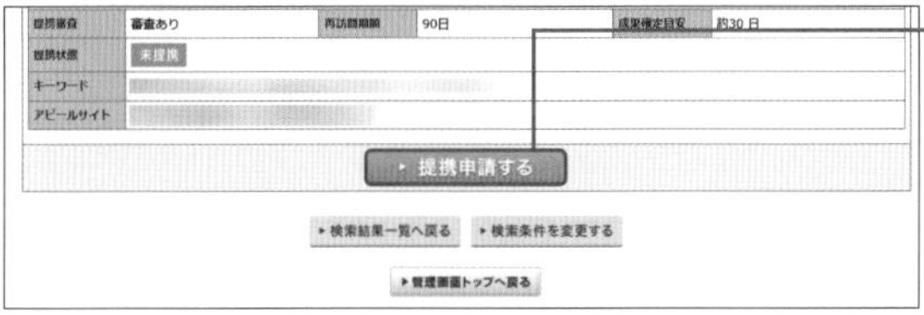

❹ プログラム詳細ページの下部にある<提携申請する>をクリックします。

Section 66

季節・月で売れる商品の広告を選ぼう

季節や月で売れるジャンルと購買意欲はイコールです。売れる時期を見極めるには、商材の需要期と閑散期を知ることが重要です。季節ごとで何が売れるのかを解説します。

年間の売れ筋をチェックする

ネットでは、イベントに関係するものや季節性のあるものが売れます。1年の販促ポイントを知っておき、売るタイミングまでに準備しておきましょう。ポイントは、売れるシーズンの2カ月前から準備しておくことです。シーズンが始まってからでは遅過ぎます。検索エンジンにインデックスしてもらう期間も加味して記事を仕込んでおきましょう。

年間売れ筋カレンダー

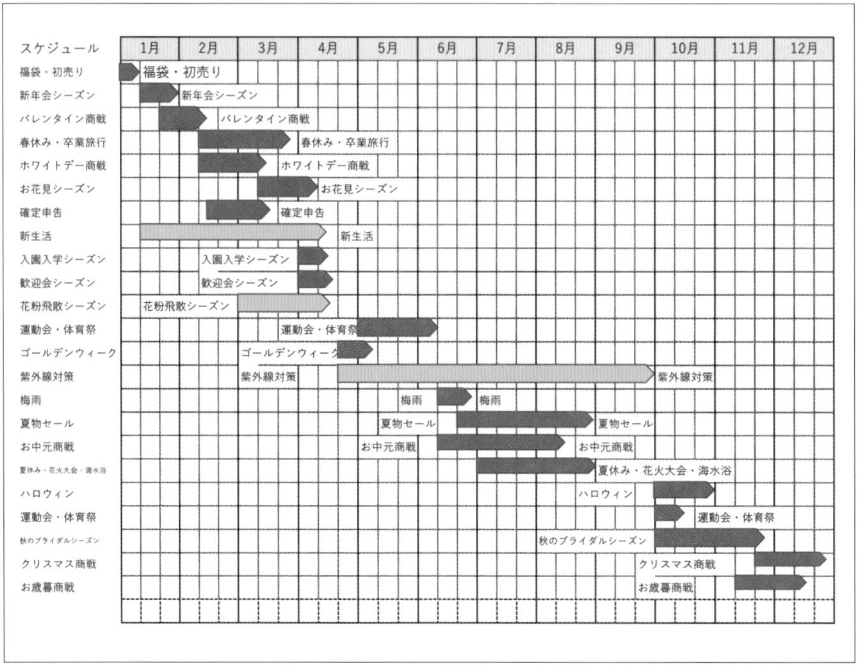

▲ Yahoo !広告（https://promotionalads.yahoo.co.jp/online/calendar/）など、最新の販促カレンダーをダウンロードできるサイトを利用することもできます。

》季節で売れる商材とコンテンツの切り口

商材の繁忙期と閑散期を知っておくと、売れるタイミングを逃すことがありません。商材のみを紹介するとショップと変わらなくなってしまうので、コンテンツの切り口を変えて提案することが大事です。

1～3月

●初売り／福袋
「福袋ネタバレ」や「福袋　中身」のキーワードに需要があります。

●バレンタインデー
有名スイーツ店やクッキーなどの提案もできます。

●新生活関連
引っ越し、部屋探し、インテリア、家電などの関連商材は多いです。一人暮らしや転勤など訴求を変えてみましょう。

●卒業旅行
海外や国内の地名でのツアーの紹介をします。旅行体験記と絡めるとよいでしょう。

4～6月

●入学／入園
入学／入園準備アイテムやフォーマルスーツが売れ筋です。入学祝いのお返しなどの需要もあります。

●運動会
最近では春開催が増えています。お弁当箱や弁当の盛り付け、ママコーデの需要が高いです。

●母の日
花の品種やお菓子とのセットなど、商品展開は広いです。即日発送などの緊急性のあるキーワードは購入につながりやすいです。

7～9月

●紫外線対策
販促期間は春から夏と長いです。日傘やサングラス、帽子、日焼け止めなど商材が多いです。

●梅雨
レインコートやレインシューズなどの商材紹介ができます。室内遊びの提案という切り口もありです。

●イベント／アウトドア
釣りやバーベキューなど、アウトドアグッズの需要が高くなります。暑さと紫外線対策を絡めましょう。子供と一緒に楽しめる遊びの提案も人気があります。

10月～12月

●アパレル
秋から冬にかけては衣料の単価が高くなる時期です。コートなど高額商材が売れます。

●ハロウィン
ユーザーはハロウィン本番までに準備をするので早めに提案をしましょう。メイクやパーティーグッズなど商材はさまざまです。

●クリスマス
クリスマスコフレなど、期間限定商材の訴求を強化します。ボーナス支給と相まって高額商材を紹介するチャンスです。クリスマスツリー、プレゼントなど商材も多数そろいます。

Section 67

ASPの特集ページに注目しよう

ASPの特集やキャンペーンページには、アフィリエイターにとってお得な情報がつまっています。特集やキャンペーンを利用するべき理由と、そこからコンテンツを作る方法を解説します。

ASP の特集ページにあるジャンルは「売りどき」 ★★★

ASP のトップページにある特集に注目してみましょう。報酬アップやバナーを貼るだけで報酬がもらえるなど、アフィリエイターにとってお得な情報が掲載されています。広告主が提携サイトを増やすために報酬をアップすることもあります。ぜひそうしたタイミングに提携してみましょう。

▲ リンクシェアはトップページの上部スライドでキャンペーンを告知しています。

特集やキャンペーンは、そのジャンルの需要期と重なります。つまり、**特集で取り上げられている商材を紹介すれば、売れる可能性が高いということです。**

しかし、ただ商材バナーをブログ記事に貼り付けただけではクリックされることも難しいでしょう。キャンペーンを利用してコンテンツにするにはどうすればよいでしょうか?

特集からコンテンツを作る ★★★

なぜこの時期に ASP が特集を組んだり、キャンペーンを打ったりするのかというところにコンテンツの切り口のヒントが隠されています。A8.net では、特集バナーに需要期が記載されています。たとえば、下記のダイエット特集のバナーでは、需要期は１月～２月と５月～７月となっていました。なぜこの時期に「ダイエット」の需要が高まるのでしょうか？

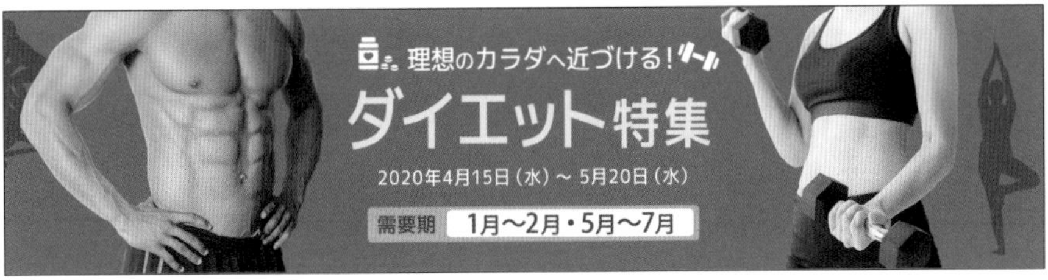
理想のカラダへ近づける！
ダイエット特集
2020年4月15日（水）～ 5月20日（水）
需要期
1月～2月・5月～7月

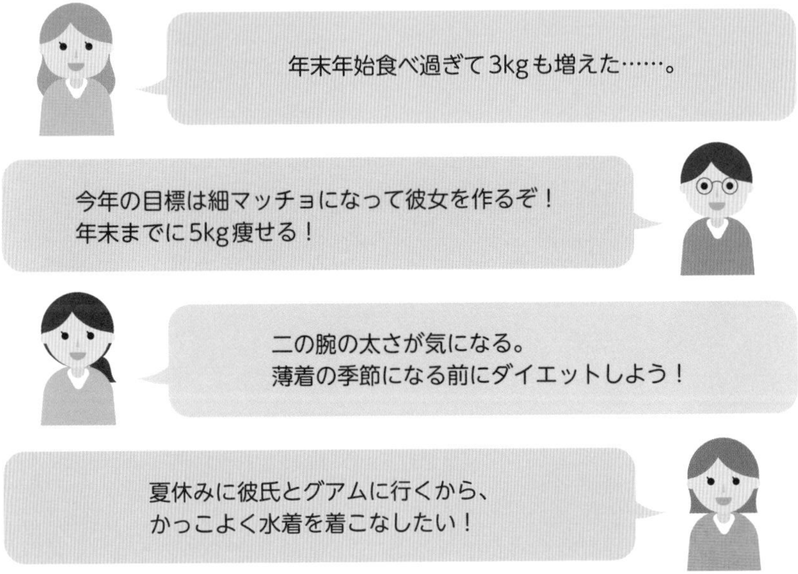
年末年始食べ過ぎて3kgも増えた……。
今年の目標は細マッチョになって彼女を作るぞ！
年末までに5kg痩せる！
二の腕の太さが気になる。
薄着の季節になる前にダイエットしよう！
夏休みに彼氏とグアムに行くから、
かっこよく水着を着こなしたい！

このように、一口にダイエットといっても時期によってニーズは変化します。ダイエットのきっかけは人それぞれですが、季節によって理由は明らかに違います。その時期に合ったキャッチコピーを考え、コンテンツを作っていきましょう。

Section 68

広告素材の種類を知ろう

広告素材の種類と特徴を知ることで、効果的にアフィリエイト広告を活用することができます。広告素材の種類やそれぞれのメリット・デメリットについて確認しておきましょう。

アフィリエイト広告には「広告リンク」と「商品リンク」がある ★★★

アフィリエイト広告は、ASPによっていろいろな広告タイプがありますが、大きく分けて「広告リンク」と「商品リンク」の２通りの広告タイプがあります。

»広告リンク

広告リンクとは、広告主側で用意しているバナー広告やテキスト広告のことをいいます。素材をコピーして自分のサイトに貼るだけなのでとても手軽です。ただし、広告素材ごとにリンク先のアドレスも指定されているため、自分が想定するページと異なる場合があります。必ずリンク先のページを確認してから広告を貼りましょう。メリットは、メンテナンスフリーという点です。企業がアフィリエイトから撤退しない限り貼りっぱなしで問題ありません。デメリットは、商品リンクと比較すると成約率が下がることです。

●バナー広告

画像を使った広告をバナー広告といいます。広告主が提供するバナーの画像サイズとリンク先は決められています。画像サイズは規格が決まっており、「350 × 80」の横長サイズや「250 × 250」の正方形サイズなどがあります。
＜例＞

●テキスト広告

文字を使った広告をテキスト広告といいます。サイト名や商品名のみの広告が使いやすいでしょう。
＜例＞　プロテオグリカンの原液美容液「abcエッセンス」

●メール広告

メールで送信する広告のことをメール広告といいます。主にメルマガ内に広告として掲載します。メルマガを発行している法人アフィリエイターに向いています。

＜例＞

ヒアルロン酸配合の美容液「abc エッセンス」が送料無料！

[URL]

»商品リンク

商品リンクとは、紹介したいプログラムのリンク先 URL を自由に変更して紹介できる広告のことをいいます。商品画像や商品名で直接商品詳細ページにリンクする広告を作ることもできます。つまり、**オリジナルのアフィリエイト広告が作れる**ということです。メリットは、広告のように見せない広告が作れるという点です。そのため、広告主が提供する広告リンクに比べると成約率が高くなります。リンク先 URL によっては、購入する直前の画面まで誘導できるので、その流れでも購入に結び付けることができます。一方、**デメリットは頻繁にメンテナンスが発生する点**です。リンク先の URL の変更や商品そのものがなくなってしまうこともよくあります。その場合、リンクが無効になってしまいます。なお、芸能人や人物が映っている画像やキャラクターが映っている画像は著作権侵害の問題に発展する恐れがあるので、絶対に使用しないように注意しましょう。

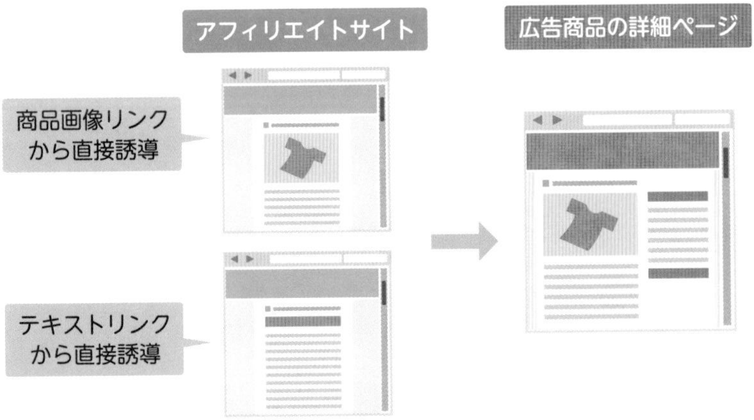

▲ 商品リンクは、自分でリンク先を設定することもできますが、リンク先 URL の一部が広告主から指定されている場合もあります。

Section 69

広告掲載のステップ

サイトを作ったら広告を貼ってみましょう。ポイントは記事の内容に合った広告を選ぶことです。ここでは、広告選択からサイトに広告を貼るまでの流れを解説します。

サイトに広告を貼ってみよう ★★★

ここでは A8.net を例に広告掲載の手順を紹介します。事前に広告主と提携をしておきましょう。

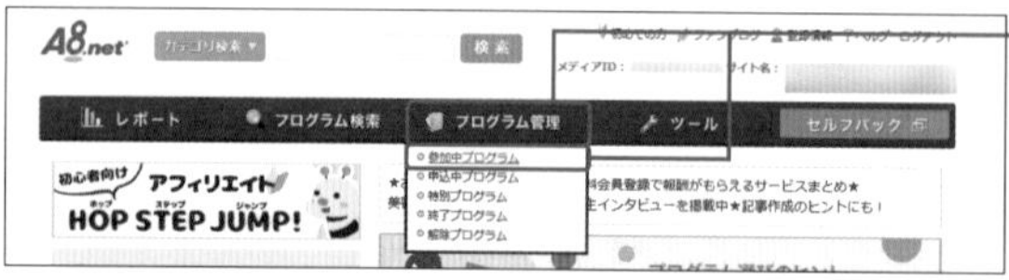

❶ A8.net にログインし、＜プログラム管理＞→＜参加中プログラム＞の順にクリックします。

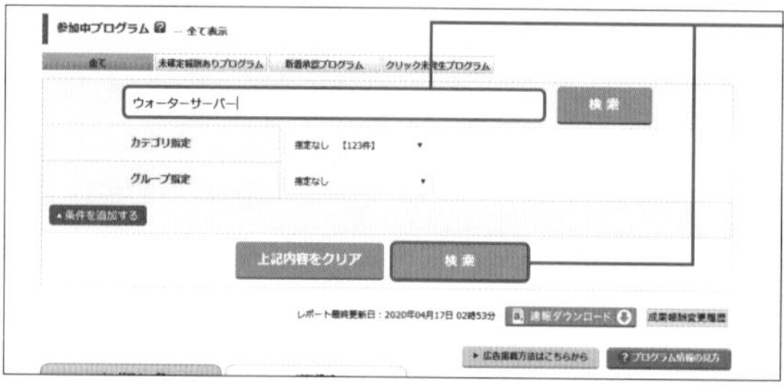

❷ キーワードを入力し（もしくはカテゴリ指定をして）、＜検索＞をクリックします。

❸ 検索結果から掲載したい広告プログラムを選択します。「広告リンク」と「商品リンク」の 2 通りがありますが、今回は ASP から提供されているバナー広告を使用するので、＜広告リンク＞をクリックします。

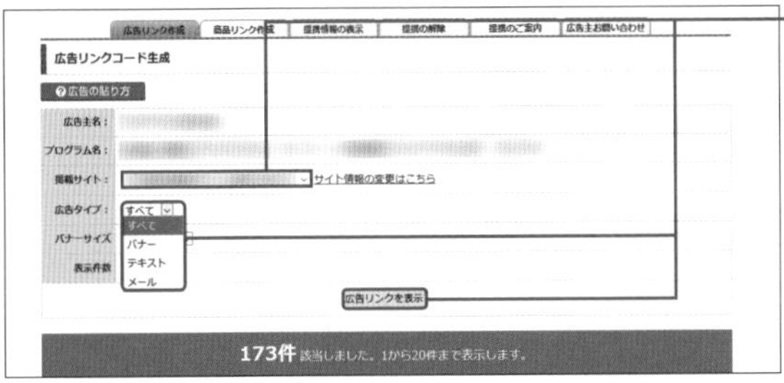

❹「掲載サイト」で掲載するサイトを選択し、「広告タイプ」で任意のものを選択して、<広告リンクを表示>をクリックします。

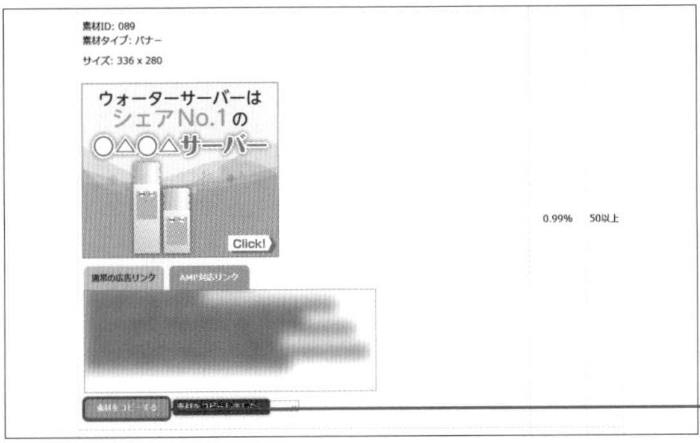

❺掲載したい広告の広告タグを選択し、<素材をコピーする>をクリックします。

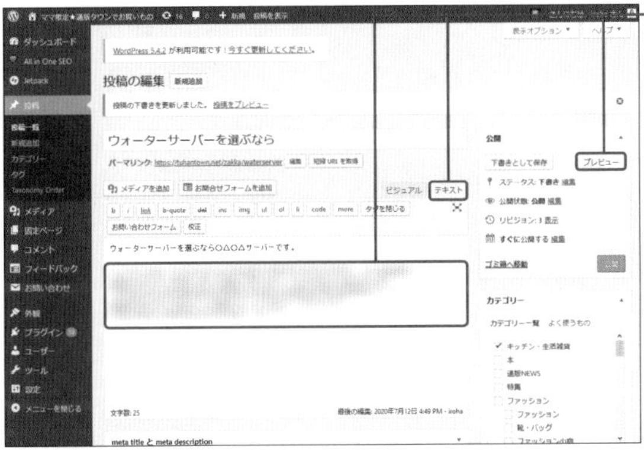

❻WordPressの記事に広告を貼ります。「新規投稿を追加」画面で<テキスト>をクリックし、広告素材を貼り、<プレビュー>をクリックします。

❼記事にバナー広告が表示されることが確認できます。

Section 70

成果条件・否認条件をしっかり把握しよう

プログラムを選ぶ際、報酬額や報酬率の高さに注目してしまいがちですが、成果報酬が高いプログラムほど成果条件が厳しいのが実情です。報酬額だけではなく、成果条件や否認条件も必ず目を通しておきましょう。

成果報酬の種類

ASPのプログラムの成果報酬には3つのパターンがあります。プログラムによって報酬パターンは大きく変わるのでチェックしておきましょう。

広告種類	意味	ASP・広告主のタイプ
クリック報酬	「1クリックにつき○円」のように、1クリックあたりの定額報酬額が設定されているプログラムです。	・Google AdSense ・一部のアフィリエイト広告
定額報酬	「新規購入2,000円」「新規カウンセリング10,000円」のように、成果1件に対して定額の報酬が設定されているプログラムです。	・商品購入やサービス申込系プログラムが多い
定率報酬	「購入10%」のように、購入金額に対して定額の報酬率が設定されているプログラムです。	・Amazonアソシエイト ・楽天アフィリエイト ・総合通販サイトなど

提携前に成果条件・否認条件を確認する

成果報酬型のアフィリエイトでは成果に応じて報酬が支払われますが、成果条件は広告主によって異なります。**報酬を得るには、成果条件をゴールとした記事作りが必須です。**成果条件とは、報酬が発生する条件です。記事作成前に必ず成果条件と否認条件をチェックしておきましょう。

「新規会員登録」が成果条件になっている場合、サイトの訪問客が新規で申し込みをするのであれば成果対象になりますが、既存客であれば成果対象にはなりません。知らずにNG行為をしてしまうこともあるので、否認条件も必ずチェックしてから提携申請を行いましょう。

成果報酬	
成果条件	・広告主新規（当広告主を初めて利用する方） <会員登録> ・WEB登録後、30日以内の本人確認時点 ・関東エリア（東京、神奈川、千葉、埼玉）在住の方 <面談> ・面談完了時点 ・<面談> の成果に関しては、金額を修正して確定
否認条件	・40歳以上の方からの申込み ・1世帯2回以上の登録 ・重複登録 ・虚偽記載、その他不正登録 ・リスティング違反の場合 ・当社規約に抵触する場合 ・本人確認不可の場合 <面談> ・転職意志がないと当社が判断する場合

成果発生と成果確定の違いは？ ★★★

ASPの報酬レポートには、成果発生と成果確定の２つのレポートがあります。成果発生から確定までの流れを説明します。サイト訪問者が広告をクリックし、広告主のサイトで申し込みの手続きをして成果条件を満たすと「成果発生」となります。「成果発生」の時点では、まだ報酬は支払われません。発生した成果をサイト訪問者が確実に購入したか、返品やキャンセルがないかを広告主が確認して承認をすると、「成果確定」となります。つまり、**成果条件を満たし、広告主に承認されて初めて「成果確定」となり報酬が支払われるのです。**

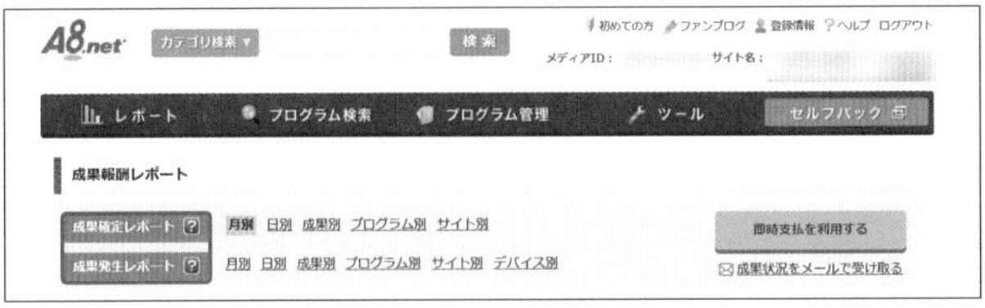

▲ A8.netでは、「成果報酬レポート」画面で成果確定レポートと成果発生レポートを確認できます。

確定率（承認率）は報酬額とセットで考える ★★★

確定率（承認率）とは、成果発生件数に対して何件成果が確定しているかを表したものです。

	プログラムA	プログラムB
報酬額	5,000円	1000円
成果発生件数	10件	10件
成果確定件数	1件	8件
確定率（確定率＝確定件数÷発生件数）	10%	80%
確定報酬額（実際に受け取る報酬額）	5,000円	8,000円

上記の例で比較すると、プログラムAは報酬額が5,000円で、プログラムBは1,000円で成果件数は同数です。しかし、確定率はプログラムAが10%、プログラムBが80%で、実際の報酬額はプログラムAが5,000円なのに対し、プログラムBは8,000円という結果になりました。つまり、プログラム選びは、確定時の報酬額と確定率をセットで考えることが大事なのです。確定率は成果獲得を重ねたら成果レポートで確定率を割り出すことができます。プログラム選びに役立てましょう。

Section 71

「本人申し込み」を利用して収益を上げよう

ブログに書くネタがないときに役立つのが、本人申し込みを利用して報酬を得るという方法です。記事を書かなくても報酬をゲットすることもできます。

自己購入して報酬ゲットする方法とは

A8.netの「セルフバック」と、バリューコマースのポイント還元「バリューポイントクラブ」は、自分で商品を購入することで報酬が得られる代表的なサービスです。

» A8.net「セルフバック」

自分で商品を購入、もしくはサービスの申し込みをすることで報酬が得られるサービスです。セルフバックを使うと報酬が発生するので、実質値引き価格で購入することができます。提携・広告掲載不要で始められるのも魅力です。

A8.net セルフバック URL https://pub.a8.net/a8v2/as/sb/indexLogin.jsp

» バリューコマース「バリューポイントクラブ」

ネットでの買い物や予約、申し込みをバリューポイントクラブ経由で利用すると、ポイントが貯まるサービスです。

バリューコマース バリューポイントクラブ
URL https://www.value-point.jp/

» 自己アフィリエイト

広告主と提携したらブログで商品を紹介し、自分のブログからアフィリエイトリンクを踏んで購入や申し込みをします。なお、この方法はASPによって禁止などの対応が違うので、利用前に必ず規約に目を通しておきましょう。

A8.netの「セルフバック」を使おう ★★★

A8.netの「セルフバック」は、広告主と提携してサイトやブログに記事を書かなくても、商品を購入（利用）するだけで成果報酬が発生します。

❶ A8.netにログインし、画面右上の<セルフバック>をクリックします。

❷ 検索やカテゴリ選択で利用したいプログラムを選びます。

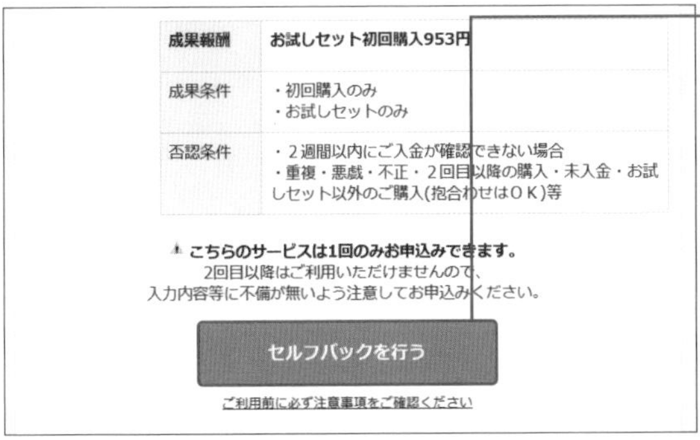

❸ プログラムの詳細画面で内容や成果報酬を確認し、<セルフバックを行う>をクリックして、表示される広告主のサイトで購入手続きをします。

❹ セルフバックを利用すると、「セルフバック速報」に未確定報酬として計上されます。広告主と提携し、サイトに紹介して成果が出ればさらに報酬が発生します。

Section 72

「再訪問」を上手く利用して報酬アップ

訪問者が広告をクリックしてすぐに購入に至らなくても、一定期間内であれば成果報酬に計上できる猶予期間があります。それが「再訪問期間」です。再訪問期間を上手に利用できるか機会損失させてしまうかは、あなたのサイトの内容次第です。

再訪問期間とは

アフィリエイトには再訪問期間が設けられています。再訪問期間とは、**訪問者がサイトにある広告をクリックすると、そこで購入に至らなくても期間内の購入があれば成果としてカウントされる期間**をいいます。広告がどのようにしてクリックされたかや、再訪問期間内の成果かどうかの判断はCookie（クッキー）で記録されます。Cookieとは、Webサイトを見ているユーザーの情報をユーザーのパソコンやスマートフォンに一時的に保存しておくしくみです。Cookieは、アフィリエイトの成果が発生したかどうかを追跡するのにも使われています。

ユーザーが広告をクリックした時点で、情報がユーザーのデバイスに残ります。そこで購入しなくても再訪問期間内（たとえば一週間後）に広告主のサイトで購入していれば、成果が発生するのです。

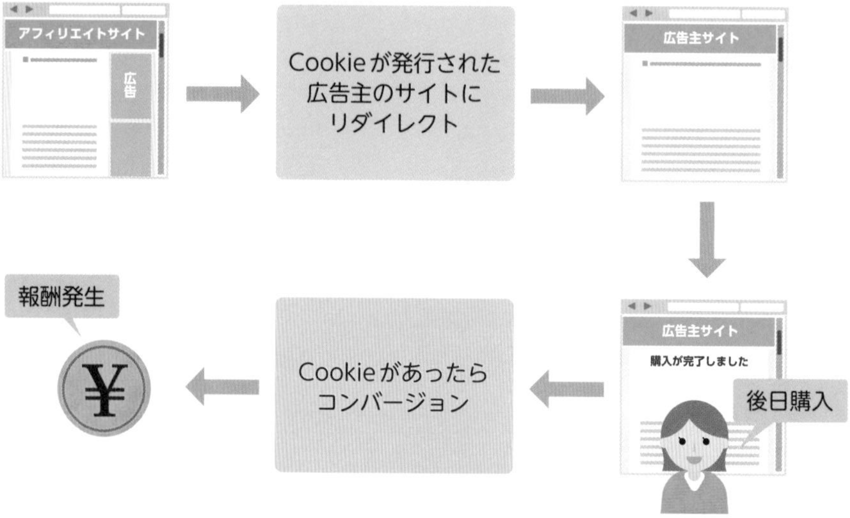

▲ アフィリエイト報酬発生にはCookieの記録が使われます。

成果が発生しない場合もある

クリックしたデバイスと実際に購入したときのデバイスが違うと成果対象になりません。たとえば、訪問者が外出先でスマートフォンを見ていて、あなたのサイトの広告をクリックしたとします。そのときには購入せず、帰宅後パソコンで直接広告主サイトで商品を購入した場合は、成果が発生しないということです。

各 ASP の再訪問期間

Amazon アソシエイトと楽天アフィリエイトの再訪問期間は 24 時間です。Amazon アソシエイトに限っては訪問者が 24 時間以内にショッピングカートに追加した商品が成果対象となります。これには裏技があり、商品がショッピングカートに残っていれば、89 日以内に購入することで成果が発生します。ちなみに、Amazon アソシエイトも楽天アフィリエイトも再訪問期間内であれば広告掲載した以外の商品もすべて成果としてカウントされるため、稼ぎやすいといえるでしょう。

A8.net など ASP の再訪問期間は 30 ～ 90 日と長めのプログラムが多い傾向にあります。広告主によって再訪問期間は異なるので広告主の詳細画面で確認しましょう。

成果条件	・通常・定期購入完了 ・複数商品を購入しても成果報酬は一律		
否認条件	・重複、不正、虚偽、キャンセル、受け取り拒否 ・当広告主を利用したことがある方		
リスティング NGキーワード	・その他商品名関連・会社名・商品名・ブランド名		
商品リンク	商品リンクの飛び先URLは内にご設定下さい。 ※成果対象が限定されている場合は、飛び先URLの設定にご注意下さい。 ※薬事法に触れる文言のご使用はご遠慮下さい。		
備考	は返金できません		
審査あり　本人 NG　ポイント NG　商品リンク　リスティング 一部OK　ITP対応 7days			
再訪問期間	90日	成果確定目安	約30日
最終承認日	-		

▲ 各 ASP のプログラム詳細ページにある再訪問期間はチェックしておきましょう。

再訪問を上手く利用するために必要なこと

いくらユーザーが広告をクリックしたとしても、異なるデバイスやほかのブログを見て購入をしてしまっては成果になりません。つまり、サイトの広告をクリックした時点で購入意欲が高まっていないと成果にはつながりにくいということです。

広告をクリックしてくれたユーザーを購入に導くには、Google などの検索結果に戻さぬよう、ユーザーにとって有益な情報を提供することが大切です。

Section 73

イベントやセミナーを積極的に活用しよう

アフィリエイター向けイベントでは、商品を手に取って広告主に直接質問ができたり、試食ができたり、普段できない体験をすることができます。イベントやセミナーに参加することはメリットしかありません。

イベントやセミナーに参加するとメリットがいっぱい ★★★

ASPや広告主主催のイベントは随時行われています。広告主と提携していると、イベントのお知らせがメールで届きます。報酬アップキャンペーンなど、お得な情報もあるのでメールで受け取れるよう設定しておきましょう。

»メリット①基本的に参加費無料

アフィリエイター向けのイベントやセミナーは、基本的に無料で参加できます。有料の場合でも比較的安価な価格で参加できます。代表的な大型イベントといえば、50社以上の広告主のブースと約1,600名以上のサイト運営者が参加するA8.netの「A8フェスティバル」です。各種セミナーやサイト診断など、サイトを制作するうえで知りたい情報を得られるチャンスです。

筆者はイベントを通して仲間ができたり、ASPや広告主とつながりができたり、というのがいちばんのメリットだと感じています。

イベントでは、広告主に直接質問をすることや、実演している写真を撮ることができます。会場内は混雑しているので、イベント告知ホームページで訪問しておきたいブースをチェックして、事前に質問事項を考えておきましょう。

»メリット②試食ができる

大きなイベントでは難しいですが、広告主主催のイベントでは試食ができることもあります。おせちやお歳暮のイベントが多く、シーズン前に高級食材を食べられるチャンスです。特別単価が提供される場合も多いので、美味しいものが大好きな方はぜひ申し込みをしましょう。

»メリット③商品サンプルがもらえる

大型イベントでは沢山のサンプル提供や商品提供があります。筆者がイベントにはまった理由がまさに商品提供でした。イベント参加が重なっていた年は提供された商品で美容代が浮いたほどです。商品提供を受けたら、ぜひレビュー記事を書きましょう。記事を掲載したら広告主に報告することを忘れないようにしましょう。

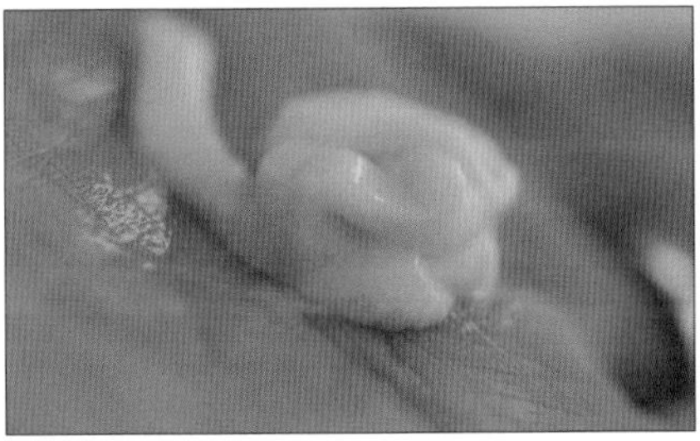

»メリット④試着や体験ができる

ASPや総合通販サイトのイベントの中には、洋服の試着ができる機会もあります。ベッドや布団に寝そべる体験なども個人アフィリエイターにとっては貴重な経験です。

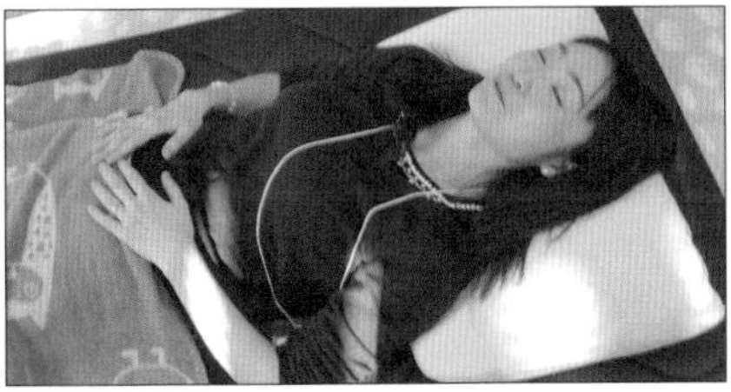

主なアフィリエイトイベント・セミナー ★★★

ASP や日本アフィリエイト協議会では、さまざまなイベント・セミナーが開催されています。

» A8.net　https://www.a8.net/event.html

● A8 フェスティバル

毎年開催している大型イベントです。過去には渋谷・横浜・福岡・大阪で開催しています。賞金がもらえる記事コンテストが実施されます。

●エーハチレビュー部　https://a8pr.jp/a8review/

毎月行われるレビューコンテストに応募すると、エーハチレビュー部メンバーの仲間入りができます。「レビュー募集プログラム」に応募すると、レビュー記事を書くことを条件に商品提供が受けられます。

» バリューコマース　https://www.valuecommerce.ne.jp/seminar/

「広告主から“直接聞ける”勉強会」を随時開催しています。

» リンクシェア　https://www.linkshare.ne.jp/event/

過去には、母の日ギフトやファッション系通販サイトなど、広告主メインのサロンを随時開催しています。「LSJ EXPERIENCE-PC・デジタルフェア」は、最新パソコンが一堂に会するイベントで、レビューに使える情報をもらえたり、操作体験をしたりすることができます。

» アクセストレード　https://www.accesstrade.ne.jp/seminar

SEO ライティングや収益アップのためのセミナーなどを開催しています。中上級者向け商材の広告主セミナーを随時開催しています。

» 日本アフィリエイト協議会　https://www.japan-affiliate.org/

初心者から中級者向けの勉強会を全国で開催しています。日本アフィリエイト協議会に加盟していない人でも参加可能です。ただし、情報商材やアフィリエイト塾に関係する人は参加不可としています。

このほかの ASP でもイベントやプレゼントキャンペーンが行われているので、チェックしておきましょう。

第6章

つまずきやすい NG ポイントとその解決策

Section 74

高単価に惹かれてアフィリエイトを始めたけど収益が上がらない

アフィリエイトリンクを貼っただけだと、まったく稼げないという声をよく聞きます。高単価案件に惹かれて提携したものの、まったく収益化できないのには明確な理由があります。

高単価案件は強者がひしめいている「レッドオーシャン」 ★★★

高単価プログラムと提携をしていざバナーを貼ってみたものの、まったくクリックすらされない、という苦い思いをしている人も少なくないでしょう。実は高単価案件は、組織でアフィリエイトに取り組んでいたり、専門家レベルのプロアフィリエイターがひしめいていたりするまさにレッドオーシャンです。彼らは、リスティング広告へ出稿したり、ライターに執筆依頼して大量に記事を投下したりするなど、サイト運営にかなりの額を投じています。さらに、その取り組みをASPにアピールして特別単価の交渉もしているのです。

高単価案件の主なジャンルは？ ★★★

高単価案件の主なジャンルは、金融系ではキャッシングやクレジットカード、FX・証券、仮想通貨など、車ジャンルでは中古車販売や車査定など、転職ジャンルでは医師や看護師、IT人材系がとくに高額報酬となっています。美容・健康ジャンルでは、健康サプリなどの購入プログラムと脱毛や痩身エステ、発毛・育毛・薄毛治療などの来院促進プログラムがあります。最近ではパーソナルジムの案件が増えてきています。

主な高単価ジャンルと報酬額

キャッシング	2,000～15,000円	脱毛エステ	4,000～23,000円
クレジットカード	1,000～11,000円	転職	4,000～90,000円
FX・証券	2,000～30,000円	結婚相談所	1,500～33,000円

※社会情勢によって報酬額は前後します。

高単価案件キーワードを狙う方法 ★★★

狙うキーワード＋ニッチなロングテールキーワード

Google AdSenseで稼ぐならPV数の多さが必須条件ですが、高単価案件は1件でも万単位の報酬が発生するので、**無理にアクセスを集めなくてもよい点がメリット**です。同じ1,000文字の記事を書いてもかける労力が一緒なら、高単価案件のほうが得なのです。そこで、高単価キーワードで検索上位を狙うときは、ニッチなキーワードを掛け合わせましょう。購買意欲のある人が検索しそうなお宝キーワードがあれば1人勝ち状態です。

キーワードを別のいい回しに変える

高単価キーワードはまさに激戦キーワードです。わざわざそんな戦火に身を投じたくない、という人は発想を転換して別のいい回しに変えてみましょう。

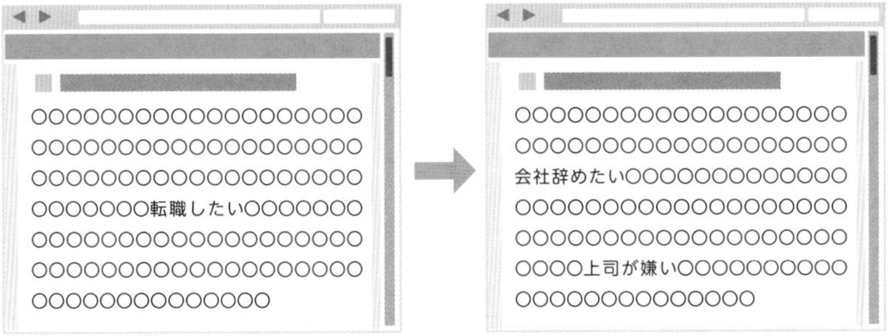

▲「転職したい」というキーワードを「会社辞めたい　上司が嫌い」といういい回しに変えた例です。

知識がないと高単価案件の記事を書けない ★★★

高単価案件のキーワードで戦っていくには、誰も掘り当てていない金脈を見付けることが大事です。

しかし、金脈キーワードを見付けたところで、果たしてそのキーワードに関して記事を書けるだけの知識があるかは、その人次第です。筆者も以前、高単価キーワードを狙ってサイトを立ち上げたものの、まったく記事が書けず頓挫した苦い経験があります。

まずは、自信を持って書けるテーマかどうか考えてみてください。自分が得意なテーマであればいくらでも書けるネタがあるのでPVが増え、いずれ収益をもたらすサイトへと成長することでしょう。

Section 75 なかなか検索上位に表示されない!

サイトを立ち上げても収益につながらず、1年も経たないうちにアフィリエイトを辞めてしまう人があとを絶ちません。検証と修正をくり返し、半年から1年はサイトを育てていく気持ちが大切です。

ビッグ過ぎるキーワードを狙っていないか？

自分のサイトで検索上位を狙っているキーワードが「ビッグキーワード」と呼ばれる、月間検索数が多く、企業サイトが上位を独占しているキーワードだとしたら、間違いなく上位表示は厳しいでしょう。とくに商標キーワード(企業名やプログラム名)は広告主が広告出稿しているので、間違いなく厳しいでしょう。そもそも、自分の会社のサイトが当然上位あるべきなので、広告主は商標キーワードの上位を狙っており、自社サイトを抜いてアフィリエイトサイトが検索上位にあることを好ましく思いません。

まずは検索順位チェックツールを使って、狙っているキーワードでの順位を調査しましょう。上位と程遠くても落ち込むことはありません。設定していないキーワードで上位表示されている可能性もあります。

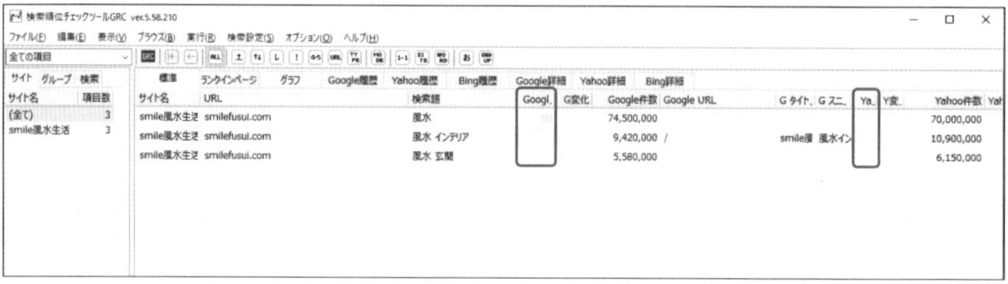

検索順位チェックツール GRC URL https://seopro.jp/

▲ 設定キーワードごとに Google と Yahoo! での検索順位の調査、履歴の記録ができます。

ニッチなキーワードで上位表示を狙う

設定したキーワードでの検索順位を調査したら、上位表示の可能性が高そうなキーワード候補を挙げましょう。上位表示をさせるのであれば、月間検索数の少ない複合キーワードを狙っていきましょう。複合キーワードについては Sec.38 で解説しています。

個別記事の検索順位に注目する ★★★

サイト単位で検索上位表示を狙いがちですが、実は個別記事が検索上位表示されているケースが圧倒的に多いです。筆者のサイトでも、トップページからの流入は雀の涙程度で、個別記事からの流入がほとんどです。

個別の記事が想定外のキーワードで上位表示されていることはよくあることです。まずは、Google Search Consoleでサイト記事がどのようなキーワードで上位表示されているかチェックしてみましょう。上位表示キーワードが設定キーワードとあまりにも意味合いがずれているようであれば、記事の内容を見直しましょう。

▲ Google Search Consoleで「風水　恋愛」というキーワード設定をした記事を調査した結果です。別のキーワードで上位表示されていることがわかります。

良質な記事を増やすことでサイト自体の評価が上がる ★★★

あくまでも広告をクリックしてもらうことが目的なので、まったく狙っていないキーワードで上位表示しても意味がありません。狙っているキーワードに対してきちんとした答えがある記事を増やすことでサイト全体の評価が底上げされます。まずは検索結果にこだわらず、ユーザーの満足度が高いサイトを目指しましょう。

Section 76 どうしても記事を書き続けられない！

記事を書けない理由はいろいろありますが、悩んでいる数分間にでも記事は書こうと思えば書けます。まずは書けないいい訳をつぶしていくことから始めましょう。

記事が書けないいい訳をつぶしていく ★★★

記事が書けない理由はさまざまですが、**ブログを書くことを習慣にすることがいちばん効果的です**。「ブログを書くことが非日常」のうちは記事を書き続けることはできないでしょう。毎日の習慣である歯磨きや手洗いと同じように、「記事を書かないと気持ち悪い」というくらいまで習慣化してしまえば書き続けられるようになります。

では、ブログが書けない代表的な 3 つの原因とその解決方法を紹介します。

»①書く時間がない

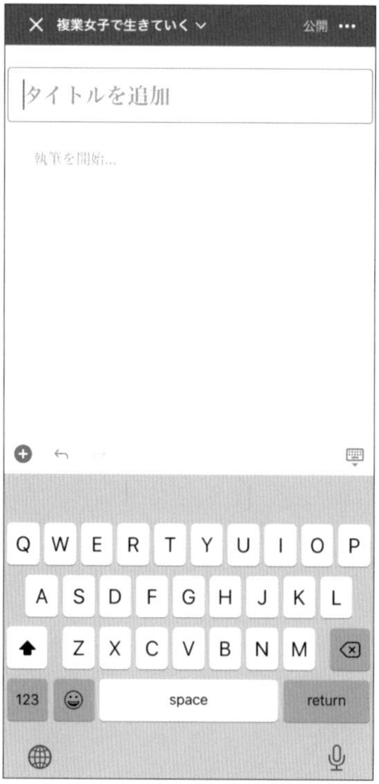

◀ WordPress のスマートフォンアプリでは、記事作成や投稿、アクセス統計の確認ができます。マイクのアイコンをタップすれば音声入力ができます。

まとまった時間が取れないから書けないと思い込んでいませんか？　移動中の車内、調理の合間、子供の習い事の間などちょっとした時間があればブログを書くことができます。すき間時間に書く場合は、**スマートフォンの音声入力機能を利用すると便利です**。ブログサービスのアプリには、音声入力機能が付いています。最近のスマートフォンの音声読み取り能力は格段に進歩しています。

» ②文章が書けない

上手く書こう、立派なことを書かないと恥ずかしい、なんて思わないようにしましょう。立ち上げたばかりのブログはすぐに検索結果に反映されません。そのため、正直初めのうちは、書いた記事が誰かの目に触れられることはありません。記事数が増えていくと徐々に検索結果に表示されるようになります。

とにかく記事を書くことに慣れていきましょう。量は質を凌駕します。Google は良質なコンテンツを求めていますが、**質を高めるには記事を書いて書いて書くことが大事**です。

» ③まったく収益化できてない

アフィリエイト広告を貼りさえすれば収益が発生するなんて思っていませんか？ **まず半年はまったく報酬が発生しないことを覚悟するべきです**。筆者は、アフィリエイトを始めて半年経ってやっと微々たる報酬を獲得できました。初めて報酬が発生したときは飛び上がるほど嬉しかったのを覚えています。

人はモチベーションが上がらないと物事を続けることができません。「検索順位」「PV 数」「初コメント」「初報酬」この中であなたのモチベーションが上がるのはどれでしょうか？　目標を立てて達成できるようになると、いずれ収益化するサイトへと成長していきます。

Section 77

サイトのPVが上がっても広告をクリックしてもらえない!

サイトのPVが上がってきているということは、検索やSNSからの流入が多くなってきている証拠です。ユーザーは広告臭の強いものを嫌います。コンバージョンさせるには、さりげなく広告に流す導線作りが大切です。

広告を貼る位置を工夫する ★★★

PV 数があるのにもかかわらず収益化できていない要因としては、①広告の位置が悪い、②広告の種類が悪い、③広告がチラチラする、これらのことが考えられます。ユーザーの目的はあくまでもコンテンツの閲覧です。記事の流れに沿って導線を作ることで広告がクリックされやすくなります。

»①広告がクリックされているかを確認する

広告がクリックされているかをチェックするには、ユーザーの動きを可視化するヒートマップ解析ツールを利用しましょう。「User Heat」では、ページ内でどこがクリックされたか可視化できる「クリックエリア」というツールが利用できます。

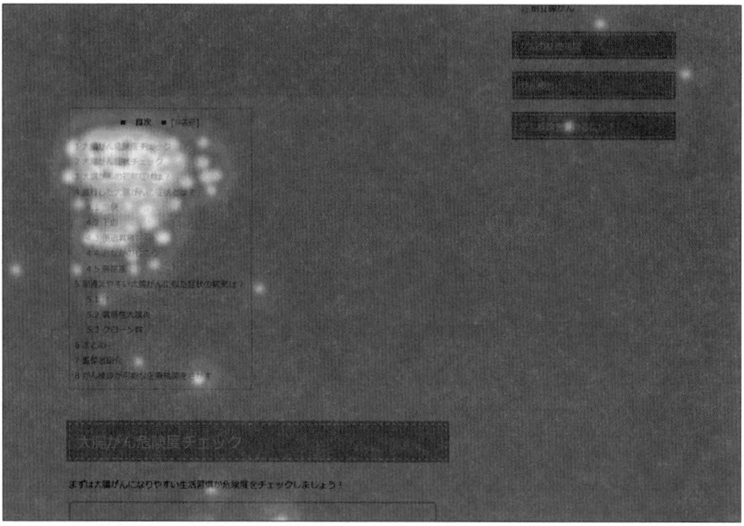

User Heat URL https://userheat.com

▲ 赤色に近いほどクリック頻度が高くなっています。User Heat には、どこがよく読まれているかがわかる「ヒートマップ」もあります。

≫ ②コンバージョンにつながる導線を作る

広告のあるコンテンツまでの導線に問題があることが考えられます。広告位置はページの文末が望ましいですが、最後まで読んでもらうには読ませるだけの文章力が必須です。どうしても広告のある位置まで辿り着けない場合は、**「ページ内リンク」を活用**しましょう。

まず「ヒートマップ」を使ってどこまで記事がよく読まれているかを確認します。訪問者の離脱が多い位置を確認したら、広告が貼られているコンテンツまでジャンプさせるテキストリンクを設置しましょう。

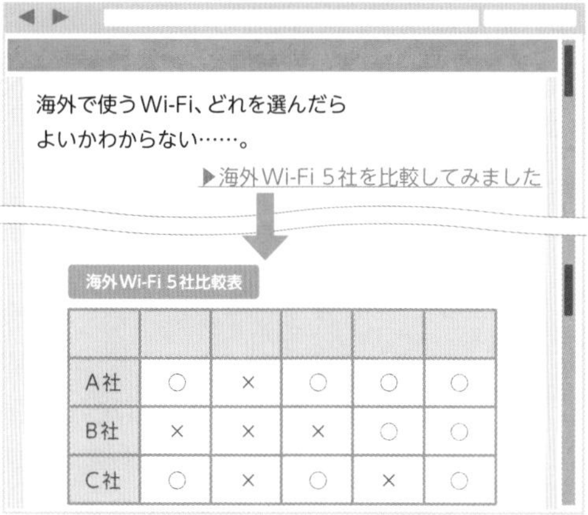

A社	○	×	○	○	○
B社	×	×	×	○	○
C社	○	×	○	×	○

◀ ページ内リンクでコンバージョンにつながるコンテンツまでリンクを飛ばします。

≫ ③いっそ広告を貼らない

人気記事なのに広告がクリックされないということであれば、いっそ広告を外してしまいましょう。そして**関連記事としてアフィリエイト広告のあるページを紹介する**ことで、収益化への導線を作り出します。

▲ 記事の終わりに関連記事コンテンツを設けます。

Section 78

ネタがないときはどうすればよいの？

ネタ探しはブログ運営者にとって永遠のテーマです。そもそもネタが続かないとブログの更新もままなりません。ここでは、筆者流のネタの探し方を紹介します。

関連キーワードからネタを広げる ★★★

ツールを使って関連キーワードを抽出することで、1 つのキーワードから派生的にキーワードが広がります。キーワードからユーザーがどんな答えを求めているのかを把握することができます。

» 関連キーワード取得ツール（仮名・β版）

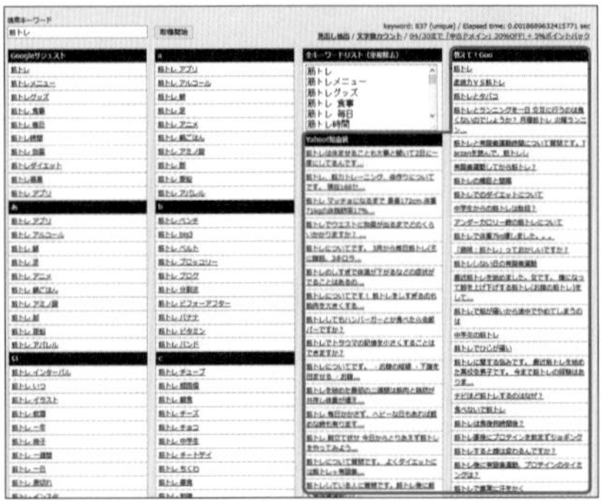

Google サジェストキーワードや Yahoo！知恵袋などの情報元から関連キーワードを一括取得できるツールです。関連キーワードを取得したら、画面右側に表示されている「Yahoo！知恵袋」や「教えて！ Goo」でユーザーがどんなことに悩み疑問を持っているのかを調査し、それをもとに記事を作成します。

関連キーワード取得ツール（仮名・β版）　URL https://www.related-keywords.com/

» OMUSUBI

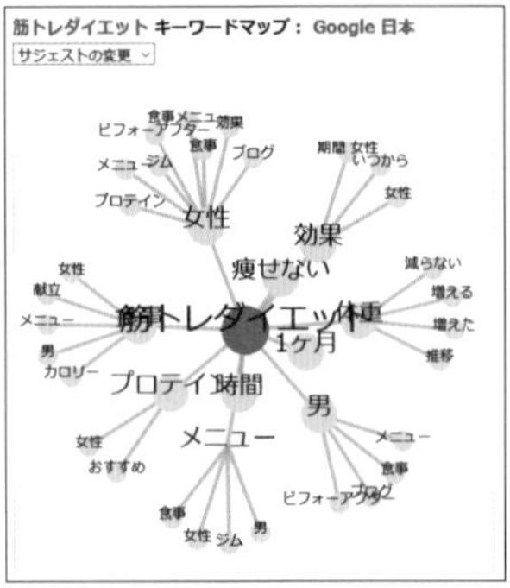

検索キーワードからマインドマップを自動で作成するツールです。このツールのメリットは自分で考えもしなかった関連キーワードを発見し、記事構成までできることです。「関連キーワード取得ツール」から抽出した関連キーワードを入力すると、記事に入れる見出しのヒントにもなります。

OMUSUBI
URL http://omusubisuggest.appspot.com/

イベントに参加する ★★★

ASPのイベントを積極的に活用しましょう。ネット検索して得た情報はあくまでも「三次情報」ですが、**広告主から得た情報は「一次情報」**です。筆者は、商品レビューブログを運営していますが、ネタのほとんどがイベントでの商品提供や広告主にインタビューをして得た情報です。「一次情報」で作った記事は、あなたにしか発信できない世界に1つだけのオンリーワン記事です。出処不明のネット情報を集めただけのサイトではなく、足を使って得た情報を記事にしましょう。

▲ 過去に開催されたイベントです。

常にネタを考えていると「アイデアが降りてくる」 ★★★

街を歩いていて、自分が興味のあるものやキーワードが自然に耳に入ってきたり、目に留まったりすることがあると思います。これは心理学で「カラーバス効果」といって、ある特定の物事を意識し始めると自然と目に留まりやすくなる心理効果を表します。カラーバス効果はネタ探しにも活用できます。カラーバス効果を有効に使うには、**普段から記事にしたいテーマを片時も忘れない**ことです。すると、ふとしたときに「アイデアが降りてくる瞬間」があります。ネタを考えるために時間を設ける必要は一切ありません。筆者はバスタイムやお笑い番組を見ているときなど、自分がリラックスしているときにアイデアが降りてきます。よいアイデアが浮かんだらすかさずメモを取りましょう。何気ない会話や行動から新しいアイデアが生まれるのもカラーバス効果のメリットです。

Section 79

PV数が少なくてコンバージョンに結び付かない!

アフィリエイトは広告主に送客することが仕事なので、いくらメジャーなテーマでPV数を獲得できても、コンバージョンに結び付かなければ意味がありません。PV数よりも「いかに購買意欲の高いユーザーとつながれるか」のほうが大事なのです。

ニッチなテーマの顧客は絶対数が少ない

PV数が上がらない大きな理由は、扱うテーマの顧客数が少ないことが考えられます。自分にとっては「メジャー」でも世間的には「マイナー」ということはよくあります。仕事で使う専門用語がこれに当たります。検索需要を調べるにはGoogleが提供する「キーワードプランナー」を利用しましょう。

» ネットで売れる商材とかけ合わせて紹介する

ネット通販の売れ筋商品は、実店舗では売りにくい商品であることが多いです。これらの商材にはニッチなモノが多く、ニッチなサイトとの相性はバツグンです。ニッチなテーマならではの商品を提案してみましょう。

ネット通販で売れるもの

- 専門的な商品
- 持ち運びが大変なもの（重い／かさばる）
- 季節商品
- 購入するところを見られると恥ずかしいもの
- ネットで買うほうが安いもの
- 定期購入

→ ニッチなテーマだからこそネットで売れるものを紹介できる

»「ロングテール戦略」でニッチキーワードをかき集める

「ロングテール戦略」とは、テール（尻尾）の部分を限りなく伸ばしていくことで、人気商品と同等またはそれ以上の売上を実現する戦略のことをいいます。Amazon や Netflix などがこの戦略を活用し売上を伸ばしました。このロングテール戦略を検索キーワードに置き換えると、ニッチなキーワードは、このロングテールの部分にあたります。**ロングテールキーワードは検索数が少ない割にコンバージョン率が高く**、キーワード数は無限です。ロングテールキーワードをかき集めて記事を作成することで、厚みのある専門サイトを作り上げることも可能です。

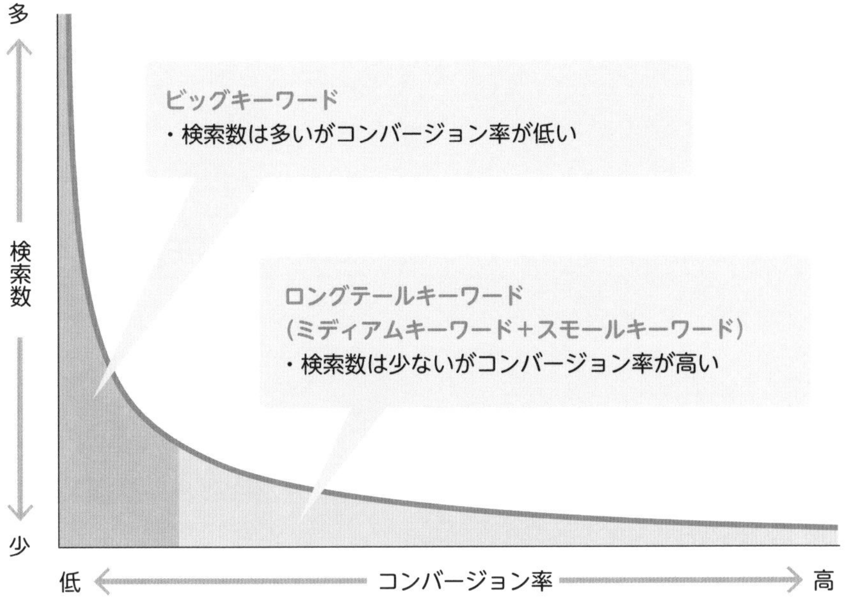

»ターゲットを「オタク」にする

ニッチな商品を購入する人は、そのニッチな商品の名前を知っている「オタクな人達」が多いです。そのためむしろ「オタク層に内容を寄せる」のも 1 つの売り方です。注意すべきポイントは、オタク層が持つ情報量と知識量を上回るサイトでないといけないということです。余程そのテーマについて詳しくないとユーザーは離れていくでしょう。情報過多のこの時代において、「広くて浅い」ものより「狭くて深い」エッジのあるサイトが今後生き残るでしょう。個人サイトであれば尚更です。専門性を極めればサイト名で指名検索されるようになり、SEO 施策にとって大きなプラスとなります。

Section 80

強調文字やアニメーション画像などを入れたら効果的?

「クリックしてほしいし、興味を持ってもらいたい。だから目をひく色やアニメーション画像を使いたい」という気持ちはわかります。しかし、サイトはユーザーあってのものです。ユーザーの目に優しいサイトデザインを心掛けましょう。

ユーザーに不快感を与えてはいけない ★★★

どんなサイトがよいサイトなのか？　というのは定義が難しいのですが、少なからず訪問してくれたユーザーに不快感を与えるようなサイトはよいサイトとはいえません。リンクをクリックしてほしいからと彩度の高い色を多用する、もしくは動きのあるボタンを設置することは、逆に怪しいサイトという烙印を押されかねません。

»原色と蛍光色を使わない

彩度（色の鮮やかさの度合い）が高ければ高いほど目をひく効果があります。それを狙ってつい彩度の高い原色や、蛍光色を使おうかと考えてしまいがちですが、原色や蛍光色は目がチカチカしてしまい、ユーザーの目に負担がかかるのでやめましょう。

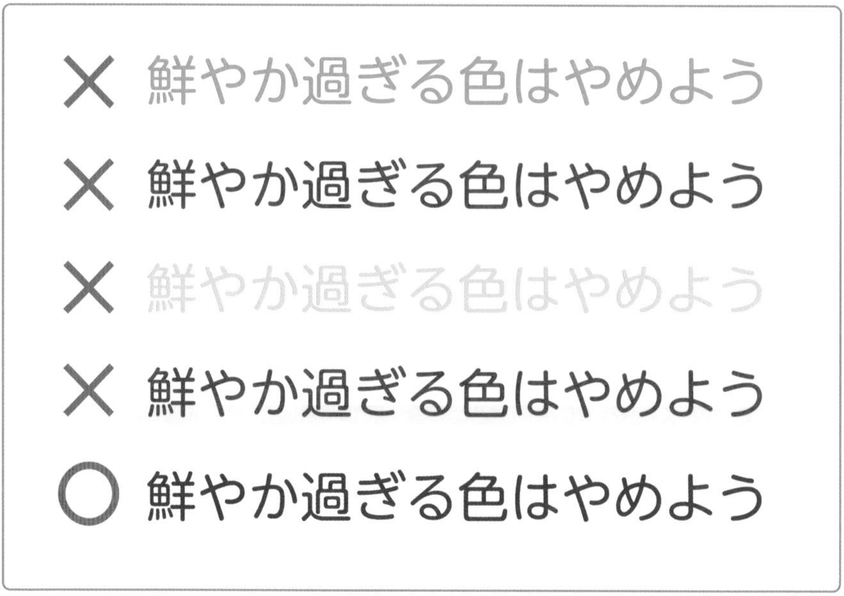
×　鮮やか過ぎる色はやめよう
×　鮮やか過ぎる色はやめよう
×　鮮やか過ぎる色はやめよう
×　鮮やか過ぎる色はやめよう
○　鮮やか過ぎる色はやめよう

》文字色のパターンは2～3色で十分

基本の文字色は純度の高い黒ではなく、少しグレーがかった黒色が望ましいです。筆者はHTMLカラーコード「＃333333」を使用しています。テキストリンクの色はベーシックな青＋下線がよいでしょう。この組み合わせは「これはリンクだ」と多くのユーザーが認識しているためです。テキストリンクの色はGoogleやYahoo！のような検索エンジンが使っている色を参考にするとよいでしょう。そして、強調する文字の色は1～2色あれば十分です。なお、青色を強調文字にすると、リンクと勘違いされてしまうので避けましょう。

基本の文字色

テキストリンクの色

強調する文字色

Googleのテキストリンク（＃1111cc）

Yahoo！のテキストリンク（＃0000de）

》画像はチカチカ点滅させない

アニメーション画像、いわゆる「GIF画像」は、情報の受け手の好みが分かれるところです。チカチカ点滅させる効果はやめておいたほうが無難です。作成するのであればサクっと見られる5秒以内の尺に収めましょう。また、最近ではトップページのヘッダー画像をスライドで表示させるサイトが増えてきました。スライド画像の切り替え間隔は、短くし過ぎないよう調整しましょう。

WordPressのLightningテーマの場合、WordPressの管理画面でナビゲーションメニューの＜外観＞→＜カスタマイズ＞の順にクリックし、「Lightningトップスライドショー」画面でスライド画像の切り替え間隔時間や、スライドの切り替え効果が設定できます。

Section 81

サイトデザインにこだわり過ぎてなかなか記事が書けない

WordPressには、Webサイト全体のテンプレートであるテーマが充実しています。自分好みにカスタマイズすることもできるので、サイト制作の時間を大幅に短縮することができます。

外見より中身が大事

サイトのデザインはこだわり出すとキリがありません。筆者も自分の知識不足ゆえに自分が思い描くサイトが作れず、デザインを一から学びたくなりWebスクールに通っていた時期がありました。半年間HTMLやCSSを学んだ経験は私の財産になっています。しかし、デザインにのめり込むあまり肝心の記事の更新を怠り、当時稼ぎ頭であったサイトのアクセスが激減してしまいました。まさにデザインにこだわり過ぎて商機を逃しまったNG例です。

肝心なのはサイトの中身です。ユーザーにとって有益な情報を届けることを念頭に置き、デザインより存在意義のある中身のあるサイトを作りましょう。スタイリッシュなサイトであっても、まったく検索にも引っかからなくなったら何の意味もありません。

無料素材サイトを活用する

CSSがわからない、自分でコーディングができないという方は、無料素材サイトを活用しましょう。見出しや飾り枠などのパーツを選ぶと、HTMLとCSSそれぞれのコードが掲載されているので、自分のサイトに貼り付けて反映させます。

筆者は「サルワカ」というサイトをよく利用しています。デザインパーツのほか、HTMLやCSSの解説が非常にわかりやすいサイトです。独学でWebデザインを学びたい人におすすめです。

サルワカ
URL https://saruwakakun.com/

WordPressならテーマを変えるだけでデザインが様変わり ★★★

WordPressは、テーマを変えるだけでかんたんにサイトの着せ替えができます。最近ではオシャレなデザインのテーマが増えてきました。その結果、CSSがわからなくてもスタイリッシュなサイトを作ることができるようになりました。テーマの数が充実された分デザインで悩むことが少なくなり、記事を書くことに集中できるようになっています。**デザインにこだわるより、良質なコンテンツを作るためのサイト設計や記事を増やすことに集中しましょう。**

»WordPressテーマの切り替え方法

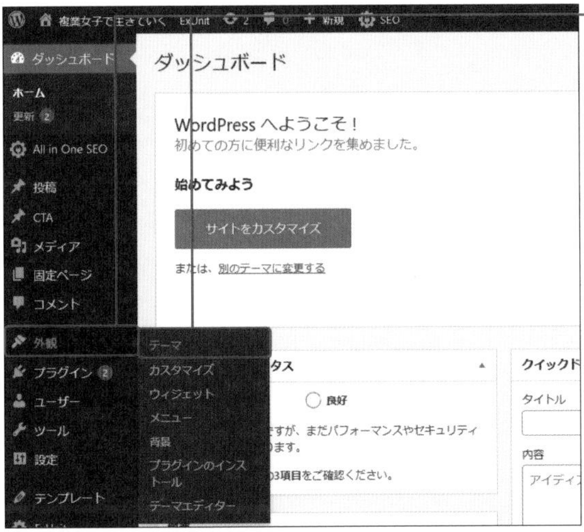

❶ 管理画面でナビゲーションメニューの＜外観＞→＜テーマ＞の順にクリックします。

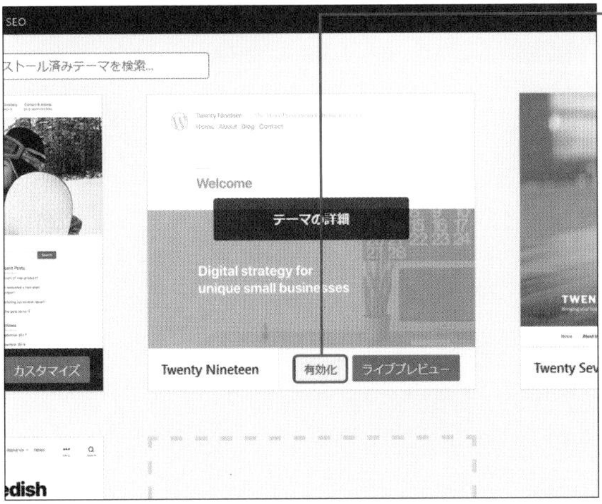

❷ 新しく変えたいテーマが見付かったら＜有効化＞をクリックします。

Section 82

文字数はどれくらいがちょうどよい？

ユーザーがどのような悩みを抱え、何を知りたがっているのかを意識して記事を作成すれば、文字数は大した問題ではありません。文字数を気にするよりユーザーに寄り添ったコンテンツ作りを心掛けましょう。

2,000～4,000字が目安 ★★★

1記事に入れる文字数は2,000～4,000字あれば十分です。4,000字あると検索順位が上がりやすい傾向にあります。その際、記事タイトルには必ずキーワードを入れます。そして記事作成後に誤字・脱字がないよう口に出して読み上げて確認しましょう。

第6章 つまずきやすいNGポイントとその解決策

濃い内容の記事であれば文字数は関係ない ★★★

2019年にGoogleは、自然言語処理技術「BERT」を検索エンジンに採用しました。これにより文章における「文脈を理解する」ということが可能になりました。これからは文字数云々というより、**「濃くて深い情報を提供する」ことのほうが重要**なのではないかと感じています。実際に、実体験をもとにした記事が検索上位表示されています。「隠しキーワードを詰め込み、テキストを多くする」というブラックSEOが通用する時代は終焉を迎えたのです。

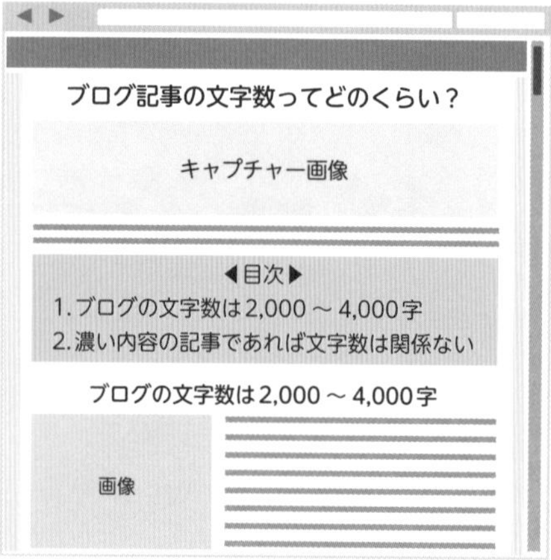

画像やイラストを適度に入れて、見やすいレイアウトにする

文字数より、対策しているキーワードに対して「深い情報を提供する」ことが大事

Section 83

日常の話を書いているけれど、PVが上がらない!

日記を書くのであれば、はてなブログような拡散力のあるブログサービスを利用しましょう。ただし、ビジネスとして収益化させていくなら、日記ではなくWordPressで特化サイトを作ることをおすすめします。

他人の日記で見たいと思うのは有名人の日記くらい

友人・知人への近況報告として書くならよいかもしれませんが、他人が「この人の日常を知りたい」と思うのは芸能人や有名人のものくらいでしょう。**日常の話でPV数がほしいのであれば、情報を届けたいターゲットを設定しましょう。**ターゲットが定まっていないと、伝えたい内容がブレていきます。そして、記事を読んでよかったと思ってもらえるようなためになる情報を届けましょう。たとえば「私が合格率3%の国家資格に一発合格した方法」というタイトル記事があったら、これから国家試験を受験する予定の人や、これから資格の勉強を始める人にとっては有益な情報として受け止められます。

また、日常の話題は検索よりSNSのほうがすぐ反応を得ることができます。Twitterで記事のリンクを貼って、一言書いてツイートしてみましょう。その際にはハッシュタグ(#)を付けることを忘れないように注意しましょう。

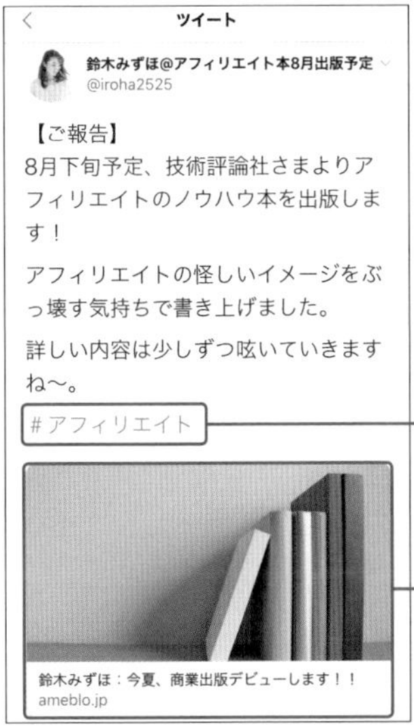
ツイート
鈴木みずほ@アフィリエイト本8月出版予定
@iroha2525
【ご報告】
8月下旬予定、技術評論社さまよりアフィリエイトのノウハウ本を出版します!
アフィリエイトの怪しいイメージをぶっ壊す気持ちで書き上げました。
詳しい内容は少しずつ呟いていきますね〜。
#アフィリエイト
鈴木みずほ:今夏、商業出版デビューします!!
ameblo.jp

ハッシュタグは多過ぎると、投稿できる文字数が足りなくなります(Twitterは140字以内)。

記事を更新したらURLを載せ告知しましょう。

Section 84

一生懸命商品のおすすめポイントを書いているのに広告がクリックされない

商品の特徴やメリットを書いていてもまったく広告がクリックされないのは、ユーザーがわが事として想像できないからです。自分が使ったらどうなるかという未来が想像できない文章から購買意欲を掻き立てられることはないでしょう。

原因①売り込みが強い記事になっている ★★★

売りたい気持ちが先走ってしまうと、売り込み感が強い文章になってしまいます。ユーザーは公式ホームページからコピーした宣伝文句やキレイに並べた言葉を求めていません。運営者であるあなたから発せられる本音が知りたいのです。記事を書く前に、

- **誰に向かって書くのか**
- **何をいいたいのか**
- **商品を使うことによる心や生活の変化**

これらを考えてから記事を作成すると、売り込まずに共感される文章になります。

原因②商品のメリットばかり強調している ★★★

「〇〇を使う３つのメリット」や「〇〇の特徴」という見出しの記事は書きやすい分、誰の心にも刺さらない無難な記事になりがちです。このようなコンテンツがある記事の分析をした結果、ユーザーが読み飛ばしていることが明らかでした。いくらおすすめポイントを並べたところで、ユーザーが必要だと感じなかったらただの宣伝になってしまいます。ユーザーはその商品がほしいわけではなく、その商品を使うことによる変化を求めているからです。

商品の特徴を並べるよりも、「このリフトアップクリームを使ったら異性からのお誘いが増えた」「このポケットWi-Fiに機種変したら出張先でもオンラインゲームができた」といった、商品を使うことによって得られる変化を提示しましょう。また、あえてデメリット面もしっかり伝えることで記事への信頼度を上げることができます。

共感されるための記事の書き方 ★★★

≫ターゲットを明確にする

2018.11.20 | 鞄・バッグ, ファッション | フェリシモ, バッグ | コメントを書く

2泊旅行やジム通いに！フェリシモきれいめBIGバッグは大容量なのになぜかスマート

Tweet　Share　G+1　B! Hatena　Pocket　RSS　feedly　Pin it

私は大きいバッグは持ち歩かない主義。
だって私が歩いているというより、荷物が歩いているようにみえるから。どうしても「重たい女」に見えてしまうから。

筆者は記事を書く前に必ずターゲットを設定しています。左の記事ではタイトルに「2泊旅行やジム通いに」と想定するターゲットをタイトルに意図して入れています。商品を使ってもらいたいターゲット像を設定することで、その人に与えられる変化を伝えることができます。自分が使った情景が想像できるように書くのがポイントです。

≫画像を入れて使用感をしっかり書く

ジム用品を入れても余白ができる

私のBIGバックの使い道は、スポーツジムに行くときに使っています。

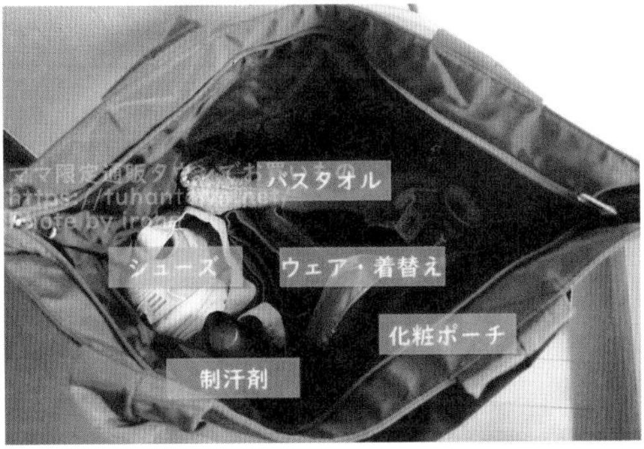

バックの中身はバスタオル、スポーツタオル、シューズ、スポーツウェアの上下、靴下、制汗剤、着替え用のインナー、化粧ポーチ。
これだけでもかなりの量なのですが、まだまだ上部に余白があります。

ジム通いに使うバックとして紹介しているので、実際にジムで必要な持ち物が入ることを写真で表現しています。文章で説明するよりも画像で見せることによって説得力が増します。

◀ ジム用バックとして使った場合、このくらいの量が入るということが画像を見れば一目瞭然です。

Section 85

いろいろなテーマを扱いたいけれど上手くいかない!

多様なテーマを扱うブログを雑記ブログといいますが、際立ったものがないと情報の波に飲み込まれてしまいます。あなたが伝えたいことを明確にしましょう。

何でもありのブログになっていないか？ ★★★

初めてブログに挑戦する人は、いきなり特化サイトを作るのではなく、テーマを決めずに雑記ブログで記事作成に慣れるのもありです。

ある程度記事数が多くなってきたら、**PV数が多い記事やアフィリエイト成果が発生したページ、コメントが付いた記事を分析**しましょう。分析と検証をくり返して記事をリライトします。一度公開した記事を修正して更新するのです。なぜ成果が出たのかを分析し、その成功例をもとに記事を増やしていけば、ほかの記事でも成果が発生しやすくなります。

分析と検証をくり返すことによって、サイトが得意としているカテゴリも見えてきます。それがあなたの強みとなる分野です。専門サイトにスピンアウトさせることによって、より絞られたユーザーが集まるという好循環が生まれます。

記事タイトルと内容が合っているか？ ★★★

記事を書き進めていると、話が脱線し「つまり何をいいたいのか」がわからなくなってしまうことがよくあります。話が脱線しないようにするには、あらかじめターゲット像とかんたんな内容を設定するとよいでしょう。そして、設定したターゲットにどのような情報を届けたらよいのかを考え、それを見出しにします。見出しをあらかじめ決めることで、記事内容がブレるのを防ぐことができます。

第7章

サイトの運営・ステップアップ

Section 86

記事をリライトすることで収益アップを図ろう

記事はリライト（修正）することでブラッシュアップされていきます。データによる検証と改善をくり返すことで記事の質を上げ、サイトの収益化につなげます。主に検証では、無料で使えるツールを利用します。

記事をリライトする意味とは？

記事は書きっぱなしにせず、効果測定をしたうえで記事修正（リライト）を施しましょう。**リライトに必要なのは客観的なデータ**です。数字ベースで分析と検証をくり返します。ページ単位で検証と改善をくり返すことによって、良質なコンテンツを増やすことができます。最終的にサイト名で「指名検索」されるサイトを目指しましょう。

SEO施策の流れ

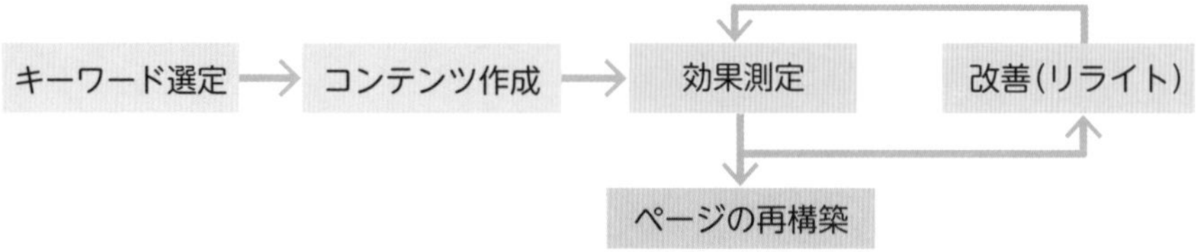

▲コンテンツ作成の1～2カ月後に効果測定をします。

効果測定に必要なデータを取得したら、表を作成し記録します。データから改善点が見えてくるのでその数字をもとにリライトしましょう。結果が思わしくない記事は作り直したり（ページの再構築）、記事を非公開にしたりするなど、検索エンジンに表示させない手段を施します。

効果測定に役立つツール一覧

効果測定をする際に便利なツールを紹介します。リライト前後には必ずデータを取りましょう。

Google Search Console

URL https://search.google.com/search-console

キーワードごとの表示回数や掲載順位、クリック率がわかるツールです。ユーザーがサイトに入る前の分析に使います。

● Google Analytics　URL https://analytics.google.com/

サイト内でのユーザーの行動がわかるツールです。ユーザーがサイトに入ったあとの分析に使います。

● User Heat　URL https://userheat.com

ページ内でのユーザーの行動を見える化できるヒートマップツールです。どこがよく閲覧されているのか、どこまで見られているのかがわかります。無料で使えるツールもあります。

●検索順位チェックツール GRC　URL https://seopro.jp/grc/

3つの検索エンジンの検索順位がわかるツールです。キーワードごとの順位の推移がわかります。

● Ahrefs（エイチレフス）　URL https://ahrefs.jp/

競合サイトの被リンク分析や想定流入キーワードなどがわかる有料ツールです。

更新を Google に知らせる ★★★

記事の追加や変更をしたら、Google Search Console を使って Google のクローラーに巡回を依頼しましょう。

❶ Google Search Console の管理画面でサイトを選択し、＜URL検査＞をクリックします。

❷ リライトしたページの URL を入力し、Enter キーを押します。

❸ ＜インデックス登録をリクエスト＞をクリックします。

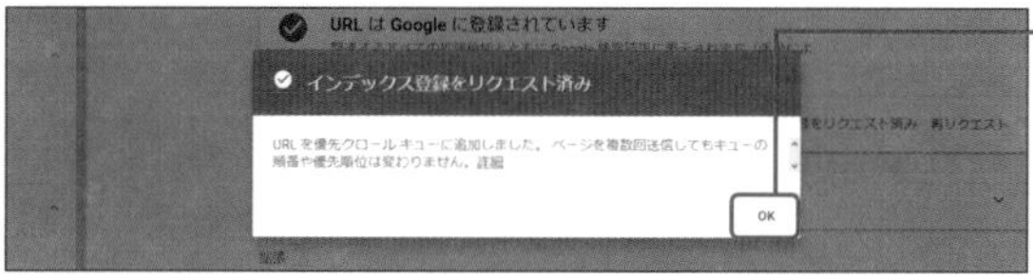

❹「公開 URL がインデックスに登録可能かどうかをテストする」画面のあとで「インデックス登録をリクエスト済み」画面が表示されるので、＜ OK ＞をクリックします。

Section 87

Google Analyticsでサイトを分析しよう

Google Analyticsは、サイト内でのユーザーの行動をチェックできるツールです。サイトを訪れたユーザーにどんな行動をしてほしいかによって、リライト方法も変わってきます。

Google Analyticsでできること ★★★

Google Analytics（グーグルアナリティクス）は、Googleが無料で提供するアクセス解析サービスです。サイトに訪問してきてくれたユーザー数やPV数、離脱率、直帰率、リピート率、スマートフォンから来たのかなどを調査することができます。複数の期間を設定し比較することも可能です。

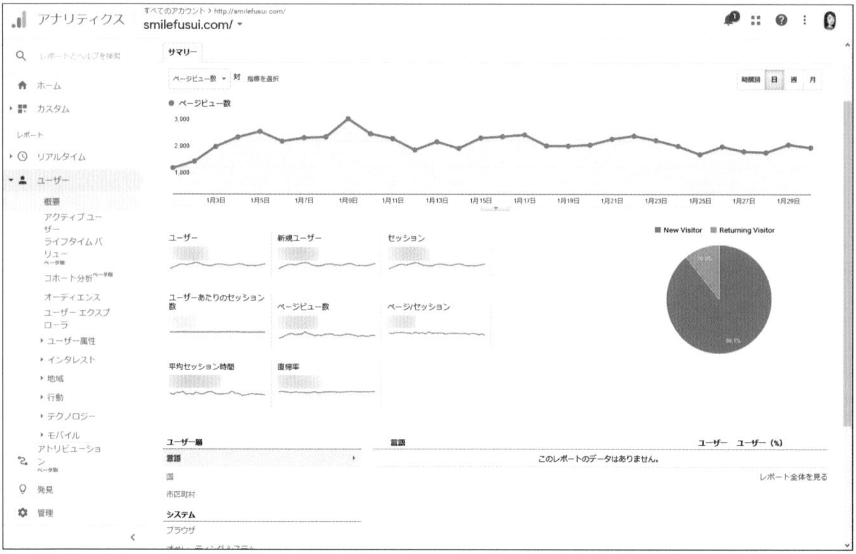

Google Analytics
URL https://analytics.google.com/

コンテンツ分析するうえでの測定ポイント

Google Analyticsに表示される結果は、サイトを検証するうえで大事な項目ばかりなのですが、記事をリライトする際にとくに調査しておきたい測定項目は「平均滞在時間」「直帰率」「離脱率」の３つです。

平均滞在時間

滞在時間とは、ユーザーがそのページを訪れてほかのページに移動するまでの時間のことをいいます。**良質なコンテンツほど時間をかけて読む傾向にある**ので、改善するうえで大切な指針となります。キーワードの検索意図に沿ったコンテンツにすることで滞在時間を延ばせるようにしましょう。ただし、滞在時間が長い場合でもユーザーがページ内で迷子になっていることも考えられるので、一概によいコンテンツとはいえない場合もあります。

直帰率と離脱率

直帰率とは、入口ページだけ見てそのまま帰ったユーザーの割合のことをいい、離脱率は別のページから入ってきて、そのページを最後に見た割合をいいます。

ブログやランディングページ、アフィリエイトリンクをクリックした場合などは直帰率が高くなるので、目的が達成されていれば問題にはなりません。ユーザーを検索画面に帰さないよう対策しましょう。

一方、離脱率はほかのページを経て最後に辿り着いたページなので、あまりにも離脱率が高いページは次のページへの誘導が上手くいっていない可能性があります。コンテンツや誘導方法を見直してみましょう。

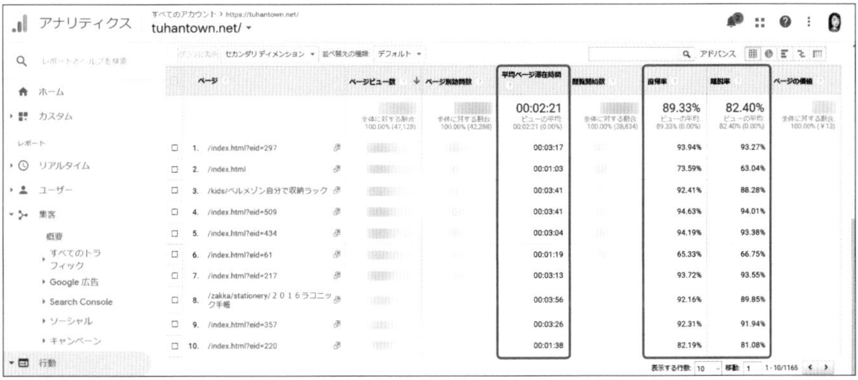

▲ ＜行動＞→＜サイトコンテンツ＞→＜すべてのページ＞の順にクリックして確認します。

Google Search Console でキーワードを分析しよう

Google Search Consoleでは、サイトのキーワードごとの検索順位やクリック数などを確認することができます。これらのデータをもとに、メインキーワードの上位表示を狙っていきましょう。

Google Search Console でできること

Google Search Console（https://search.google.com/search-console）では、どのようなキーワードで検索してページを検索結果に表示させたのかということや、検索結果をクリックしてサイトを訪れたユーザーの数などがわかります。サイトの質を高めるには、ページ単位で検証と修正をくり返していくことが大切です。

①どういったキーワードで検索されたか調査ができる

「検索パフォーマンス」画面で<クエリ>をクリックすると、どのような検索キーワードからの流入だったのかがわかります。

▲ 検索キーワードごとの「クリック数」と「掲載順位」に注目しましょう。

②検索からの流入ページがわかる

<ページ>をクリックすると、検索から流入されたページがわかります。

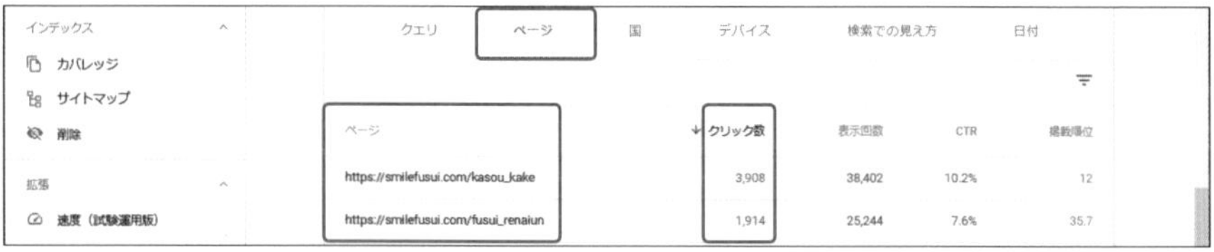

▲ 「クリック数」ではページごとの検索から入ってきた回数がわかります。

第7章
サイトの運営・ステップアップ

ページ単位で検証する ★★★

サイト全体の質を上げるには、ページ単位での分析と修正をくり返すことが重要です。「検索パフォーマンス」でキーワードごとの掲載順位や表示回数、クリック数を調査しましょう。

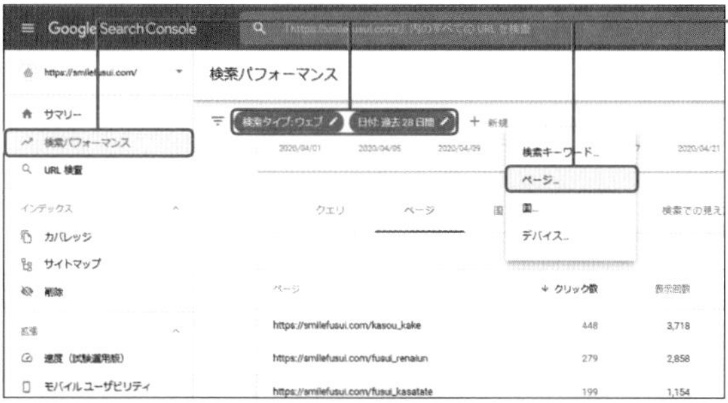

❶ Google Search Consoleの管理画面でサイトを選択し、<検索パフォーマンス>をクリックして、「検索タイプ」をウェブ「日付」を過去28日間に設定したら、<新規>→<ページ>の順にクリックします。

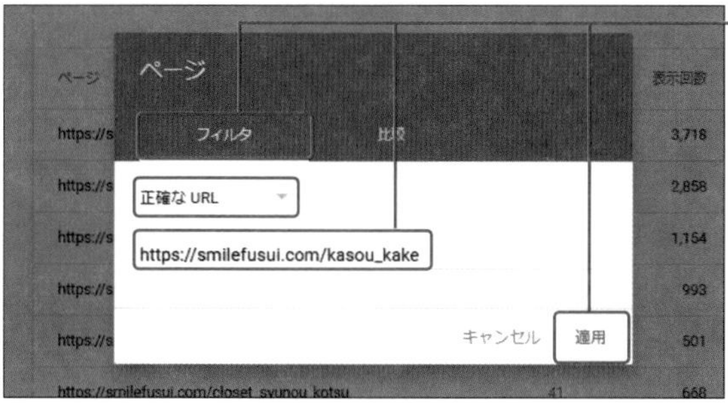

❷ <フィルタ>をクリックし、「正確なURL」を選択し、検証するページのURLを入力したら、<適用>をクリックします。

❸ 結果が表示されます。示される4つの指標からは、上位表示のためにどのような修正が必要なのかを考えることができます。リライト前とリライトの1カ月後にそれぞれ記録を取ることで、修正したことによる検索結果への影響がわかります。

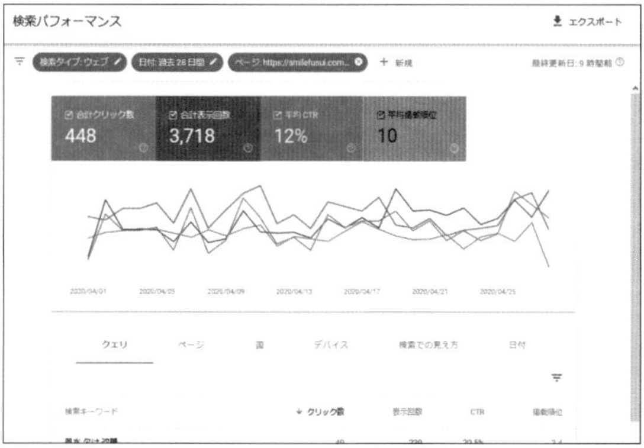

- **合計クリック数**
  ユーザーがクリックしてサイトにアクセスした回数
- **合計表示回数**
  検索結果に表示された回数
- **平均 CTR**
  実際にクリックにつながった割合
- **平均掲載順位**
  検索結果での平均順位

Section 89

分析結果からサイトを改善しよう

収益を生み出すサイトに育てるなら、新規記事を増やすだけではなく、既存記事をリライトしていきましょう。ツールを使って検証と修正をループさせることでサイト全体の質の改善につながります。

検証と修正をループさせる ★★★

検索エンジン対策であれば「Google Search Console」、コンテンツ対策であれば「Google Analytics」のデータをもとにサイトの改善をしていきます。これらのツールを使って検証と修正をくり返すことによってサイト全体の質を向上させます。検索前の行動については「Google Search Console」、検索後の行動については「Google Analytics」と覚えましょう。

- 検索上位表示させたい
- ページへの流入を増やしたい

→ **Google Search Consoleを見る**

- ページビュー数を増やしたい
- リピーターを増やしたい

→ **Google Analyticsを見る**

» 改善事例①もっと記事を見てもらえるようになりたい

Google Analyticsの「滞在時間」と「直帰率」に注目します。滞在時間が短く、直帰率が高い場合は、ユーザーが検索結果に戻ってしまっている可能性が高いです。検索結果に戻ってしまうのは得たい情報がないか、検索タイトルと内容がずれていることが考えられます。検索タイトルと記事内容のズレをなくし、コンテンツの質を高めましょう。

直帰率が高いのは、ほかのページへの導線がうまくいっていないことも考えられます。記事に「よく読まれている記事」として別記事のリンクを貼るなど工夫をしてみましょう。滞在時間を長くするようにコンテンツを修正することで、紹介する商品やサービスに興味を持ってもらえ、収益化につなげることができるようになります。

≫改善事例②検索結果で記事がクリックされるようにしたい

Google Search Consoleの「CTR」（検索結果のクリック率）に注目します。ほとんどの人は検索結果の1ページまでしか見ていません。「Announcing: 2017 Google Search Click Through Rate Study」によると、2017年のGoogleでの検索順位別クリック率は、検索結果の1ページ目の1つ目（1位）のサイトが21.12%、2つ目（2位）のサイトが10.65%、3つ目（3位）のサイトが7.57%となっています。

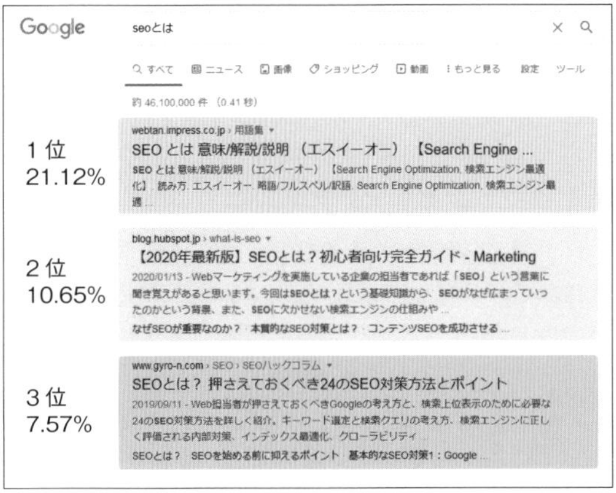

Google
seoとは
すべて
ニュース
画像
ショッピング
動画
もっと見る
設定
ツール
約 46,100,000 件（0.41 秒）
1位
21.12%
webtan.impress.co.jp › 用語集
SEOとは 意味/解説/説明（エスイーオー）【Search Engine ...
SEOとは 意味/解説/説明（エスイーオー）【Search Engine Optimization, 検索エンジン最適化】. 読み方: エスイーオー. 略語/フルスペル/訳語: Search Engine Optimization, 検索エンジン最適 ...
2位
10.65%
blog.hubspot.jp › what-is-seo
【2020年最新版】SEOとは？初心者向け完全ガイド - Marketing
2020/01/13 - Webマーケティングを実施している企業の担当者であれば「SEO」という言葉に聞き覚えがあると思います。今回はSEOとは？という基礎知識から、SEOがなぜ広まっていったのかという背景、また、SEOに欠かせない検索エンジンの仕組みや ...
なぜSEOが重要なのか？ · 本質的なSEO対策とは？ · コンテンツSEOを成功させる ...
3位
7.57%
www.gyro-n.com › SEO › SEOハックコラム
SEOとは？ 押さえておくべき24のSEO対策方法とポイント
2019/09/11 - Web担当者が押さえておくべきGoogleの考え方と、検索上位表示のために必要な24のSEO対策方法を詳しく紹介。キーワード選定と検索クエリの考え方、検索エンジンに正しく評価される内部対策、インデックス最適化、クローラビリティ ...
SEOとは？ · SEOを始める前に抑えるポイント · 基本的なSEO対策1：Google ...

◀参考：Announcing: 2017 Google Search Click Through Rate Study（https://www.internetmarketingninjas.com/blog/google/announcing-2017-click-rate-study/）

この数値を参考に、Google Search ConsoleでページのCTRと照らし合わせてみます。検索順位が高い割にCTRが低い場合は、検索タイトルとディスクリプションを修正しましょう。これらの作業はメインキーワードで検索結果の1ページ目にインデックスされてからでも問題ありません。

クエリ　ページ　国　デバイス　検索での見え方　日付

検索キーワード	↓クリック数	表示回数	CTR	掲載順位
風水 欠け 改善	464	2,186	21.2%	4.5
傘立て 風水	206	1,082	19%	5.1
家相 欠け 対策	156	703	22.2%	3.5
風水 傘立て	131	890	14.7%	6.4
風水 ゴミ箱 恋愛	131	271	48.3%	1.6

Section 90

ブログからスピンアウトしてミニサイトを作ろう

特定のジャンルの記事が増えてきたら、スピンアウトしてミニサイトとして独立させることも考えましょう。少ない労力でコアなファンを集めることができます。

ブログからスピンアウトさせるメリット

ブログやサイトを運営していると、突出してアクセスを稼いでいる記事が出てくることがあります。そのヒット記事が扱っているテーマを深掘りできそうであれば、スピンアウトしてミニサイトを作ることを考えてみましょう。

ミニサイトとは、特定のテーマに絞り込んで情報をコンパクトにまとめたサイトのことです。ニッチなテーマなので具体的な情報を求めているユーザーを集めることができます。記事数が少ない割に、コアなファンが付きやすいのもメリットです。

» メインブログからスピンアウトさせた実例（ミニサイト作り職人和田亜希子さんの場合）

WADA-blog
URL https://wadablog.com/
メインブログ

メインブログから
スピンアウト

備蓄 .com
URL https://bitiku.com/
ミニサイト

初心者のための Windows ムービーメーカー&WindowsLive ムービーメーカー使い方講座
URL https://tsukaikata.net/moviemaker/
ミニサイト

ミニサイト作り職人の和田さんにインタビュー

プロフィール

絞り込んだテーマでサイトを作り、Google AdSenseなどの広告で生計を立てる。「台湾温泉ガイド」など運営。

» Q1：ブログからスピンアウトさせる記事はどういう基準で選んでいますか？

A1：アクセス解析を見ていて、ほかの記事より多くのアクセスが集まっている記事をスピンアウトさせています。具体的には、検索されるキーワードなどから、既存記事だけではカバーしきれないニーズがあると思われること、そして、ブログ内にほかに関連記事がある、または記事執筆はしていないが関連記事を少なくともあと5本以上は作成できるというものをミニサイトにしています。

» Q2：ミニサイトを作るうえで心掛けていることは何ですか？

A2：テーマを広げ過ぎず、ニーズのある人にピンポイントにマッチする範囲に絞ることです。そのために、サイト自体のボリュームも増やし過ぎず、そのテーマにとって最適と思われる記事の本数になるように注意しています。また、自分自身にニーズがあり、自分にとって理想的なサイトを作るようにしています。

» Q3：重複コンテンツ（※）にならないための対策とは？

A3：ブログとミニサイトでは文体や構成も異なるのでリライトを行っています。ブログ記事をそのまま外に出したら、単なるミニブログにしかならないからです。読みやすいよう記事の分割・統合なども行っています。しかし、検索エンジン対策は基本的にやっていないため、実際には重複コンテンツ対策はあまり行っていません。

※ドメイン内または複数ドメインにまたがって存在する、他のコンテンツと完全に同じであるか非常によく似たコンテンツのブロックを指す（引用：Search Consoleヘルプ）。

» Q4：収益を生み出すサイトにするポイントとは？

A4：現状アフィリエイトはほとんどやっておらずGoogle AdSenseがメインのため、ここはあまり意識したことがありません。

Section 91

SNSを活用してファンを増やそう

これからのアフィリエイトサイトは、SEO対策だけでは生き残ることが厳しくなるでしょう。積極的にSNSを活用し、ユーザーとゆるくつながりファンを増やしていきましょう。

リアルな口コミは「SNS検索」、正しい情報は「Google検索」をする ★★★

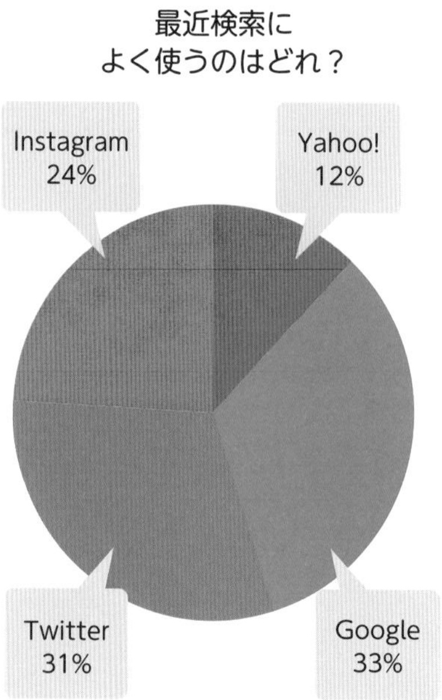

LIDDELL株式会社が行った若年層を対象としたアンケート結果によると、「最近検索によく使うのはどれ？」という検索方法を尋ねる問いに対し、TwitterやInstagramなど「SNS検索」がYahoo！やGoogleなどの検索エンジンでの検索を総数として上回っていることがわかります。リアルな口コミやリアルタイムな情報を知るなら「SNS」、正しい情報を知るなら「検索エンジン」と知りたい情報によって情報入手手段を変えているようです。

SEO対策できる検索エンジンを利用するユーザーは目的を持って調べる「顕在層」なのに対し、SNSは「潜在層」ユーザーとみなすことができます。SNSを活用することでそういった「潜在層」ユーザーとつながることができるのです。

▲ 参照：「Yahoo、Google検索なんてもう古い!? イマドキ若者はTwitter・Instagramで検索!ネットでは「らぶりつ」「ジードラ」「エゴサ」が流行!（https://prtimes.jp/main/html/rd/p/000000012.000011944.html）」より。

SEO以外の集客手段を作る ★★★

SEO対策しかしていないサイトの場合、Googleのアップデートの影響を受けたとき、収益が一気に飛んでしまうことがしばしばあります。年々検索上位を狙うことが難しくなってきていることから、アフィリエイターは**SEO以外の集客チャネルを持つことが必要不可欠**なのです。

各 SNS の特徴

それぞれの SNS の特徴を知ることで、サイトやブログとの相性がわかります。筆者の場合、Instagram は自分の世界観、Twitter は自分の想いや日々考えていること、Facebook はビジネスでつながっている人との人脈形成、と目的を持って SNS を使い分けています。SEO は検索上位表示させるための仕掛けが必要ですが、SNS はユーザーと関係性を作ることができます。

	Instagram	Twitter	Facebook	YouTube
月間利用ユーザー数	3,300 万人	4,500 万人	2,600 万人	6,200 万人
メインユーザー層	10 ～ 30 代、女性が多い	10 ～ 20 代・40 代、若年層が多い	30 ～ 50 代	全世代
拡散性	△	◎	○	△
特徴	・画像がメイン ・世界観が大事 ・ハッシュタグ検索 ・アクティブユーザーが多い	・テキストメイン ・リアルタイム性と拡散力 ・ハッシュタグやリツイート機能あり	・リアルの場に近い（友達申請） ・フォーマル性あり ・実名登録 ・いいねやシェア機能あり	・関連動画で見てもらえる ・投稿者が少ない ・動画編集に技術と時間を要する

SNS を使う目的は「認知」と「共感」

SNS では個人を出すことも大事です。自分の想いや感動した風景などを SNS のタイムラインに載せて発信しましょう。

【SNS を使った理想モデル】

SNS で運営者やサイトを知る → 共感・信頼が生まれる → ファンを作る

友達の口コミでサービスを申し込んだり、商品を購入したりした経験がある人もいるのではないでしょうか？　人は関係性の近い人から商品を購入するといわれています。ブログの更新記事だけを垂れ流しにせず、ファンを作るつもりで更新しましょう。ファンが増えれば、売り込まずに商品が売れていきます。まずはたくさん呟いて、あなたの存在を認知してもらうことから始めましょう。

Section 92

Instagramの活用方法

Instagramは、自分の人となりをビジュアルで表現することができるSNSです。世界観を見せることで認知を広げ、ブログに誘導する流れを作りましょう。

Instagramで「世界観」を伝える ★★★

Instagramはビジュアル訴求がメインのSNSなので、いかにイケてる画像を投稿するかにかかっています。ファッション・美容・化粧品・食品・インテリア・ライフスタイル・雑貨・車・エンターテイメントなどとの相性はバツグンです。Instagramはハッシュタグ検索をする「タグる」文化があります。フォロワーを増やすには「ハッシュタグ」をどう効果的に使うかがポイントになります。

» アフィリエイトでの活用方法

Instagramの投稿では、ブログURLを貼ってもリンク表示になりません。「プロフィールを編集」画面には、「ウェブサイト」という項目があるので、そこにブログURLを入力しましょう。そして、投稿のキャプションにプロフィールを見てもらえるよう一言入れておきましょう。フォロワー数が1万人を超えている場合、ストーリーズにもURLを貼ることができます。

ファッションブロガーのHappYさんは、ブログとインスタグラムで144cmという小柄を生かしたコーディネート術を発信しファンを獲得しています。

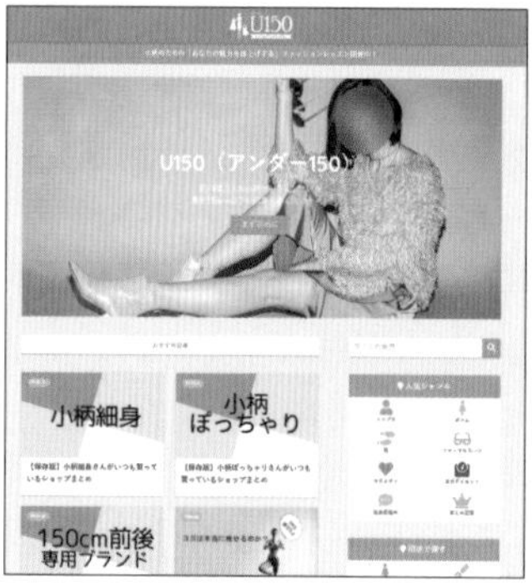

U150（アンダー150）
URL https://chiisai-size.com/

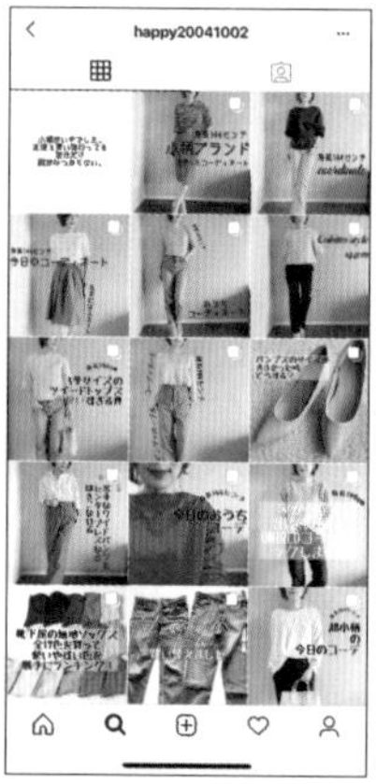

Instagramアカウント
happy20041002

Instagramを上手に活用しているHappYさんにインタビュー ★★★

プロフィール

身長144cm。低身長を魅力に変えるブログを開設。延べ60万ユーザーが訪問。2015年上期「バリューコマースASコンテスト」ユニークサイト部門1位受賞。

»Q1：アフィリエイトを始めたきっかけは？

A1：アフィリエイトを始めたきっかけは、自分の結婚式です。結婚式の演出を知りたくて検索したのですが、自分が満足できるサイトがなく、それなら自分で作ろうと思ったのが始まりです。それから本でアフィリエイトを知り、サイトに取り入れるようになりました。

»Q2：Instagramとブログをどう使い分けていますか？

A2：ブログでは自分がファッションアイテムを買ってみた感想や、記事の質感などを写真と文章で詳しく書くようにしています。公式サイトでは写真がない部分も、しっかり撮影し、自分自身の感想を盛り込むようにしています。Instagramは、文章をしっかり読むというよりは、流し読みをしたい人が多いので、短い文章でまとめるように工夫しています。

»Q3：Instagramの更新ペースは？

A3：毎日更新することもあれば、5日くらい空くこともあります。綺麗な写真を撮ろうと思うと、毎日アップが難しいため、ストーリーズだけはアップしておこうなど、気楽な気持ちで更新しています。

»Q4：Instagramをやっていてよかったことは？

A4：「ファッション雑誌は、身長の高い人ばかりで参考にならないけれど、同じような身長のコーディネートなので参考になる」といわれると、やってよかったなぁと思うことがあります。最近は「インスタ映え」のように写真だけで魅せるよりも、写真に文章があるほうが見る人の反応がよいと感じています。 また、日々のコーディネートだけではなく、自分の考えや想いを伝えることでフォロワーが増えることもあります。「へ～そうなんだ」と思えるようなお役立ち情報や、「わかるわかる！」というような共感できる文章を書くように心掛けています。

Section 93

Twitterの活用方法

Twitterは、リアルな本音やリアルタイム情報が好まれるSNSです。宣伝や告知は必要最小限にし、自分が有益だと感じた情報をツイートすることから始めましょう。

面白ネタやためになることは拡散されやすい ★★★

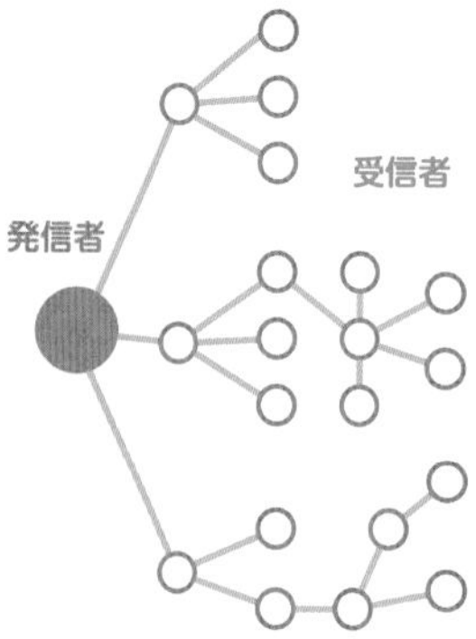

▲ Twitter の拡散力イメージ

Twitter はとくに 10 ～ 20 代と 40 代に利用者が多い SNS です。特筆すべきは「拡散力の強さ」でしょう。誰かがリツイートすればそれを見た人がフォローしてくれる可能性もあります。リツイートが多ければ多いほどフォロワーが増えるという好循環を生み出しやすいのが特徴です。

リツイートされるには、面白ネタや役に立つことをツイートしましょう。「役に立った」「広めたい」がリツイートされる条件です。そして、自分の想いをツイートすることも大事です。この人が私の気持ちを代弁してくれたと感じるとリツイートしたくなります。「共感」は SNS において大事なファクターなのです。

» アフィリエイトでの活用方法

●自分のサイトと関連性のあるユーザーをフォローする

商材を使いそうな顧客層をプロフィール検索してフォローしましょう。関連のあるキーワードについてツイートしているユーザーもフォロー対象です。

●ためになる雑学をツイートする

Twitter はあくまでも認知してもらうことが目的です。サイトに関連する雑学ネタをつぶやきましょう。その場合、サイト名のハッシュタグを付けましょう。

●ブログ更新のお知らせは注意が必要

ブログサービスの「同時投稿機能」は便利な機能ですが、ブログ記事の告知だけにならないように注意しましょう。宣伝や告知は最小限にすることをおすすめします。告知をするのであれば、読みたくなるような誘導文（リード文）を入れましょう。

Twitter アナリティクスで分析する ★★★

Twitter は、フォロワー数が重要だと考えがちですが、フォロワー数よりも「エンゲージメント」を重視しましょう。「エンゲージメント」とは、自分のツイートにどのくらいの反応があったかを表す指標です。Twitter アナリティクスを使って反応がよかったツイートの傾向を分析してみましょう。

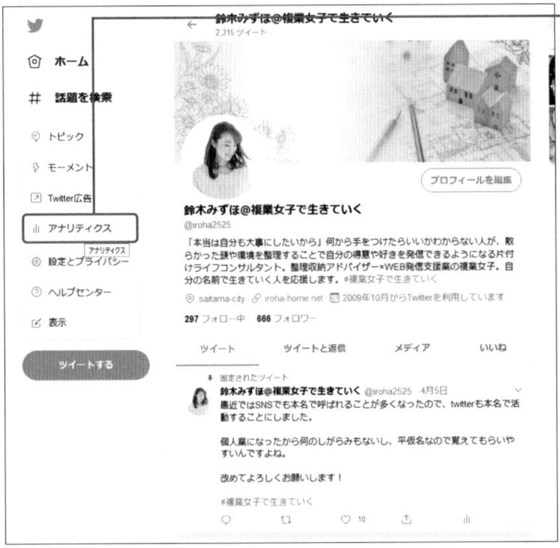

❶ Twitter のプロフィール画面でメニューの<もっと見る>をクリックし、<アナリティクス>をクリックします。

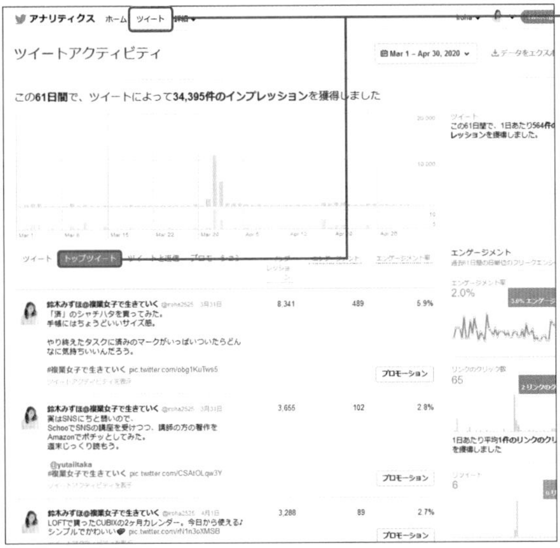

❷ <ツイート>をクリックすると、ツイートアクティビティが表示されます。<トップツイート>をクリックすると、インプレッション（ツイートがユーザーに見られた回数）の高い順でツイートが表示されるので、なぜ反応が高かったのかを分析するヒントになります。

Section 94

キャンペーンやコンテストに応募しよう

新規でサイトを立ち上げたら、ASPが実施しているキャンペーンやコンテストに応募してみましょう。入賞すると賞金獲得だけでなく、それ以上の価値がもたらされます。

コンテストに応募するメリット

ASPや広告主は随時コンテストを実施しています。コンテストに応募するメリットは、受賞したという実績が得られることです。入賞はあなたの実績となるので、賞金以上の価値をもたらします。「コンテストに応募する」と決意するだけで記事の仕上がりが変わってくるものです。応募者が少ない場合は入賞する可能性が高くなるので、ぜひ応募してみましょう。

» 入賞するメリット

入賞するということは、**企業から認められたという立派な実績**となります。筆者は入賞が直接のきっかけかはわかりませんが、特別なイベントに招待されたり、無償での商品提供などのオファーが受けやすくなったように感じます。入賞したらブログにコンテスト受賞歴のページを作り、実績として残しましょう。入賞するとASPサイトの結果発表ページから貴重な被リンクを獲得できます。被リンク獲得の意味でもコンテストに応募する価値があると思います。

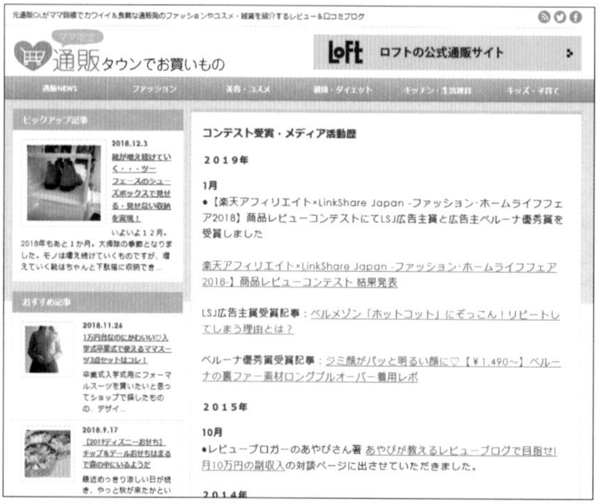
元通販OLがママ目線でカワイイ＆良質な通販発のファッションやコスメ・雑貨を紹介するレビュー＆口コミブログ
通販タウンでお買いもの
LoFt ロフトの公式通販サイト
コンテスト受賞・メディア活動歴
2019年
1月
●【楽天アフィリエイト×LinkShare Japan -ファッション･ホームライフフェア2018】商品レビューコンテストにてLSJ広告主賞と広告主ベルーナ優秀賞を受賞しました
楽天アフィリエイト×LinkShare Japan -ファッション･ホームライフフェア2018-】商品レビューコンテスト 結果発表
LSJ広告主賞受賞記事：ベルメゾン「ホットコット」にぞっこん！リピートしてしまう理由とは？
ベルーナ優秀賞受賞記事：シミ顔がパッと明るい顔に♡【¥1,490〜】ベルーナの裏ファー素材ロングプルオーバー着用レポ
2015年
10月
●レビューブロガーのあやぴさん著 あやぴが教えるレビューブログで目指せ！月10万円の副収入の対談ページに出させていただきました。
2014年
2018.12.3
2018.11.26
2018.9.17

◀ 受賞歴は時系列で掲載します。受賞したコンテスト名、賞の名称、受賞した記事タイトルを記載し、リンクを貼りましょう。

キャンペーンやコンテストの種類 ★★★

サイト作成コンテスト

ASPでは新規登録サイトを対象としたサイト制作コンテストを随時実施しています。入賞賞金はほかのコンテストより高めに設定されているので、ASPに新規サイトを登録した際にはエントリーしてみましょう。

アクセストレード サイト作成コンテスト2020
URL https://www.accesstrade.ne.jp/cp/contest2020/

レビューコンテスト

レビューコンテストは、ASP主催の大型イベントのコンテンツの1つとして実施されることが多いです。イベントに参加すると決めたらコンテストのエントリーを考えてみましょう。コンテストにエントリーする前提でイベントに参加すると、広告主に聞き逃しがないようにメモを取ったり、構図を考えながら写真を撮ったりするようになります。つまり、イベント参加への意識が変わってくるのです。

新規サイトキャンペーン

新規サイト登録で報酬がもらえるキャンペーンです。記事に広告を貼ってキャンペーンに応募するだけで報酬やポイントがもらえます。各ASPでは、ほかにも初オーダーでボーナスがもらえるなどのキャンペーンを行っています。サイトを立ち上げたらぜひキャンペーンに応募してみましょう。

Section 95

イベントで仲間を作ろう

アフィリエイトは基本的に1人でもくもくとサイトを更新するので、とても孤独です。まして収益にならないとモチベーションも下がりがちです。そんなとき、支えになるのが励まし合うアフィリエイター仲間です。

仲間を作るとこんなによいことがある！

①情報を共有できる

SNSで仲間とつながることによって、アフィリエイトに関する情報が入りやすくなります。1人でもくもくと作業していると煮詰まることがよくあります。そんなときにSNS投稿をすると誰かしら答えてくれます。同じような悩みを抱えているので、少し話すだけでも気持ちがかなり楽になれます。

②モチベーションが上がる

筆者には全国にアフィリエイター仲間がいます。SNSやリアルでつながっているとたくさんの刺激を受けます。もし私に仲間がいなかったらアフィリエイトを続けていたかわかりません。アフィリエイターは個性的な人が多いので、普段の生活圏では知り合えないようなタイプの人と出会えるのも、アフィリエイトを続けている理由の1つです。

③イベント参加が楽しくなる

イベントへの参加は、自分やサイトを知ってもらえる絶好の機会です。1回きりでは覚えてもらえないので、さまざまなイベントに顔を出して自分を覚えてもらいましょう。イベントに参加したときに知り合いがいるというのは心強いものです。また、筆者は過去5回某広告主協賛で、アフィリエイター向けのお料理イベントを主催しました。下記の写真の回ではリアルとオンライン合わせて約20名のアフィリエイターが参加してくれました。

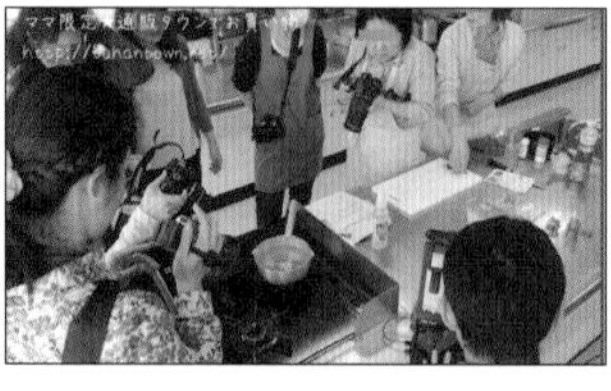

◀ 過去に主催したお料理イベントのようすです。

第7章 サイトの運営・ステップアップ

アフィリエイター仲間の作り方

積極的にイベントに参加する

まずはリアルのイベントに参加しましょう。ネットでもつながる方法はあるかもしれませんが、素性がわからない人とリアルで会うことはおすすめしません。筆者は初めて参加したイベントで登壇していた有名なアフィリエイターの方に近付いて名刺交換してもらいました。

イベント後の懇親会に参加する

イベント後に懇親会がある場合は参加することをおすすめします。主催者の母体がしっかりしている団体かどうかが判断基準となります。決して怪しいネットビジネスの懇親会には参加してはいけません。彼らのカモになるだけです。大型イベントの懇親会ではほとんどの人が初対面です。普段は初対面の人との会話が苦手な場合でも、お酒の力を借りることで打ち解けられることだってあります。お酒が弱い人でもアフィリエイトに関する情報が飛び交っているので、参加するメリットは計り知れません。

名刺交換はマスト

新たに出会ったアフィリエイターや広告主、ASP担当者とは必ず名刺交換をしましょう。そして名刺交換後にはFacebookでお友達申請をしてゆるくつながりましょう。筆者は頂いた名刺に出会った日付とイベント名をメモしています。名刺管理アプリに保存することもおすすめです。

アフィリエイター名刺を作る

名刺に入れる項目

- ハンドルネーム
- 運営サイト名とURL
- メールアドレス
- コンテスト受賞歴
- SNSアカウント

ネットではハンドルネームが主流なので、名刺に実名を載せなくてもOKです。住所は載せないほうがよいでしょう。載せるなら都道府県くらいにとどめておきましょう。顔写真があると覚えてもらえやすいです。抵抗があるのであれば似顔絵がよいでしょう。筆者の場合、アフィリエイター用と広告主用の2種類の名刺を用意しています。広告主用名刺には商品提供を受けることも考えられるため、本名・住所・電話番号も掲載しています。

名刺作成に役立つサイト一覧 ★★★

ラベル屋さん

ラベル屋さんの名刺用紙を購入したら、Web サイトから無料で名刺が作成できます。5,000 点以上のテンプレートのデザインから選ぶことができます。

URL https://www.labelyasan.com/

vistaprint

100 枚 980 円（税別）で名刺作成を依頼できます。紙の種類が選べ、特殊印刷加工や両面印刷が可能です。

URL https://www.vistaprint.jp/

QRのススメ

SNS でつながるなら、SNS アカウントを QR コードにして名刺に掲載しましょう。QR コードを読み取るだけでつながれるようにしてあげれば、名刺をもらった相手にとって親切です。

URL https://qr.quel.jp/design.php

付録

アフィリエイトに便利なサービス、Web サイト、情報集

Appendix 01

アフィリエイトASP一覧

アフィリエイトは、広告主とアフィリエイターをつなぐASPと提携することから始まります。ここで紹介するASPは信用と実績のあるASPです。複数のASPに登録して、あなたに合ったパートナーを見付けましょう。

アフィリエイト ASP 一覧

国内 ASP	バリューコマース	https://www.valuecommerce.ne.jp
	A8.net	https://www.a8.net
	リンクシェア	https://www.linkshare.ne.jp
	TG アフィリエイト	https://www.linkshare.ne.jp/TG/
	アクセストレード	https://www.accesstrade.ne.jp
	JANet	https://j-a-net.jp
	afb	https://www.afi-b.com
	もしもアフィリエイト	https://af.moshimo.com
	xmax	https://www.xmax.jp
	e-click（イークリック）	https://www.e-click.jp
独自アフィリエイト	Amazon アソシエイト	https://affiliate.amazon.co.jp
	楽天アフィリエイト	https://affiliate.rakuten.co.jp
	セブンアフィリエイト	https://7af.omni7.jp/top
	iTunes アフィリエイトプログラム	https://www.apple.com/jp/itunes/affiliates/
	エスプリラインアフィリエイト（英語教材「スピードラーニング」のアフィリエイトプログラム）	https://asp.esprit.ne.jp
クリック報酬型広告	Google AdSense	https://www.google.com/adsense/start/

このほかにも、紹介や招待などで登録できるクローズド ASP があります。

Appendix 02

アフィリエイトで知っておくべき用語集

アフィリエイトをしていると、専門用語が数多く登場します。ここでは、代表的な用語を紹介します。わからない用語があれば必ず確認しましょう。

アフィリエイト用語集

CTR	クリック率のこと
CV（コンバージョン）	案件の成果地点。ユーザーが商品購入や資料請求、会員登録をすることで達成される。広告主によって成果地点は異なる
CVR	コンバージョン率のこと
Cookie（クッキー）	サイトを訪問したときにサーバーがパソコンに一時的に保存する情報ファイル、またはそのしくみのこと。ASPがCookieを利用して成果発生までの経緯を確認している
EPC	アフィリエイトリンクの1クリックあたりの平均報酬発生額のこと
PV（ページビュー）	Webページのアクセス数の単位。1ページ閲覧で1PVとカウントされる
SEO	「検索エンジン最適化」の略称。Googleなどの検索エンジンで上位表示するためにWebサイトのコンテンツや構造を最適化させる施策
アフィリエイトタグ	リンクコードとも呼ばれ、アフィリエイト広告をサイトやブログに貼り付ける際の英数字と記号の羅列のこと
インプレッション数	広告がWeb上に表示された回数
クリック数	サイトやブログに掲載した広告がクリックされた回数
最低支払い額	アフィリエイト報酬を振り込まれる報酬の支払い条件金額。条件額に達していないと報酬の支払いがくり越される
サイトマップ	サイトマップにはHTMLサイトマップとXMLサイトマップの2通りがある。HTMLサイトマップはサイト内のページリンクをまとめた目次にあたるページ、XMLサイトマップはGoogleなどの検索エンジンにサイトのページ情報を知らせて認識させる役割がある
承認率	発生したアフィリエイト成果のうち、広告主が成果を承認した割合
セッション数	ユーザーがサイトを訪問した回数
特別単価	通常のアフィリエイト報酬単価より報酬が高くなるしくみ。ある一定の成果を出しているアフィリエイターだけに提供される。自分から交渉するパターンもある
内部リンク	同じブログやサイト内で行き交うリンクのこと。SEO対策において外部リンクの獲得と同様に重要な施策とされている
被リンク	外部リンクとも呼ばれる。別のサイトやWebページからリンクをされること。SEOにおいて重要な施策の1つ
ファーストビュー	ユーザーがサイトにアクセスしたとき、最初に目にする部分。この部分の表示によって続きを読むかどうか判断されるケースが多い
ユニークユーザー（UU）	サイトを訪れた人数のこと。1人が5回サイトを訪れても「UU＝1」となる

Appendix 03

サイト配色に役立つおすすめサイト

サイトやブログを制作するときに頭を悩ますのが「配色」です。配色は自分のセンスだけで考えるよりも、Webサイトや書籍を見て参考にするのが近道です。ここでは筆者のおすすめのサイトを紹介します。

配色に役立つおすすめサイト

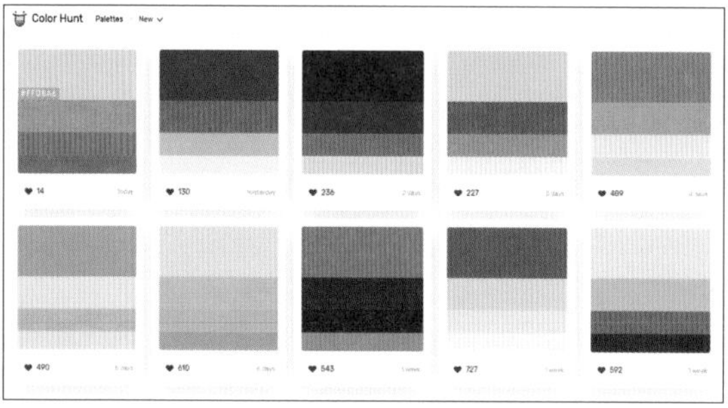

Color Hunt

URL https://colorhunt.co

◀ 見ているだけで癒される海外の配色サンプルサイトです。お気に入りの配色は ♥ をクリックすると仮保存ができます。配色サンプルにマウスを合わせるとカラーコードが表示されます。

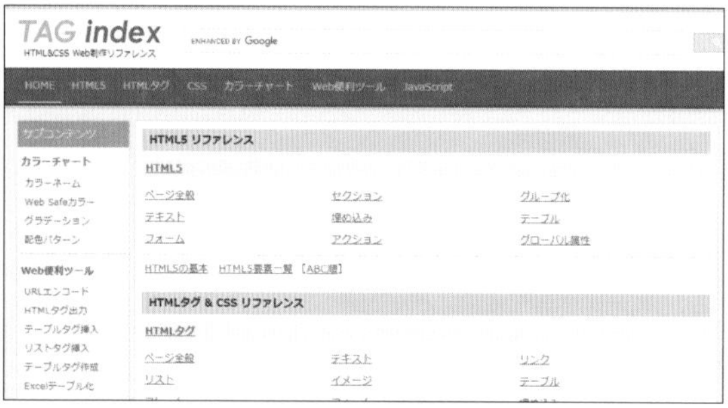

TAG index

URL https://www.tagindex.com

◀ 多くの色をチョイスしたい人におすすめのサイトです。<カラーチャート>をクリックすると、色見本を見ることができます。HTML や CSS のタグを調べたいときにもたいへん役立ちます。

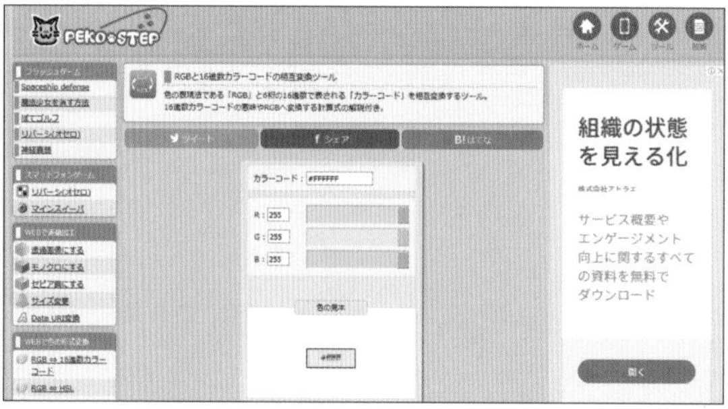

PEKO STEP

URL https://www.peko-step.com

◀ 「RGB と 16 進数カラーコードの相互変換ツール」（https://www.peko-step.com/tool/tfcolor.html）が便利です。どうしてもほしい色が RGB で表記されているというときに、RGB を 16 進数のカラーコードに変換することができます。透過画像作成ツールやカラーチャートもあります。

画像編集ソフト「PhotoScape」の便利な機能

「PhotoScape」は無料で使える画像編集ソフトですが、無料とは思えないほど使える機能がたくさんあります。ここでは、3章で紹介しきれなかった便利な機能を紹介します。

画像に特殊加工を加える

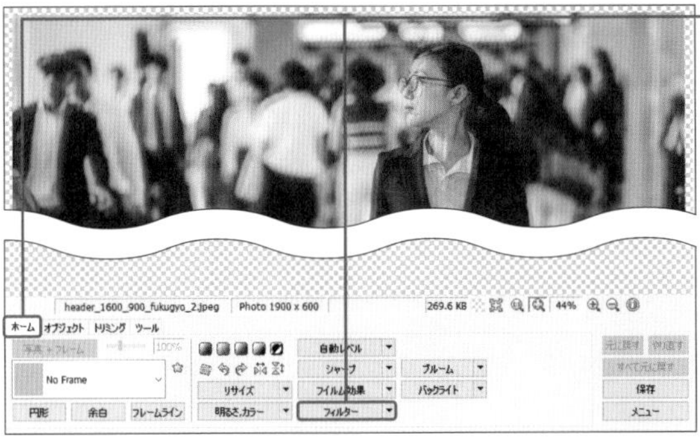

❶ P.138を参考に「PhotoScape」の画像編集画面を表示し、編集したい画像を選んだら＜ホーム＞をクリックします。＜フィルター＞をクリックすると特殊効果を加えることができます。

複数の画像を1つに結合させる

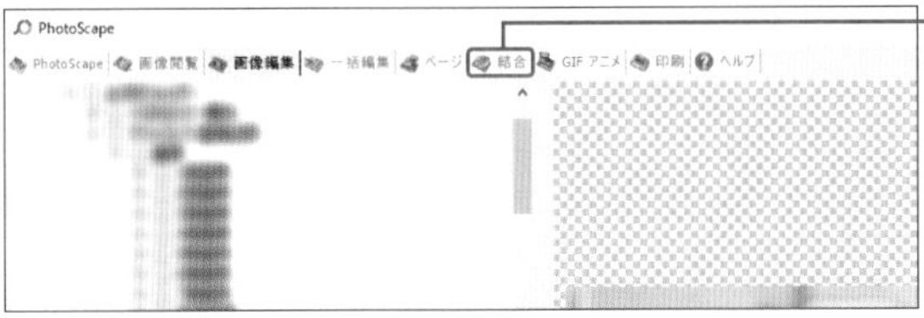

❶ 画面上部タブで＜結合＞をクリックします。

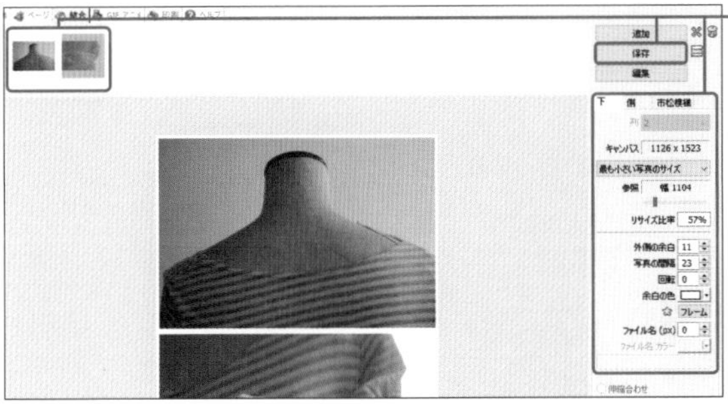

❷ 結合する画像をすべて作業スペース上部にドラッグ&ドロップし、画面右側のメニューで結合スタイルや余白の間隔を調整したら、＜保存＞をクリックします。

Appendix 05

アフィリエイトでも確定申告は必要?

アフィリエイト収入は立派な事業所得です。そのため、原則確定申告が必要です。しかし、課税所得額によっては確定申告をしなくてもよいケースがあります。

アフィリエイターは原則確定申告が必要 ★★★

前年の1月1日から12月31日までの1年間に生じた所得について、翌年の2月16日から3月15日までに所轄の税務署まで確定申告を行う必要があります。所得税は「収入」ではなく経費を差し引いた「所得」に課税されます。

「アフィリエイト収入」 － 「必要経費」 ＝ 「アフィリエイト所得（利益）」
「所得」 － 「所得控除（基礎控除48万円含む）」 ＝ 「課税所得」

» 専業は48万円超え、副業は20万円超えなら確定申告が必要

確定申告の必要がある人は、①専業で年間48万円超えの所得がある人（専業主婦や学生など）、②給与をもらっていて副業所得が年間20万円超えの人（給与を受け取り年末調整をしている会社員など）となります。本来すべき申告をしないと重いペナルティが課せられるのでしっかりチェックしておきましょう。

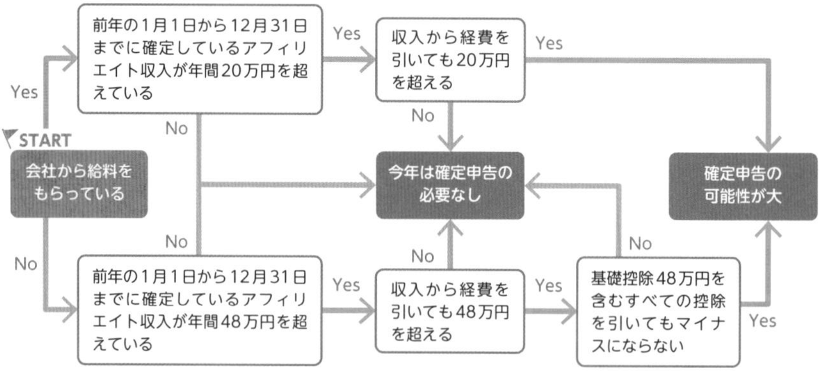

▲ 自分は確定申告が必要かどうかしっかり確認しておきましょう。

※1 令和2年以降、基礎控除額が変更となります。所得金額により、基礎控除額が異なることになるので注意しましょう。
※2 所得金額が20万円以下でも住民税の申告が必要な場合もあります。

“報酬が確定したとき” が売上計上のタイミング ★★★

アフィリエイトの場合、アフィリエイト報酬が銀行口座に振り込まれた日ではなく、報酬金額が確定した日が売上として計上するタイミングとなります。たとえば1月10日に入金されていたとしても、前年の10月31日に報酬が確定していれば、10月分の売上として申告対象になります。

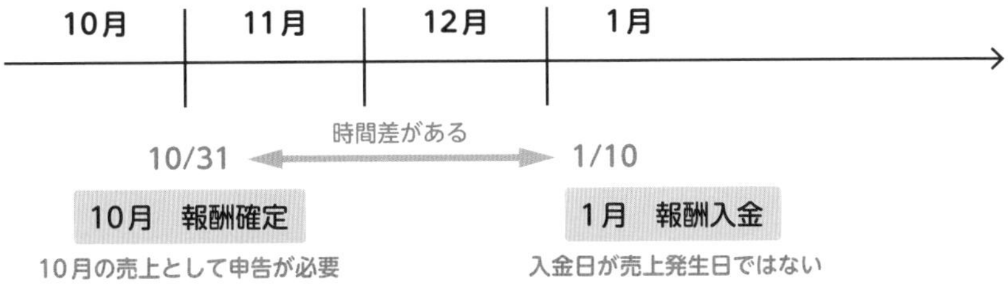

アフィリエイトの経費になるものは？ ★★★

アフィリエイトの経費として計上できるものは、以下のような、アフィリエイト報酬を得るために必要とした支出になります。「これは経費なのか？」という疑問が生じたらネットや書籍で調べましょう。

- **旅費交通費** …… セミナーやイベントの交通費や駐車代など
- **水道光熱費** …… パソコンの電気使用量など
- **通信費** ………… レンタルサーバー代、独自ドメイン代、ネット回線使用料など
- **接待交際費** …… セミナーでの懇親会費、オフ会参加費用など
- **消耗品費** ……… 10万円以下のパソコン、デジタルカメラ、プリンター、プリンターのインク代、パソコンソフトなど（10万円以上のものは減価償却資産となります）
- **新聞図書費** …… アフィリエイト業務に必要な書籍代やホームページ制作関連の書籍代など
- **雑費** …………… アフィリエイトセミナーの参加費、ASPの振り込み手数料、レビュー商品購入費など

※この情報は、令和2年5月時点での法令にもとづくものです。最新の法令情報を国税局HPで確認しましょう。
参照：日本アフィリエイト協議会「個人アフィリエイターによる所得税の確定申告情報まとめ」
（https://www.japan-affiliate.org/topics/kakutei/）
参考書籍：今瀬ヤスオ・今瀬オサム, 世界一わかりやすいネットで稼ぐ人の「確定申告」塾, セルバ出版, 2011.

Appendix 06

副業で確定申告する方法

お小遣い稼ぎにアフィリエイトを始めるサラリーマンの方も多いことでしょう。副業として始めるなら会社の就業規則をチェックし、副業OKかどうかを必ず確認しておきましょう。

確定申告が必要な副業所得ラインは「年間20万円超」

会社員は勤務先が年末調整によって所得税を精算してくれるため、原則確定申告の必要はありません。しかし、①1年間の副業所得金額が20万円を超えている　②給与額が2,000万円超え　③2か所以上から給与をもらっている　などの条件に当てはまる場合は確定申告が必要となります。ただし、1年間の副業所得額が20万円以下の場合でも確定申告をすれば税金が戻ってくる場合もあります（還付申告）。

確定申告で用意する書類

- 確定申告書A（第一表）
- 確定申告書A（第二表）
- マイナンバーカードのコピー（表裏両面）もしくはマイナンバーカードの通知書か住民票のコピー（マイナンバーがわかる面に限ります）
- 身分確認ができる書類のコピー（運転免許証など）

平成31年（2019年）4月1日以後に提出する所得税の確定申告書より、給与所得の源泉徴収票などの添付が不要となりました。

給与と雑所得の記入方法

確定申告書の作成には源泉徴収票が必要になります。たいがい年末調整が終わったら会社からもらえます。会社員はこの源泉徴収票にもとづいて確定申告書を作成します。

アフィリエイト所得を「雑所得」とした例で説明します。アフィリエイト所得の内訳は次のようになっています。

- アフィリエイトの収入金額…… 500,000円
- アフィリエイトの必要経費…… 200,000円
- アフィリエイトの所得金額…… 300,000円

収入金額等の㋐には源泉徴収票の「支払金額」の額を記入します。収入金額等の㋒にはアフィリエイトの収入金額を記入します。

所得金額の①には源泉徴収票の「給与所得控除後の金額」の額を記入します。所得金額の②にはアフィリエイト収入から必要経費を引いた所得金額を記入します。所得金額の⑤には①と②の合計額を記入します。

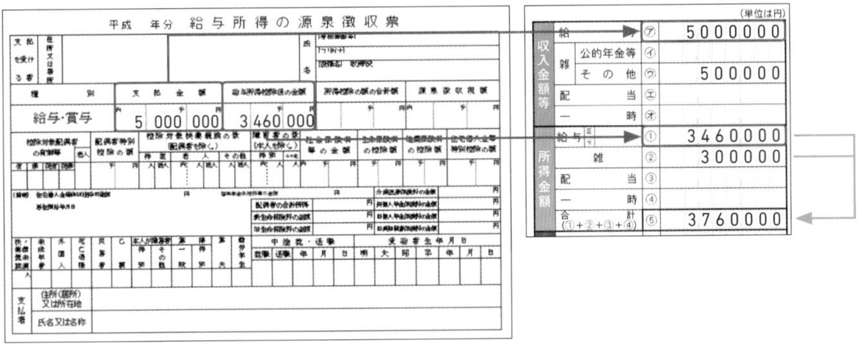

会社にバレずに副業ってできるの？　★★★

副業していることを会社に知られないようにするには、確定申告書A第二表の「給与・公的年金等に係る所得以外の所得に係る住民税の徴収方法の選択」で「自分で納付」に丸を付けます。こうすることで、会社が従業員に代わって住民税を納める「特別徴収」から「普通徴収」に変更することができます。住民税を自分で納めることにはなりますが、会社には給与以外の収入があることを知られることがありません。ただし、就業規則で副業禁止となっている場合、懲戒処分になる可能性も十分あります。リスクが伴うことを理解しておきましょう。

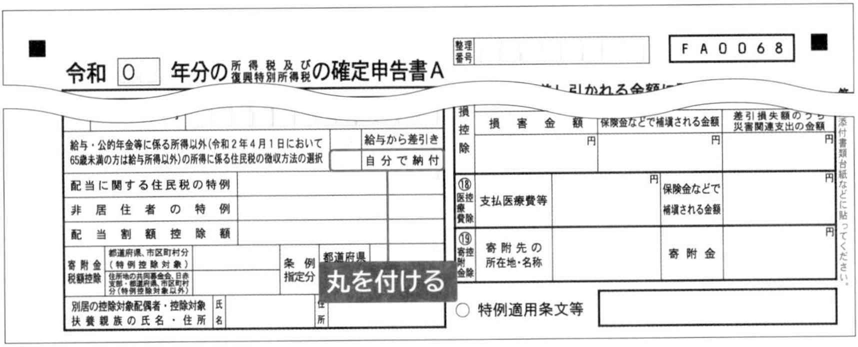

Appendix 07

1つの収入源だけで大丈夫？

アフィリエイトは、ユーザー目線に立ってコツコツとサイトを運営していくことで、収益化できる可能性を秘めています。景気次第で雇用状況は変化するものです。ここで複数の収入源を持つことの意味を考えてみましょう。

約7割の人がコロナの影響で月の収入が1万円以上減っている

Q コロナの影響で月に収入はどれくらい落ちそうでしょうか？

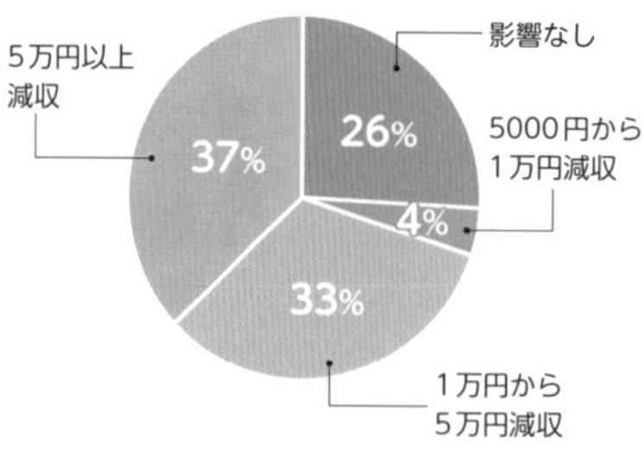

2020年に入り、新型コロナウィルス感染症（COVID-19）が日本のみならず世界で猛威を振るう中、経済や雇用面にも暗い影を落としています。Aishare株式会社が行った「新型コロナウィルス（COVID-19）による収入の影響」のアンケート結果によると、約7割の人が月の収入が1万円以上減るだろうと回答をしています。今後は経済や雇用に与える影響はさらに大きくなると予想されます。

出典：新型コロナウィルス（COVID19）による収入の影響と、新型コロナウィルスの影響で始める副業に関するアンケート調査（https://prtimes.jp/main/html/rd/p/000000005.000041150.html）

副業をしている人の約7割が年収299万円以下

厚生労働省が発表した資料によると、副業をしている人の67.3%が本業の年収が299万円未満であることがわかります。

本業の所得階層別でみた副業している者の数

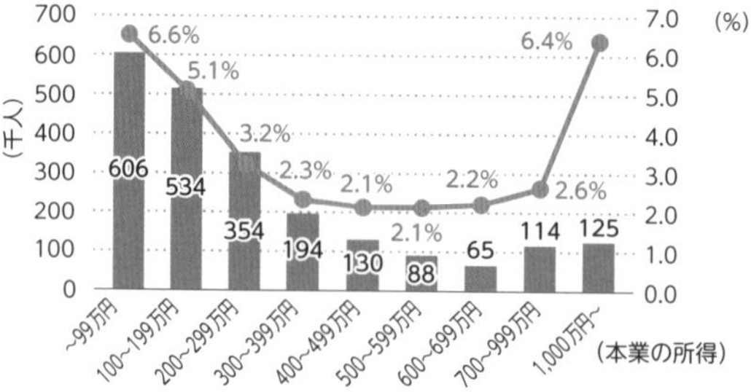

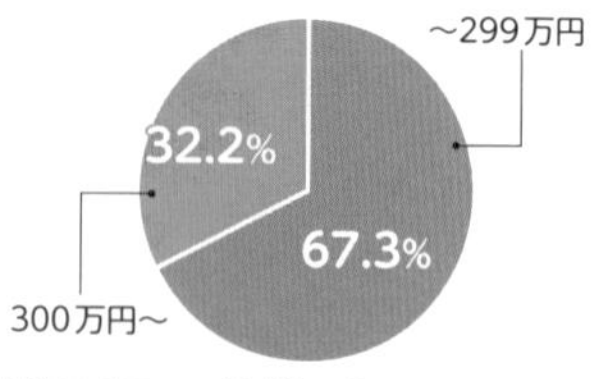

(注) 円グラフの構成比の算出に当たっては、「雇用者」の「総数」を分母としているため、合計は100%とならない。

出典：平成29年就業構造基本調査（https://www.stat.go.jp/data/shugyou/2017/index.html）

また、株式会社ビジュアルワークス「2019年4月　副業に関する意識調査」によると、副業する理由でもっとも多いのが「お小遣い稼ぎをしたかったから」で、2位以下は「自分の将来の貯蓄に不安があるから」「本業の収入だけで生活が厳しいから」と金銭的な不安を理由にする人が上位を占めている一方、4位の「好きなことをしてお金を稼ぎたいから」や7位の「自分のスキルを活かしたかったから」と自己実現を理由とする人は少数でした。このことから、生活資金の確保や金銭的なゆとりを持つために副業を始める人が多いというのがわかります。

在宅でできる副業需要が増えていく ★★★

Q コロナの影響で始めてみようと思う副業はなんですか？

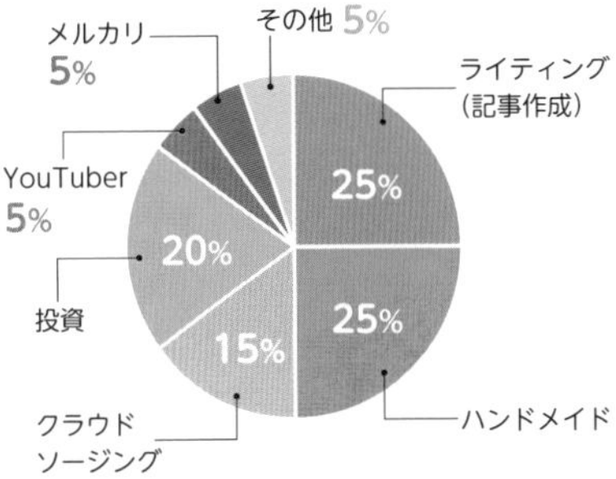

出典：新型コロナウィルス（COVID19）による収入の影響と、新型コロナウィルスの影響で始める副業に関するアンケート調査（https://prtimes.jp/main/html/rd/p/000000005.000041150.html）

アフターコロナの世界はどうなるのだろうということでいろいろな予想がされていますが、筆者は引き続きオンライン化が進むだろうと感じています。副業においても、在宅ワークがますます注目されることが予想できます。「コロナの影響で始めようと思う副業はなんですか？」というアンケート結果でも、「ライティング（記事執筆）」「ハンドメイド」「クラウドソーシング」など、在宅でできる副業に結果が集中しています。

複数の収入源を持つことでリスク回避をする ★★★

一昔前の日本なら正社員であれば雇用の保障はある程度守られていました。しかし、今後本格的なコロナ不況の波が来てしまったときに、1つの収入源だけに頼ることは危険だと感じています。収入源は複数に分散することによって、金銭的リスクをある程度回避できます。筆者はアフィリエイターですが、まったくネットと関係のない整理収納アドバイザーの活動もしています。デジタルとアナログを両立させることによって、1つの経済活動が厳しくなっても、もう一方の活動で補完できるような体制を取っています。アフィリエイトはパソコンがあればできるリスクのない副業です。アフィリエイトサイトは、複数運営していくことで収入源を増やすことはできます。じっくりサイトを育てることができれば、収入をもたらすサイトが出てくることがあります。まずは焦らずコツコツと作ることから始めましょう。

Index

数字・アルファベット

あ行

か行

さ行

■著者略歴

鈴木 みずほ

Webコンサルタント・整理収納アドバイザー。1972年埼玉県生まれ。インテリアコーディネーター業を経て、アフィリエイターとして活動。2006年風水インテリアサイト「smile 風水生活」を開設し、月間84,000PVを誇る。2009年商品レビューブログ「ママ限定通販タウンでお買いもの」を開設。ASPや広告主主催のレビューコンテストで24回入賞。2013年リンクシェア主催「花とギフトの母の日フェアレビューコンテスト」で大賞と広告主賞のW受賞を果たす。アフィリエイター・広告主向けの座談会に登壇実績有。2014年から6年間、Web広告マーケティング会社にてSEO、編集、ライティング業務に従事。現在は「自分の経験を必要としている人は必ずいる」という理念のもと、散らかった頭や環境を整えることで自分の「得意」や「好き」を発信できるようサポートしている。

【ホームページ】【アメブロ】【Twitter】

● 編集／DTP……………………………リンクアップ
● カバー／本文デザイン ……………………リンクアップ
● 担当 ………………………………………伊藤 鮎（技術評論社）
● 技術評論社読者質問受付ページ…………https://book.gihyo.jp/116

■問い合わせについて

本書の内容に関するご質問は、下記の宛先までFAXまたは書面にてお送りください。なお電話によるご質問、および本書に記載されている内容以外の事柄に関するご質問にはお答えできかねます。あらかじめご了承ください。

〒162-0846
東京都新宿区市谷左内町21-13
株式会社技術評論社　書籍編集部
「もっと収益を伸ばす！　アフィリエイト　徹底攻略ガイドブック」質問係
FAX：03-3513-6167

※ご質問の際に記載いただいた個人情報は、ご質問の返答以外の目的には使用いたしません。
また、ご質問の返答後は速やかに破棄させていただきます。

もっと収益《しゅうえき》を伸《の》ばす！　アフィリエイト　徹底攻略《てっていこうりゃく》ガイドブック

2020年9月8日　初版　第1刷発行

著者　鈴木《すずき》 みずほ
発行者　片岡 巌
発行所　株式会社技術評論社
東京都新宿区市谷左内町21-13
電話：03-3513-6150　販売促進部
03-3513-6160　書籍編集部
印刷／製本　日経印刷株式会社

定価はカバーに表示してあります。

造本には細心の注意を払っておりますが、万一、乱丁（ページの乱れ）や落丁（ページの抜け）がございましたら、小社販売促進部までお送りください。送料小社負担にてお取り替えいたします。

ISBN978-4-297-11494-7 C3055

Printed in Japan